裂隙岩体非线性流变力学

朱珍德　阮怀宁　平　扬　著

科学出版社
北　京

内 容 简 介

本书全面、系统介绍了非线性流变的有关理论和最新研究成果，以锦屏二级水电站深埋长大引水隧洞工程的建设为工程依托，通过对现场采集的板岩、大理岩进行室内试验，包括单轴压缩流变试验、双轴压缩流变试验、剪切流变试验等来分析岩样的流变力学特性。以流变试验结果为依据，由浅入深地系统介绍了岩石非线性流变的研究思路，建立非定常参数的蠕变模型；考虑到锦屏二级水电站处于高地应力、高地温、高水压的复杂环境条件，把温度因素也引入非定常模型中，建立了基于温度效应的非定常参数流变模型；从蠕变损伤的角度阐明岩石的非线性流变规律，应用内时损伤理论建立了非线性的流变模型，并且自主开发了参数辨识程序和数值计算程序，对理论解进行验证。

本书可供从事土木工程、水利工程、矿业工程等研究领域的工程技术人员参考，亦可作为从事岩石流变力学及其相关专业研究的科研工作者、高等院校师生的参考书。

图书在版编目(CIP)数据

裂隙岩体非线性流变力学/朱珍德，阮怀宁，平扬著．—北京：科学出版社，2016．3

ISBN 978-7-03-046640-2

Ⅰ.①裂… Ⅱ.①朱…②阮…③平… Ⅲ.①岩体流变学 Ⅳ.①TU452

中国版本图书馆 CIP 数据核字(2015)第 300858 号

责任编辑：周 炜 / 责任校对：胡小洁

责任印制：张 倩 / 封面设计：左 讯

科学出版社 出版

北京东黄城根北街 16 号

邮政编码：100717

http://www.sciencep.com

北京凌奇印刷有限责任公司 印刷

科学出版社发行 各地新华书店经销

*

2016 年 3 月第 一 版 开本：720×1000 1/16

2016 年 3 月第一次印刷 印张：14 3/4

字数：295 000

POD定价： 95.00元

(如有印装质量问题，我社负责调换)

序

裂隙岩体作为一类非均质的、含有大量细微裂纹及不连续结构面的各向异性介质，广泛存在于坝基、边坡、地下洞室等岩体工程中，它的强度、变形和长期稳定等力学特性一直被国内外岩石力学与工程界所关注。

随着我国西部大开发战略的实施，在西南和西北地区将有相当多的大型水力发电工程和蓄能电站进入兴建期，并且多数都设计有大型或超大型的地下洞室群作为主要的水工建筑物。由于我国西部地区山高谷深、地势异常陡峭的特殊地形条件，大型的洞室群和深埋长大引水隧洞将会遇到极为复杂的地质条件、高地应力和高外水压力等问题，在如此复杂的条件下长大隧洞的开挖与运行期的安全性问题已经成为亟待解决的世界性的岩石力学前沿课题。

众所周知，与经典弹塑性理论的解答不同，从工程流变学的观点而言，岩体中的应力-应变状态及其关系并不是恒定和单一的，它将随时间历程而增长与发展变化。在复杂的工程环境下，尤其是高地应力和高水压以及开挖扰动等的作用下，岩体呈现出强大的流变性，岩体的黏滞系数（或蠕变柔量）不再是不变的常数，而是与当时的应力水平、加载持续时间以及不同的应力-应变状态的本构特征等密切相关，使得非线性流变问题的求解更加复杂。

《裂隙岩体非线性流变力学》一书是关于复杂环境下岩石非线性流变力学理论的最新研究成果，汇集了著者的智慧和创意，取得了可喜的成绩。书中系统介绍了非线性流变的有关理论和最新研究成果，以锦屏二级水电站深埋长大引水隧洞工程的建设为工程依托，通过对现场采集的板岩、大理岩进行室内试验，包括单轴压缩流变试验、双轴压缩流变试验、剪切流变试验等来分析岩样的流变力学特性。以流变试验结果为依据，由浅入深地系统介绍了岩石非线性流变的研究思路，建立了非定常参数的蠕变模型、基于温度效应的非定常参数的流变模型，并且从蠕变损伤的角度阐明岩石的非线性流变规律，应用内时损伤理论建立了非线性的流变模型。这些都对岩石非线性流变的研究进展作出贡献，最后还介绍了参数辨识的改进算法，这也为非线性流变的研究者提供了有利的研究工具。

该书的作者多年来一直从事裂隙岩体宏细观力学特性及多场耦合下流变特性的研究，主持和参与了多个相关领域的科研项目，在复杂环境下裂隙岩体的流变特性研究方面颇有建树，陆续发表了多篇相当高水平的学术论文。该书作为作者多年潜心研究成果的总结，是岩石非线性流变力学研究的一部佳作，对岩石力学的持续发展起到很好的推动作用。

欣贺著作付梓,是以为序。

王思敬

中国工程院院士

2015 年 10 月 6 日于北京

前　言

人类社会的迅速发展，人类活动的日益频繁，涉及岩体高边坡的设计、水电工程流域控制、有害核废料的储存、矿井的疏干降压排水、石油以及地下水资源的开发利用等方面。人类工程活动的安全性、对地质环境的影响程度以及地质环境对工程活动的反作用等问题，是科学家最关心的问题之一。如何定量评价和预测人类工程开挖干扰力、初始地应力等作用对人类工程岩体和岩质高边坡稳定性的影响，一直是国内外岩石力学与工程界所关注的重要研究课题。

随着地下工程规模的不断增大，地下空间开发利用的深度越来越深，其中深度达千米乃至数千米的地下工程比比皆是。深部岩体工程与浅埋岩体工程表现显著不同的是"三高一扰动"(即高地温、高地压、高水压和开挖扰动)的复杂环境特点，因而使得深部地下工程岩体表现出特有的强大流变性，该流变特性用现有的弹性模型、弹塑性模型和黏弹性模型已经不能满足工程计算需要。因此，迫切需要对岩石非线性流变特性进行深入的研究，建立更能客观反映岩石流变规律的力学模型，并将其推广应用到深部岩体工程实践中。为此，出版一部论述岩石非线性流变基础的专著很有必要。

本书共 7 章，第 1 章简要介绍非线性流变问题的提出、研究意义与研究现状。第 2 章阐述岩石流变室内试验的研究进展，对取自锦屏二级水电站深埋引水隧洞围岩(大理岩、板岩)进行室内流变试验的研究。通过板岩单轴压缩流变试验，分析板岩在单轴压缩条件下流变力学特性；通过板岩剪切流变试验，分析板岩剪切流变特性；同时由于结构面的时效特性在岩体流变过程中有着至关重要的作用，控制或决定岩体的流变特性，因此针对含有结构面的板岩，在循环加卸载作用下开展流变试验，通过循环加卸载方式，更全面地揭示含结构面岩体流变过程的特点；地下洞室的边界(如顶板、底板和侧墙)常常处于双向压缩应力场中，即处于双向应力状态，针对这一特点，对板岩进行双轴压缩流变试验，分析在平面应力状态下岩石的流变特性；对大理岩泥夹层结构面和硬性结构面进行剪切流变试验，分析比较两种不同结构面情况下流变特性的不同。第 3 章通过室内流变试验和定常参数模型的分析，表明定常参数模型在分析岩石流变过程中有着明显的不足，因此引入非线性流变问题的研究，通过对瞬时弹性参数和黏弹性参数的非定常特性的研究，分析瞬时弹性参数和黏弹性参数随应力水平的变化规律和黏弹性参数随时间的变化规律，基于时间强化的黏塑性变形，提出可以描述第三期蠕变的非定常参数黏滞系数，从而建立起非定常参数流变力学模型，运用相似的方法，建立起单轴压缩条件下的非定常参数蠕变模型和双轴压缩条件下的蠕变模型。第 4 章在定常参数黏弹性模型的基础上，考虑参数的非定常性，建立非定常参数黏弹性剪切蠕变模型，通过引入非定常参数黏弹塑性体,建立非定常参数黏弹塑性剪切模型。把温度影响因素引入非定常参数流变模型,建立考虑温度效应的非定常参数黏弹性剪切蠕变模型、非定常参数黏弹塑性剪切模型,并给出蠕变模型的三维表达形式。第 5 章分析岩石破坏的机理以及蠕变损伤的基本理论,从蠕变损伤的角度出发,研究岩石的非线性特性,建立岩石非线性蠕变损伤模型,另外通过内时理论的研究,建立内时损伤模型,并且进行验证。第 6 章进行模型参数辨识的研究。介绍传统的参数辨识的方法,重点介绍智能辨识方法——粒子群算法和遗传算法。但是考虑到粒子群算法和遗传算法的优缺点,直接把这两种算法用于参数反演不能达到理想的效果,因此,对这两种算法进行改进,一种改进方法是把粒子群算法和最小二乘法相结合,开发出粒子群-最小二乘算法,并且对模型参数进行反演,得到较好的结果;另一种方法是把粒子群算法和遗传算法相结合,利用两种方法的优点,对参数进行反演,也得到较好的结果。第 7 章介绍非线性流变模型的工程应用。针对锦屏二级水电站引水隧洞工程,首先对工程区域内的初始地应力进行反演计算,然后基于 $FLAC^{3D}$ 建立深埋长大引水隧洞模型,利用非线性蠕变模型进行分析,得出引水隧洞长期变形的结果,对工程建设和运营期间的安全可以进行一定的指导。

本书在撰写过程中注意学科体系的完备性,强调基本概念描述的准确性、基本理论推理的严密性以及基本理论的实际应用性。本书内容新颖、理论性强,为了便于读者阅读,书中对一些重要的公式进行了较为详细的推导。

本书主要内容为国家自然科学基金面上项目(50674040)、国家自然科学基金重点项目(50539090)与国家重点基础研究发展(973)计划(2011CB013504)的研究成果。本书第 1、3、4 章由朱珍德撰写;第 2、5 章由阮怀宁教授撰写;第 6、7 章由平扬高工撰写。本书得到何志磊博士研究生的大力帮助,在此表示感谢。

笔者感谢中国科学院武汉岩土力学研究所冯夏庭教授(国家杰出青年基金获得者、长江学者特聘教授)的一贯支持和鼓励,感谢国家“千人计划”特聘教授邵建富的鼎力相助。特别感谢为本书作出贡献的罗润林、朱明礼、李志敬、朱昌星四位博士,是他们无私的工作成绩,才使得本书较早与读者见面。

还要特别感谢中国工程院院士王思敬教授欣然为本书作序,给笔者以鼓舞与教导。

为了对岩石非线性流变有全面深入的了解,书中对国内外其他研究人员取得的成果也作了简要的介绍和应用,谨此致谢。

应该指出,岩石非线性流变理论的研究是岩石力学中极其重要的一个方面,目前有许多理论和实际应用还需进一步研究和完善。由于作者水平及经验有限,书中难免存在不足,恳请前辈及同仁不吝赐教。

朱珍德
2015 年 7 月
于古都南京清凉山南麓

目　　录

第1章 绪　论

1.1 岩石流变力学概述

流变(rheology)一词源于古希腊哲学家Heraclitus的理念,意即"万物皆流"。简而言之,所有的工程材料都具有一定的流变特性,岩土类材料也不例外。只要岩土介质受力后的应力水平值达到或超过该岩土材料的流变下限,就会产生随时间而增长发展的流变变形[1]。

众所周知,岩石的流变是指岩石矿物组构(骨架)随时间增长而不断调整重组,导致其应力、应变状态亦随时间而持续地增长变化。其主要研究内容包括[2,3]:①蠕变,在常值应力持续作用下,岩体变形随时间而持续增长发展的过程;②应力松弛,在常值应变水平条件下,岩体应力随时间而不断地有一定程度衰减变化的过程;③长期强度,岩体强度随时间而持续有限降低,并逐渐趋近于一个稳定收敛的低限定值;④弹性后效及滞后效应(黏滞效应),加荷时继瞬时发生的弹性变形之后,仍有部分后续的黏性变形呈历时增长;此外,在一定的应力水平持续作用下,在卸荷之后,这部分黏性变形虽属可恢复的,但其恢复过程需要一定的滞后时间,这部分的变形虽仍属于弹性变形的范畴,但在加荷过程中其变形随时间的逐渐增长,称为"黏后效应",而在卸荷之后,其变形随时间的逐渐恢复,称为"弹性后效",二者统称为"黏滞效应",都属于流变岩体的黏性特征。

岩石的流变特性作为岩石的重要力学特征之一,与岩体工程的长期稳定性问题紧密相关。工程实践与研究表明,在许多情况下,岩体工程的破坏与失稳并不是在开挖完成或工程完工后立即发生,而是随着时间的推移,岩体的应力与变形不断调整、变化与发展,往往需要延续较长的一段时期。由于岩体的非均质性、不连续性和各向异性,在长期荷载作用下,工程岩体的应力-应变状态、变形破坏特征均随时间而不断发生变化,具有显著的流变时效特征。例如,在矿山开采、隧洞开挖过程中,经常可以看到一些与时间相关的现象:开挖初期,围岩不塌落,一段时间后,却大量塌落;支架上的压力或围岩上的位移在一段时间内随时间的增长而增加。这些现象用弹、塑性理论均无法解释,因为这些理论都与时间无关,但可以通过岩体流变力学的理论作出合理的解释。

早期的岩石流变特性的研究,大多是对流变定性规律的把握,而对于流变特性定量程度的研究成果较少。主要原因有两点:一是试验条件的限制,早期的力学试验机和测试装置无法达到研究不同荷载条件下岩石流变特性定量规律的程度;二是实际岩土工程中所涉及的工程问题通过半经验半理论的设计与计算，利用弹性模型、弹塑性模型和黏弹性模型已能基本满足工程计算需要。但是，随着资源的开发和利用、土木和水利工程的建设、交通运输以及城市建设的发展，岩土工程的结构形式日趋多样化和复杂化，工程的规模和投资越来越大，工程环境也变得越来越复杂。无论从经济合理的角度还是稳定安全的角度出发，都迫切需要对岩石的流变特性进行更深入的研究，建立更能客观反映岩石流变规律的力学模型，并将其推广应用于岩土工程实践[4]。

1.2 岩石非线性流变力学的提出

岩石非线性流变力学的提出和发展与工程实践紧密相关。在固体力学中有三个经典模型，即线弹性、理想塑性及线黏弹性。线黏弹力学建立比较早，研究始于1865年，1874年Boltzmann提出各向同性线黏弹的三维理论，1909年Volterra推广到各向异性。以后，线黏弹力学的研究发展很慢，20世纪50年代以后，由于在工程上得到应用，又重新得到重视和发展，岩石力学工作者开始利用线黏弹力学解释岩石工程中与时间有关的静力学现象，取得定量的解释[5]。

起初，在运用线黏弹力学对岩石流变问题开展研究时，由于涉及应力、应变和时间的关系，问题将变得复杂，此时通常是把岩石材料作为一种线性流变体，采用对应性原理和拉普拉斯变换进行解答。以一维问题为例，对应性原理可以表述为，对于线弹性应变情况：

$$\varepsilon=\frac{1}{E}\sigma \tag{1.2.1}$$

而对于线性黏弹性应变率情况：

$$\dot{\varepsilon}=\frac{1}{\eta}\sigma \tag{1.2.2}$$

式中，E和η均为不变的常数。

由式(1.2.1)和式(1.2.2)可知，若相对应地将式(1.2.1)中的ε置换为式(1.2.2)中的$\dot{\varepsilon}$，将式(1.2.1)中的E置换为式(1.2.2)中的η，则可方便地将线弹性问题的解换为线性黏弹性问题的解。在这种情况下，采用黏弹性法则来描述问题，可以了解其变形发展的时间历程，但其最终的变形达到稳定的收敛值时将与按线弹性问题的解所得的相应结果完全相同。

所谓线性流变体是指虽然物体的本构关系，即应力-应变关系，在不同的时刻是不同的，但在同一时刻，本构关系仍然是线性的，反映在应力-应变关系图上就是不同时刻下的每条应力-应变等时曲线呈线性黏弹性直线或线性黏塑性折线（当黏塑性变形发生时，应力-应变等时曲线就成为折线）。线性流变体的黏弹性或黏塑性黏滞系数也都只是时间的函数，而与应力水平无关。随着研究的深入，大量工程实践和室内试验表明，许多岩石特别是一些软岩都是非线性流变体，非线性特征主要表现在应力与应变之间、应力与应变速度之间呈非线性关系。在一定应力水平下，它将发生非线性流变而且还表现出加速蠕变特征，反映在应力-应变图上，其应力-应变等时曲线不再是直线或折线，而是一簇曲线，非线性流变的黏弹性或黏塑性黏滞系数也不再仅仅是时间的函数，还与应力水平有关，如图 1.2.1 所示。因此，若仍然使用线性流变特性来研究岩石的流变问题，必然会与实际情况有较大偏差，所以就有必要研究岩石的非线性流变特性，用非线性流变理论来研究岩石的流变问题，这也就是岩石非线性流变力学的提出。

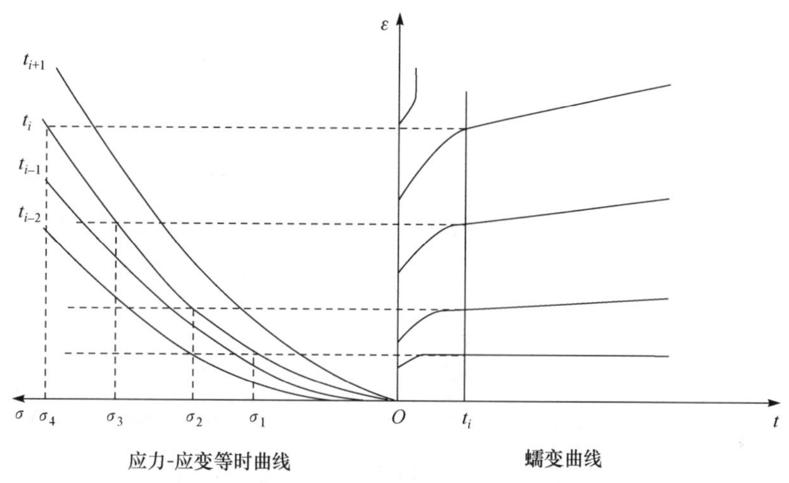

图 1.2.1　非线性流变曲线簇

通常岩石非线性流变的处理方法有三种[2]。

(1) 在非线性流变的发展程度不高，即所谓低度非线性问题的情况下，仍可以以线性流变的西原模型(弹-黏弹-黏弹塑模型)为基础，而只在其黏塑性部分内再加上一项非线性的经验黏性元件作为对线性流变模型的一点修正，非线性黏性元件的经验系数可以由相应的流变试验确定。这种近似处理，对量大面广的一般性工程问题的研究是比较适用的，目前这方面的研究相对比较多。

(2) 采用由试验拟合的经验本构关系式，式中的诸待定系数可由试验结果逐一拟合确定。这种处理方法较适合在一些特定的重大工程中采用。

(3) 将 η 值视为非定常的变数值，而由试验确定，再进行线性流变本构关系的分析计算。这种处理较为理想，学术理念上也较为严格，但计算处理则比较烦琐而困难。

对于一个固体力学问题，平衡条件和几何方程都和材料性质无关，无论对于弹性体、塑性体还是黏弹性体都一样，只要求得符合岩石特性的本构方程（物理方程），在满足初始条件和边界条件的基础上就可以求得岩石中的应力、应变和位移。因此，在岩石流变本构模型研究中，就要求所建立的本构模型必须能充分表达材料的内部结构及其物理力学特性，正确反映应力、应变、时间三者之间的关系，这样才能保证由模型推导出来的本构方程能正确反映材料的特性。因此，如何建立岩石流变本构模型成为岩石流变力学研究中的关键所在，国内外的学者在这方面做了许多的工作，研究成果丰富，建立了各种岩石流变的模型。近年来，随着非线性流变问题的大量出现，所谓非线性流变本构模型的研究备受重视。

1.3　非线性流变力学的研究进展

经过几十年的努力，岩石流变力学取得了重要进展，并为一些岩石工程问题的解决提供了重要的理论依据。中国科学院武汉岩土力学研究所陈宗基院士等提出并率先开展了岩石流变学的研究。岩石力学的时效性，包括蠕变、应力松弛、长期强度等均获得深入的研究，尤其是软弱结构面的流变特性研究有重要的实用价值。在同济大学孙钧院士等推动下，岩石流变学从试验工作、理论模型到分析原理皆得到系统的发展和突破[6]。

1.3.1　岩石流变力学特性的试验研究

岩石流变力学试验是研究岩石流变力学特性的主要研究手段，岩石非线性流变力学的研究也是以流变试验为基础，这里简单对其进行介绍。流变力学试验分为室内试验和现场试验。由于室内试验具有易于操作、利于长期观测、可严格控制试验条件且重复性较高等优点，所以在岩石流变研究过程中，岩石流变力学特性的试验研究多集中于室内试验。通过室内试验可以为流变力学模型的建立提供可靠的数据，也可以为工程应用提供参考。岩石流变力学试验包括单轴压缩蠕变试验、双轴压缩蠕变试验、三轴压缩蠕变试验、卸荷蠕变试验、剪切蠕变试验等，国内外学者已经对此开展了大量的研究，取得了丰硕的成果。

1. *岩石室内流变试验*

1）单轴压缩蠕变试验

岩石单轴压缩蠕变试验的研究开展得比较早，成果也比较丰富。Okubo 等[7]研制开发了刚性流变试验机，并采用该设备对大理岩、砂岩和安山岩等岩样进行单轴压缩蠕变试验，获得了岩石加速蠕变阶段的完整应变-时间曲线，并建立了相应的蠕变方程。Maranini 等[8]对 Pietra Leccese 石灰岩进行了单轴和三轴压缩蠕变试验，研究结果表明蠕变变形机理主要为低围压下裂隙扩展和高应力下孔隙塌陷。

Tsai 等[9]对 Mushan 砂岩进行了多级加载-蠕变-卸载-再加载的试验，把应变分为弹性应变和黏塑性应变，认为黏塑性流动的方向与时间相关，黏塑性势函数与塑性势函数类似，而形状与时间具有相关性。许宏发[10]通过软岩的单轴压缩蠕变试验，指出软岩的弹性模量和强度变化规律具有相似性，都随时间的延长而降低。张学忠等[11]采用分级加载方式对攀钢朱矿辉长岩进行了单轴压缩蠕变试验，试验结果表明在较低应力水平下，岩石蠕变相对较小，而在较高应力水平下蠕变较为明显。朱定华等[12]采用分级加载对南京红层软岩进行了单轴压缩蠕变试验，指出红层软岩的长期强度是其单轴抗压强度的 63%～70%。范庆忠等[13]以山东东部的红砂岩为例，采用分级加载对岩石的蠕变特性进行了单轴压缩试验，重点分析了岩石的弹性模量和泊松比的变化规律。李化敏等[14]采用分级加载方式对南阳大理岩进行了单轴压缩蠕变试验，试验结果表明在持续高应力作用下，大理岩仍表现出较强的时间效应。

2）三轴压缩蠕变试验

Fujii 等[15]对 Inada 花岗岩和 Kamisunagawa 砂岩进行了三轴蠕变试验。李晓[16]对泥岩峰后区进行了三轴压缩蠕变试验。陈渠等[17]对三种沉积软岩进行了单级三轴蠕变试验，分析了岩石的变形、变形速率和时间依存性等的关系。刘建忠等[18]对煤岩进行了恒围压分级加轴压的三轴压缩蠕变试验，对煤岩在不同应力条件下的蠕变曲线特征进行了分析。徐卫亚等[19]研究了锦屏一级水电站坝基绿片岩的流变力学性质，分析了不同围压下绿片岩的三轴流变基本规律。冒海军等[20]对南水北调西线工程中的板岩进行了不同围压、分级加轴压的三轴压缩蠕变试验，重点分析了板岩的衰减蠕变和稳态蠕变过程。杨圣奇等[21]对饱和状态下的大理岩和绿片岩进行了恒围压、分级加轴压的三轴流变试验，研究了硬岩轴向变形与侧向变形之间的关系，探讨了围压与粒径对岩石轴向以及侧向变形特性的影响规律，分析了岩石三轴流变过程中的塑性变形特性，讨论了应力水平对岩石侧向-轴向变形特性的影响规律。韩冰等[22]通过三种不同应力路径的三轴蠕变试验，发现应力路径变化对轴向应变影响不大，对侧向应变影响较明显。朱杰兵等[23]进行了页岩卸荷三轴流变试验，发现侧向塑性变形的发展速率明显比轴向快。

3）剪切蠕变试验

丁秀丽等[24]针对三峡船闸区岩体结构面岩样进行了剪切蠕变试验，通过分析结构面在恒定荷载作用下的蠕变性态，提出结构面剪切蠕变方程。杨圣奇等[25]进行了龙滩水电站泥板岩的剪切蠕变试验，研究了其剪切蠕变特性并建立了新的能够描述加速蠕变特性的岩体非线性流变模型。朱明礼等[26]对锦屏水电站大理岩硬性结构面剪切蠕变特性进行了试验研究，通过引入与时间有关的非确定参数，提出了一种剪切蠕变模型。朱珍德等[27]对含软弱夹层的板岩和大理岩进行了剪切流变试验，得出了岩石夹层标准线性体黏弹-塑性剪切流变模型。

4) 其他蠕变试验

除了上面介绍的常规的蠕变试验外，还有其他应力路径的蠕变试验。例如，日本学者 Ito 等[28]对花岗岩试件进行了历时 30 年的弯曲蠕变试验，结果表明花岗岩呈黏滞流动而没有屈服应力。我国岩石力学界的先驱陈宗基等[29]对宜昌砂岩进行了扭转流变试验，提出了采用单个岩样进行分级加载的试验方法，研究了岩石在流变过程中的封闭应力和扩容等特征，并着重指出“蠕变和封闭应力是岩石性状中的两个基本要素”。随着蠕变试验研究的不断深入，饱水状态下流变性质的试验[30,31]与理论分析研究[32]以及温度影响下的岩石流变研究也取得重要进展[33~36]，一些新的技术如显微镜、扫描电镜、激光全息干涉、CT 扫描等细观力学试验方法已应用于岩石蠕变研究中[37~40]。例如，朱合华等[41]通过对凝灰岩干燥和饱水状态下的单轴压缩蠕变试验，探讨了岩石蠕变受含水状态影响的规律性。刘浪等[42]对深部饱水岩石进行单轴压缩单级加载和分级增量加载蠕变试验，得到不同应力状态下饱水岩石的流变试验曲线。范秋雁等[43]开展了一系列南宁盆地泥质软岩的单轴压缩无侧限和有侧限压缩蠕变试验，配合扫描电镜，分析了泥岩蠕变过程中细观和微观结构的蠕变机制。

2. 岩体现场流变试验

相比于室内岩石的流变试验，现场的大尺度试验直接作用于岩体上，可以降低尺寸效应的影响，将更能直接反映岩体的流变力学性质。但是现场流变试验条件复杂，需要以大量的人力物力为代价，因此现场流变试验成本高、难度大，国内只有少数单位开展现场流变试验并取得了一些成果。例如，周火明等[44]开展了三峡永久船闸边坡岩体的现场压缩蠕变试验，在对蠕变试验数据分析的基础上，提出了岩体蠕变参数的取值方法。徐平等[45]开展了溪洛渡水电站坝址区岩体柔性板压缩蠕变试验，阐述了蠕变试验方法和试验结果。贺如平等[46]在大岗山水电站坝基现场开展了大型刚性承压板压缩蠕变试验，介绍了蠕变试验过程、方法和试验成果，拟合得到压缩蠕变经验方程。熊诗湖等[47]采用双柔性承压板进行了现场荷载蠕变试验，建议采用五参量广义 Kelvin 模型描述岩体蠕变特性。张强勇等[48]详细介绍了大岗山水电站坝区辉绿岩脉现场剪切蠕变试验的过程、方法和结果，分析了岩体的剪切蠕变变形规律和剪切蠕变速率特性，辨识出岩体的剪切蠕变模型，通过优化反演获得坝区岩体的剪切蠕变参数。

1.3.2　岩石非线性流变力学本构模型研究

1. 岩石流变的经验模型

经验本构模型是在试验岩石流变经验的基础上，通过假设-试验-理论的方法来建立岩石的应力、应变和时间之间的函数关系模型。对每种不同的岩石材料，不同的应力状态,可以求得各种各样的流变经验模型。经验模型主要以老化理论、流动理论、强化理论、继效理论等较具代表性。通常采用的岩石流变经验模型形式主要有幂律型、对数型、指数型以及三者混合方程[49]。例如,Okubo等[50]在1984年通过荷载速度试验、卸载试验、蠕变试验和应力松弛试验等长期的岩石流变试验研究结果,提出了两种新型的非线性流变本构模型。这两种本构模型能够较好地从定性和定量两个方面反映已有的岩石流变试验结果,能够描述不同的岩石流变试验,如荷载速度试验、蠕变试验和应力松弛试验等,表现岩石变形破坏的全过程,如岩石压缩试验的完全应力-应变曲线、蠕变试验中的三个阶段等,并且本构方程中的参数具有一定的物理意义并可由试验确定。金丰年[51]采用上述的流变本构方程,通过若干假定对圆形隧洞围岩进行了有限元计算。计算结果表明,所采用的非线性流变模型能较好地表现围岩变形、应力分布以及破坏区域随时间的变化,并能反映围岩特征曲线随时间的变化,以及模拟隧洞开挖过程中围岩的变形破坏状态。吴立新等[52]通过对煤岩进行流变试验研究发现,煤岩流变符合对数型经验公式,并以河北峰峰矿区为例,求出了各级应力水平下煤岩对应的流变经验公式参数集;张学忠等[11]基于辉长岩单轴压缩蠕变试验结果,拟合出蠕变曲线的经验公式;芮勇勤等[53]采用老化理论分析露天矿软弱夹层的蠕变变形破坏;丁秀丽等[24]利用经验方程研究结构面的蠕变特性。

尽管岩石流变经验模型与具体的试验吻合得较好,但岩体结构复杂,需要比较复杂的试验条件才能确定蠕变方程中的参数,而且通常只能反映特定应力路径及状态下岩石的流变特性,难以反映岩石的内在机理及特征,若推广到其他条件,往往会带来较大的误差。此外,岩石流变经验模型只能描述岩石瞬时流变阶段以及稳态流变阶段,而无法描述加速流变阶段,也是目前岩石流变经验模型建立中的一个重要缺陷,这可能是岩石在加速流变阶段完全是荷载长期累积效应所导致破坏的结果,没有确定的流变破坏规律可循。虽然岩石流变经验模型直观明显,可以直接使用,亦为工程设计人员乐于采用,但由于无法给出用于工程实践的流变力学参数,因而大多的岩石流变经验模型仍处于试验研究阶段,真正用于现场工程实践的相对较少。

2. 基于内时理论的流变本构模型

从微观或细观角度出发建立流变本构模型,因为是直接考虑材料内部组构变化的情况,反映材料流变的真实特性,而没有先假设流变是否线性,所以用此方法所建立的流变本构模型一般都是非线性的,如采用内时理论建立的流变本构方程、通过损伤力学和断裂力学建立的流变本构模型等。

内时理论是一种适用于耗散型材料的本构理论,而岩石材料的流变变形过程是一种能量耗散的不可逆的熵增加过程。最早把内时理论用于岩土材料的是Bazant 等[54]，他的理论不涉及不可逆热力学，而是直接采用内蕴时间的概念，用试凑法和参数优化法得到参数值，他的模型能较好地模拟混凝土的性能，但是模型参数过多，而且一些参数有耦联关系，使用起来过于烦琐；Aubertin 等[55,56]建立了盐岩以内部状态变量表述的蠕变方程(SUVIC)，SUVIC 可推广到可塑区域，以适应低孔隙率软岩的半脆性特性，引入损伤变量 D_v，提出的新模型又对其进行了改进，提出了用内变量表述的能够描述盐岩塑性、蠕变和松弛特性的统一表达式，并给出了材料参数的确定方法；内时理论最早由范镜泓[57]引入国内并用于研究无黏性土的剪切特性，并取得了较好的结果；陈沅江等[58]从内时理论出发，通过在内蕴时间中引入牛顿时间，在 Helmholtz 自由能中引入损伤变量，对它们分别进行重新构造，利用连续介质不可逆热力学的基本原理，推导了软岩的内时流变本构方程，但模型没有考虑材料损伤的方向特征。由于内时理论有深广的理论基础，模型接近于实际，方法上特别注重于具体材料在特定条件下的响应特性，所以具有重要的理论和实际意义。

3. 损伤力学和断裂力学流变模型

岩石是一种天然的地质材料，它经历了漫长地质过程，其内部必然存在着微孔隙、微裂隙、裂纹等初始缺陷。在外载和环境的作用下，由于细观结构的缺陷引起的材料或结构的劣化。损伤力学正是从各种缺陷导致结构劣化这一基本点出发来研究这些缺陷的产生、扩展、汇合的过程及其对力学特性的影响规律的一门学科。随着损伤力学方法在岩石力学研究中的不断发展，在岩体损伤流变模型的研究与应用方面，也取得了不错的进展。例如，杨春和等[59]采用盐岩蠕变试验及损伤理论分析，得到了盐岩的蠕变损伤变量与变形的关系，提出一种能反映盐岩蠕变全过程的蠕变损伤本构模型，且模型参数较少，便于从试验中求取。此外，谢和平[60]对岩石蠕变损伤进行了非线性大变形有限元分析；陈智纯等[61]基于岩石蠕变试验结果，总结出了以能描述损伤历史的蠕变模量为参数的岩石蠕变损伤方程，由该方程能方便定出任意蠕变时刻的损伤状态，测定蠕变损伤；曹树刚等[62]提出了煤岩蠕变损伤的偏应力检测法；肖洪天等[63,64]建立了裂隙岩体的损伤流变本构模型，采用该模型对长江三峡永久船闸高边坡的稳定性进行了分析等。

断裂力学是固体力学的一个重要分支，从狭义上讲，它研究带裂缝和结构强度以及在外荷载作用下裂缝的扩展规律；从广义上讲，它研究具有缺陷材料变形过程直到破坏的规律。损伤和断裂是岩石材料在整个变形过程中不同阶段所发生的两种物理现象与过程。两者间常以宏观裂纹的产生或起裂为分界点，认为岩石宏观裂纹前主要是损伤发生与演化的过程，而宏观裂纹扩展的过程则对应于断裂。用断裂力学理论来解决岩石流变力学问题的一些代表性研究成果有：凌建明等[65,66]探讨了岩体在时效损伤过程中宏观蠕变主裂纹的起裂与扩展，将损伤力学方法纳入岩体蠕变断裂研究中，建立了蠕变裂纹分析的损伤累积模型；通过单轴或多轴试验证明，岩体体积应变具有显著的时效特征，是轴向应力和围压之差导致的，同时通过电镜扫描分析证明，蠕变裂隙扩展既是蠕变变形的重要组成部分，又与损伤的逐渐累积有关；Chan 等[67]提出了一种盐岩蠕变、损伤断裂多机制耦合模型。

4. 元件组合模型

元件组合模型是用一些基本元件(弹性元件、塑性元件和黏性元件)组合成的可以描述岩石流变行为的模型。通过蠕变、松弛试验得到应力-应变时间曲线，根据试验曲线采用适当的元件按照适当的组合方法可以得到适合描述岩石流变的组合模型。元件模型的流变本构方程是一种微分形式的本构关系，通过本构方程的求解就可以得到蠕变方程、应力松弛方程等，其特点是概念直观、简单，物理意义明确，又能全面地反映流变介质的各种流变学特性，因此组合模型得到广泛的应用。著名的元件模型有 Maxwell 模型、Kelvin 模型、Bingham 模型、Burgers 模型、理想黏塑性体、西原模型等。由于在元件模型理论中所用的基本元件都是线性的，如“弹簧”元件是代表物体的线性弹性，“黏壶”是代表物体的线性黏滞性，这说明元件模型理论的出发点就是假设物体的基本特性是线性的，所以无论所建立的模型如何复杂，即无论模型构成的元件怎么多、组合的方式怎么复杂，最终由模型所得到的本构关系总是线性的。线性理论只能用来描述瞬时弹性变形、初期蠕变和稳态蠕变阶段，不能描述加速蠕变阶段，而且只能说明某些现象，难以反映岩石的复杂特性和实质。因此，可以认为元件模型理论只限于讨论线性流变问题，不能直接用来研究非线性流变问题。若要利用元件模型理论的优点，借用它来建立非线性流变本构模型，就必须对线性模型理论进行修正。通常的方法就是在线性模型的基础上串联一个非线性元件，作为对线性元件模型的修正或是用非线性元件来替代模型中的部分或全部线性元件来反映岩石的非线性。例如，考虑“弹簧”的弹性模量是与应力水平有关的变模量，“黏壶”的黏滞系数也是与应力水平有关的变黏滞系数等。具有代表性的有：Boukharov 等[68]提出了一种具有一定质量的延迟阻尼器元件，该元件有一应变门槛值，当应变大于该值时，模型发生加速运动；邓荣贵等[69]根据岩石加速蠕变阶段的力学特性，提出了一种非牛顿流体黏滞阻尼元件，将该阻尼元件与描述岩石减速蠕变和等速蠕变特性的传统模型结合，构成了新的综合流变力学模型；曹树刚等[70]采用非牛顿体黏性元件构成五元件的改进西原正夫模型，探讨了与时间有关的软岩一维和三维的本构方程和蠕变方程；韦立德等[71]根据岩石黏聚力在流变中的作用提出了一个新的 SO 非线性元件模型，建立了新的一维黏弹塑性本构模型；陈沅江[72]提出了蠕变体和裂隙塑性体两种非线性元件，并将它们和描述衰减蠕变特性的开尔文体及描述瞬弹性的胡克体相结合，建立了一种可描述软岩的新的复合流变力学模型；张向东等[73]基于泥岩的三轴蠕变试验结果，建立了泥岩的非线性蠕变方程，并以此分析了围岩的应力场和位移场。王来贵等[74]以改进的西原正夫模型为基础，利用岩石全程应力-应变曲线与蠕变方程中参数的对应关系，建立了参数非线性蠕变模型。徐卫亚等[75]在对绿片岩三轴流变试验结果分析研究的基础上，假定岩石非线性剪切流变变形是时间的Weibull分布函数，提出一个新的非线性流变元件模型(NRC)，并与其他元件组成七元件模型，在工程应用中得到了很好的效果。由于岩石非线性流变元件模型有助于从概念上认识变形的弹性分量和塑性分量，且数学表达式通常能直接描述蠕变、应力松弛及稳定变形，所以许多岩石力学研究工作者用非线性流变元件模型来解释岩石的各种特性，因而岩石非线性流变元件模型可以将复杂的性质用直观的方法表现出来。

1.3.3 岩石流变模型参数反演研究

根据现场或者室内试验结果研究岩石的流变模型及流变参数是岩石力学的重要内容之一，同时也是一个难点，特别是对于分级荷载方法得到的不同应力水平下的流变试验结果。岩土本构模型与参数辨识方法通常可以分为两类：一类是正分析方法，即通过正向思维基于试验结果和经典力学的一种正分析建模和确定参数的方法；另一类是反分析方法，即采用逆向思维基于现场测量或者试验结果的模型辨识和参数反演的方法。由于现场或实验室实测条件和工程围岩的真实条件相差太大，应力施加方式也与现场有很大的不同，而且采集到的岩石样本从本质上来说不是真正意义上的“围岩”，现场实测也仅仅是表面的、局部的，整个围岩内部情况往往很复杂，而传统的岩石力学正分析方法得到的本构模型往往是根据试验结果经验判断在各种假设和简化条件下得出的，因此采用正分析方法得到的本构关系和参数通常与实际相差太大。为解决这一问题，许多专家探讨从逆向思维、系统思维、全方位思维对岩石力学行为进行研究，由此产生了反分析方法，这一思想是由Jurina等[76]提出的。在我国，近几十年来，岩石流变模型及参数辨识的研究得到了迅速的发展。从辨识方法来说，主要有回归方法、最小二乘法、模式搜索法、神经网络及遗传算法等。夏才初等[77]根据岩石在不同应力水平下的加卸载蠕变试验，分析得到了衰减蠕变分量和定常蠕变分量、定常蠕变率与时间的关系，据此对各种流变模型及其参数进行辨析。有关这方面的模型识别方法，孙钧院士曾在更早的时候论述过[3]。邓荣贵等[69]、韦立德等[71]采用上述方法构建了不同的岩石流变本构模型并确定了模型参数。朱元林等[78]采用回归方法确定了冻土在动荷载作用下破坏前蠕变过程的蠕变模型。李青麒[79]采用最小二乘法对岩石蠕变试验数据进行流变模型及参数辨识，这种方法具有精度高的优点。王红伟等[80]采用最小二乘法对软岩流变模型的参数进行辨识研究。曹树刚等[81]采用最小二乘法中的马奎特法对蠕变模型参数进行辨识并将理论模型与试验进行对比研究。丁秀丽[82]

采用模式搜索最小二乘法运用于参数反演，避免了求解线性方程组，是一种将模式搜索和最小二乘法相结合的方法。陈炳瑞等[83,84]采用模型搜索法及其改进方法应用于流变模型参数反演及模型辨识。罗润林等[85~87]采用粒子群算法及其改进方法对岩石非定常参数模型的参数和分级荷载模型参数进行识别，取得了较好的效果。胡斌等[88]根据试验洞的变形监测资料，采用遗传-神经网络方法对泥板岩蠕变模型的参数进行了智能分析。

1.4 主要研究内容

本书针对巨型锦屏二级水电站深埋长大隧洞(最大埋深达2525m、隧洞洞线平均长度为16.60km)围岩呈现出高地应力(地应力最大值为54MPa)、强渗透性、变形大的特点，通过一系列裂隙岩石的单轴流变试验、岩石结构面剪切流变试验、岩石双轴压缩流变试验、岩石断裂断口扫描电镜试验和岩石细观裂纹全过程开裂演化观测试验，探寻裂隙岩体流变破坏机制、特征和非线性演化规律，并结合收集到的锦屏二级水电站深埋长大隧洞围岩变形监测数据，综合运用岩石流变力学理论、系统辨识理论、优化技术、非线性现代固体力学、数值计算方法等，建立裂隙岩体非定常流变本构模型和损伤流变本构模型，丰富和完善深埋隧洞围岩流变变形分析理论。并将研究成果应用于巨型锦屏二级水电站深埋长大隧洞围岩长期稳定性评价和预测预报。岩石非线性流变力学的研究是岩石力学领域的突破和创新，推动了岩石流变力学理论的发展，且对我国西部将面临一系列巨型水电深埋引水隧洞工程具有重大的实用价值与理论指导意义。

第 2 章　深埋岩体工程围岩的流变试验研究

2.1　岩石流变试验概述

岩石流变试验是研究岩石流变力学特性的主要手段之一，根据试验条件的不同，可以分为室内流变试验和现场流变试验两种。与现场流变试验相比，室内流变试验具有便于长期观测、严格控制试验条件、排除次要因素、多次重复试验而又耗资小等优点[2]，因此，国内外已经开展了大量的岩石室内流变试验，取得了丰硕的研究成果。

根据目前的试验设备和条件，可以开展单轴压缩(拉伸)流变试验、双轴压缩流变试验、三轴压缩流变试验、剪切流变试验、扭转蠕变试验、三点弯曲蠕变断裂试验等，这些试验为研究不同应力状态和不同应力路径下的岩石(岩体)力学特性提供了良好的可靠性基础。

然而，随着我国西部大开发战略的实施，在我国西南地区兴建了一批大型的水利水电工程，这些工程的主要特点是工程地质环境极其复杂，高地应力、高温、高水头问题尤为突出。因此，复杂环境下的岩石(岩体)工程的稳定性，尤其是长期稳定性问题就显得尤为重要。以锦屏二级水电站引水隧洞为例，隧洞洞长 16～19km，洞径 11m，一般埋深 1500～2000m，最大埋深 2525m，属于洞线长、洞径大、埋深极大的大型引水隧洞，是迄今为止中国岩石工程建设中埋深最大的地下工程。隧洞围岩岩性组合复杂，断裂构造发育，特别是西端砂板岩地层，在 2000m 埋深条件下，围岩类别分别为Ⅲ类和Ⅳ类。此外，隧洞所在区域还遭受着高地应力和高外水压力的作用。为了保障大型水电工程运营期的长期稳定性，开展复杂环境下岩石(岩体)工程流变力学特性的研究就显得十分必要和迫切。

本章针对锦屏二级水电站引水隧洞工程区高地应力的特点，对引水隧洞主要围岩(大理岩、板岩)开展了室内蠕变试验，分析其流变规律，为后续研究岩石的流变特性及非线性本构关系奠定基础。

2.2　岩石单轴压缩变形试验研究

为探求隧洞围岩的基本力学特性，采用 RMT-150B 多功能刚性伺服试验机，对选取的锦屏二级水电站引水隧洞中的板岩开展单轴压缩变形试验，得出板岩试样的单轴压缩强度、弹性模量、变形模量及泊松比。

2.2.1　试验设备和试样制备

RMT-150B 多功能全自动刚性岩石伺服试验机是由中国科学院武汉岩土力学研究所在美国 MTS 公司的刚性伺服试验机的基础上结合国情研制开发的。该系统试验功能齐全，可以做单轴压缩，直接、间接拉伸，剪切及三轴等试验，最大轴向荷载为 1000kN，最大侧向压力为 50MPa，最大剪切荷载为 500kN。试验程序采用计算机控制，控制方式有位移控制、变形控制和荷载控制三种，变形速率在 0.0001～1mm/s、荷载速率在 0.01～100kN/s 范围内可调，试验过程可任意干涉。试验数据自动采样，实时显示，试验结束后可输出试验条件、各种荷载变形曲线以及相关分析处理结果，操作简便、自动化程度高。试验设备如图 2.2.1 所示。

图 2.2.1　RMT-150B 多功能全自动刚性岩石伺服试验机

板岩试样取自锦屏二级水电站地下引水隧洞围岩，为三叠系上统板岩（T_3），将取回的板岩岩块通过钻石机钻取直径为 50mm 的圆柱形岩样，然后在锯石机上锯成高度为 100mm 的岩样，再通过磨石机磨平岩样的两个端面，形成 ϕ50mm×100mm 的标准岩样。按照《水利水电工程岩石试验规程》(SL 264—2001)[89] 的方法，将加工好的 4 个板岩试样进行单轴压缩变形试验。

2.2.2　试验结果

经过试验，得到如下试验结果，如图 2.2.2 和表 2.2.1 所示。

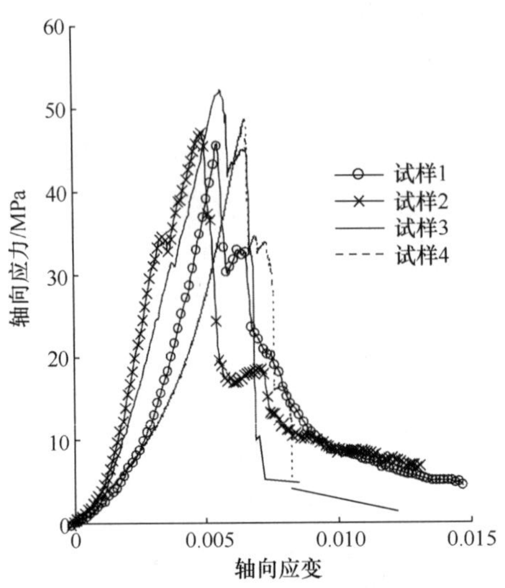

图 2.2.2　板岩单轴压缩变形试验应力-应变曲线

表 2.2.1　板岩单轴压缩变形试验结果

试样	峰值强度/MPa	弹性模量/GPa	变形模量/GPa	泊松比
1	45.6	15.0	5.89	0.274
2	47.4	16.4	9.90	0.265
3	52.4	13.9	7.96	0.244
4	48.9	15.1	5.31	0.250
平均值	48.6	15.1	7.27	0.258

2.3　板岩单轴压缩流变试验

单轴压缩蠕变试验是最基本的，也是最常用的流变试验，本节开展板岩的单轴压缩蠕变试验，分析板岩在单轴压缩条件下的流变特性。

2.3.1　试验设备和试样制备

板岩单轴压缩流变试验是在长春试验机研究所研制的 CSS-283 双向万能试验机上进行的，该试验机最大垂直荷载加载能力为 500kN(压)、200kN(拉)，最大水平荷载加载能力为 300kN(压)，荷载测量误差为±1%示值，荷载控制稳定性≤±1%f. s.，加载速率为 2～200kN/min，变形测量范围为±3mm，测量误差为±0.5%f. s.，变形测量引伸计标距为 60～160mm。设备采用数字控制器，既可做单轴试验，又可做双轴试验，如图 2.3.1 所示。

将板岩岩块在实验室切割成 3 块 50mm×50mm×100mm 的试样，分别记为试样 a、试样 b、试样 c。整个板岩单轴压缩流变试验是在室温 20～25℃的条件下进行。

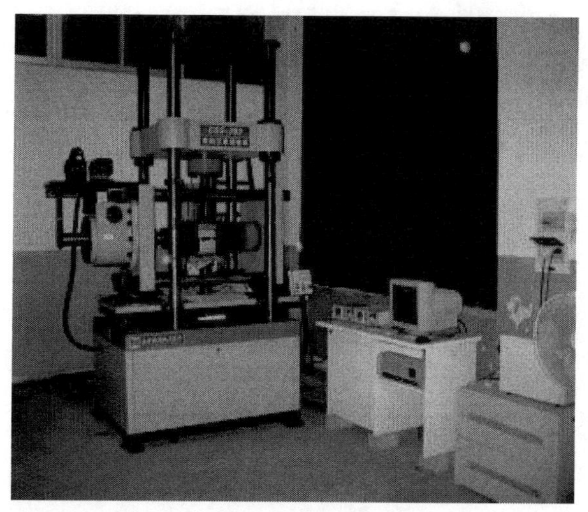

图 2.3.1　CSS-283 双向万能试验机

2.3.2　板岩单轴压缩流变试验加载方案

试样采用分级加载的方式进行加载，加载方案见表 2.3.1。

表 2.3.1　板岩单轴压缩流变试验加载方案

试样编号	轴向应力/MPa				
	第一级	第二级	第三级	第四级	第五级
试样 a	10	20	30	40	50
试样 b	10	20	30	40	46
试样 c	10	20	30	40	45

2.3.3　试验结果及分析

通过试验得到的试验结果如图 2.3.2～图 2.3.4 所示。从图中可以看出，板岩在轴向应力恒定的情况下有以下几点。

(1) 每施加一级荷载的瞬间，板岩产生一定的瞬时位移，且瞬时压缩位移在总变形中占主要部分。在出现瞬时变形之后，在恒定轴向应力作用下，随着时间的增加，轴向应变也将增加，反映了板岩在恒载作用下具有明显的时效性特征。

(2) 在每一级轴向应力作用下，轴向应变在应力施加开始的数小时内增加较快,但随着时间的进一步增加,轴向应变逐渐趋于稳定。从初期流变到变形趋于稳定这一过程需持续 3～5d,流变持续时间的长短与轴向应力水平有关。

(3) 随着轴向应力的增加,当轴向应力达到某一临界值时,板岩就由初始衰减蠕变阶段过渡到稳定蠕变阶段,此临界值即为板岩的长期强度值。当轴向应力低于此临界值时,板岩能维持长期稳定;而当轴向应力高于此临界值时,板岩将从稳定蠕变阶段过渡到加速蠕变阶段,从而很快发生破坏。

(4) 板岩的瞬时轴向应变与应力水平相关,轴向应力水平越高,瞬时剪切位移越大。

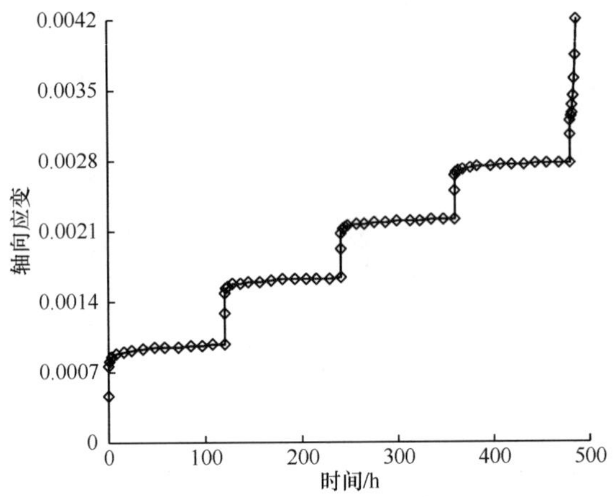

图 2.3.2　板岩试样 a 单轴压缩蠕变曲线

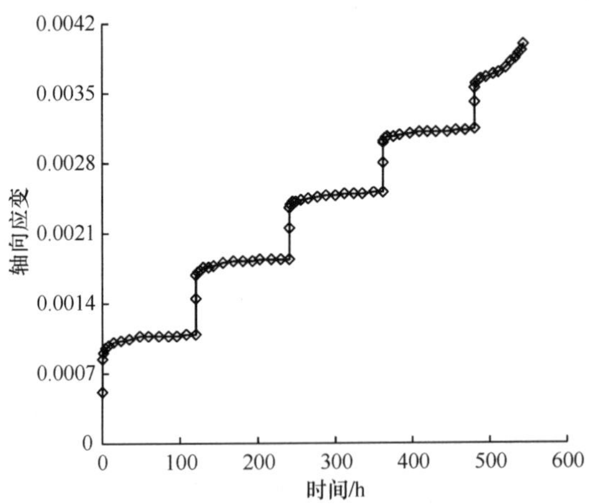

图 2.3.3　板岩试样 b 单轴压缩蠕变曲线

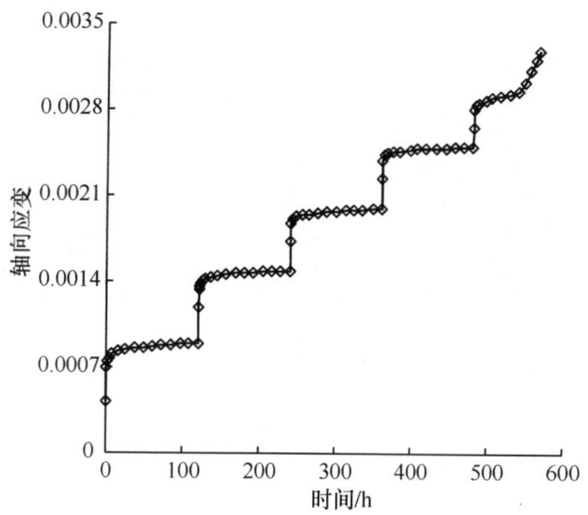

图 2.3.4　板岩试样 c 单轴压缩流变蠕变

2.4　板岩双向流变力学特性试验研究

目前在实验室中所开展的流变研究主要集中在单轴压缩流变、单轴拉伸流变以及三轴压缩流变等方面，而岩石双轴压缩流变试验的研究开展得较少。在洞室开挖过程中，围岩会处于双向压缩状态。例如，锦屏二级水电站引水隧洞开挖过后，内边界部分位置的围岩近似处于双轴受压状态。因此，十分有必要开展岩石的双轴压缩流变试验及其理论分析。本节选取锦屏二级水电站引水隧洞主要围岩之一的板岩开展双轴流变试验研究。

2.4.1　试验设备及试样制备

板岩双轴流变试验是在 CSS-283 双向万能试验机上进行的。板岩试样取自锦屏二级水电站地下引水隧洞围岩，为三叠系上统板岩。在实验室切割成 100mm×100mm×100mm 的试样，记为试样 1、试样 2、试样 3，如图 2.4.1 所示。整个试验在室温 20～25℃的条件下进行。

2.4.2　双轴流变加载路径

板岩双向流变加载方向如图 2.4.2 所示，采用加载程序如下。

(1) 首先加垂直轴向荷载至 12MPa，同时测读垂直轴向、水平轴向和自由面的蠕变变形，待变形稳定以后，进行下一级加载。

(2) 保持垂直轴向荷载不变，加水平轴向荷载，使水平应力至 16MPa，同时测读垂直轴向、水平轴向和自由面的蠕变变形，待变形稳定以后，进行下一级加载。

图 2.4.1 板岩试样

(3) 保持水平轴向荷载不变,再加垂直轴向荷载,使垂直应力至 24MPa,同时测读垂直轴向、水平轴向和自由面的蠕变变形。

(4) 待变形稳定以后,维持水平轴向荷载不变,加垂直荷载,使垂直应力至 36MPa,同时测读垂直轴向、水平轴向和自由面的蠕变变形。

(5) 待变形稳定以后,维持垂直轴向荷载不变,加水平荷载,使水平应力至 28MPa,同时测读垂直轴向、水平轴向和自由面的蠕变变形。

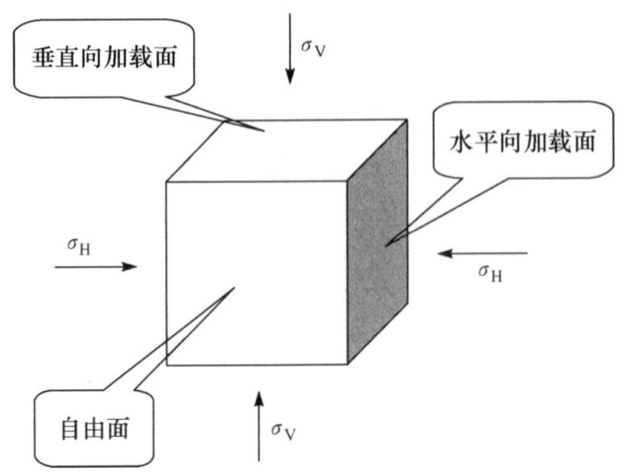

图 2.4.2 板岩双轴流变加载方式示意图

因为 CSS-283 双向万能试验机的最大荷载有限,板岩试样不能达到破坏,所以本次测不出板岩双轴流变的加速阶段。

2.4.3 试验结果及分析

板岩双轴流变试验结果如图 2.4.3～图 2.4.5 所示。

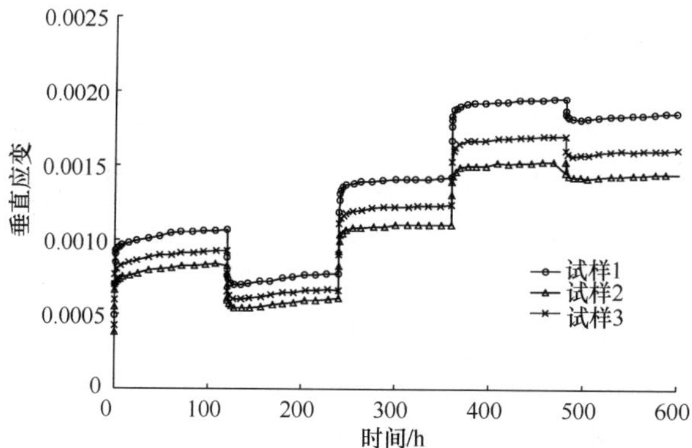

图 2.4.3　板岩双轴流变垂直方向蠕变曲线

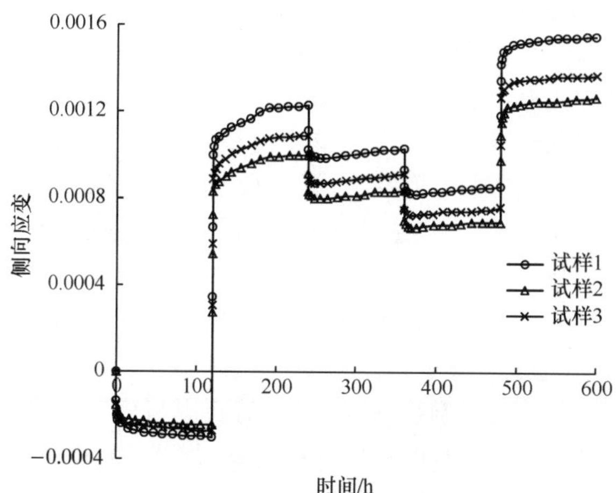

图 2.4.4　板岩双轴流变水平方向蠕变曲线

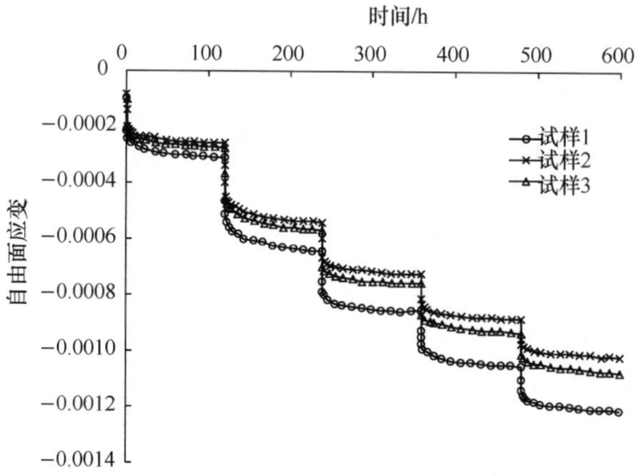

图 2.4.5　板岩双轴流变自由面方向蠕变曲线

由图 2.4.3～图 2.4.5 可知以下几点。

(1) 在第一级垂直荷载加载的瞬间，板岩在水平方向和自由面方向都产生瞬时位移，之后在恒定垂直向荷载的作用下，垂直向位移随时间而增加，位移速率随着时间增大而减小。同时板岩在水平方向产生瞬时负位移即膨胀，负位移速率随着时间的增大而逐渐减小，蠕变持续时间的长短与应力水平有关。

(2) 当保持垂直轴向荷载不变，增加水平轴向荷载时，如本次试验的第二级和第五级加载，水平方向会产生瞬时位移，且水平位移速率随着时间的增大而逐渐减小。同时垂直向和自由面都产生瞬时的负位移，不同的是垂直向位移先减小，但减小到一定值后，又稍有增加，而自由面位移一直在减小(膨胀)。

(3) 当保持水平轴向荷载不变，增加垂直轴向荷载时，如本次试验的第三级和第四级加载，垂直方向会产生瞬时位移，且垂直位移速率随着时间的增大而逐渐减小，同时水平方向和自由面都产生瞬时的负位移，不同的是水平方向位移先减小，但减少到一定值后，又稍有增加，而自由面位移一直在减少(膨胀)。

徐卫亚等[19]研究了不同围压下绿片岩的三轴流变特性。从图 2.4.6 和图 2.4.7中可以看出，与三轴流变相比，双轴流变有着不同的特点：双轴流变的轴向和侧向流变变形量都较大。从图 2.4.6 可知，三轴流变的围压对轴向流变变形存在较大的影响。围压越大，相应的轴向流变变形量越小，即岩样不易发生轴向流变。而对于双轴流变，由于存在自由面，有变形的空间，所以变形量比较大；在双轴流变中，当垂直轴(水平轴)加载时，水平轴(垂直轴)会产生一个负瞬时位移，当位移减小到一定值后，又会缓慢增加，持续时间的长短与应力水平有关，而三轴流变这种现象不明显。这表明在双向流变中一个方向加载会对侧向流变变形存在很大的影响，但随着时间持续，这种影响很快衰减；对于工程中出现的平面应力问题，双向流变更符合实际。

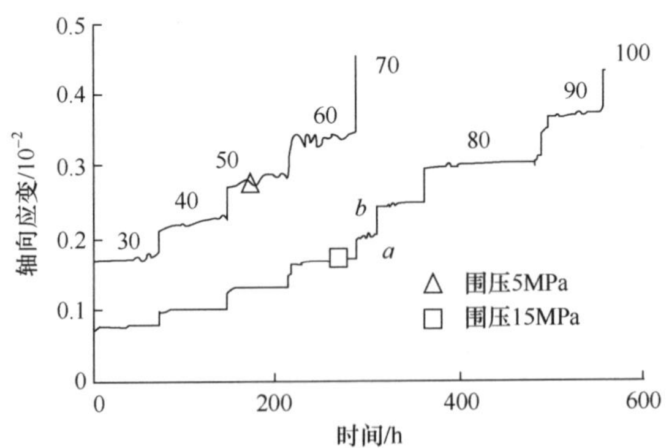

图 2.4.6　不同围压下绿片岩轴向应变与时间的关系[19]

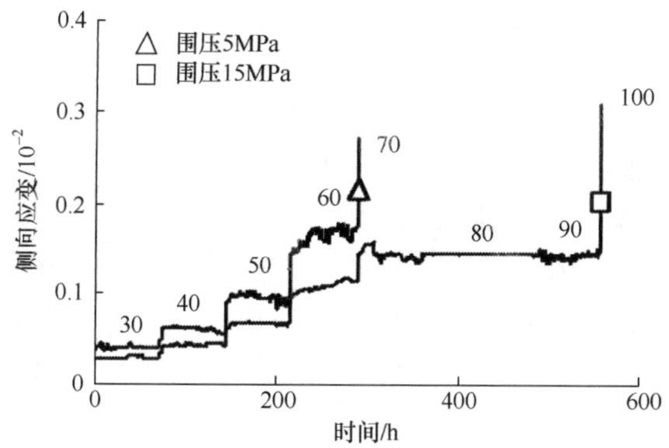

图 2.4.7　不同围压下绿片岩侧向应变与时间的关系[19]

2.5　板岩剪切流变试验

对于含有节理或含有软弱结构面的岩体，研究岩体沿结构面的剪切流变特性十分重要。因为岩体工程的稳定性多数是由这些软弱结构面的特性控制的，本节开展板岩的剪切流变试验，分析板岩的剪切流变特性。

2.5.1　试验设备和试样制备

剪切流变试验主要在岩石直剪流变仪上进行，如图 2.5.1 所示，垂直千斤顶用于对岩石施加法向荷载，水平千斤顶用于对岩石施加剪切荷载，岩石试样预先用水泥浇筑于剪切盒内，下剪切盒固定在基座上，岩石位于上下剪切盒之间。试验采用气-液加载方式，由人工操作，避免停电的影响。

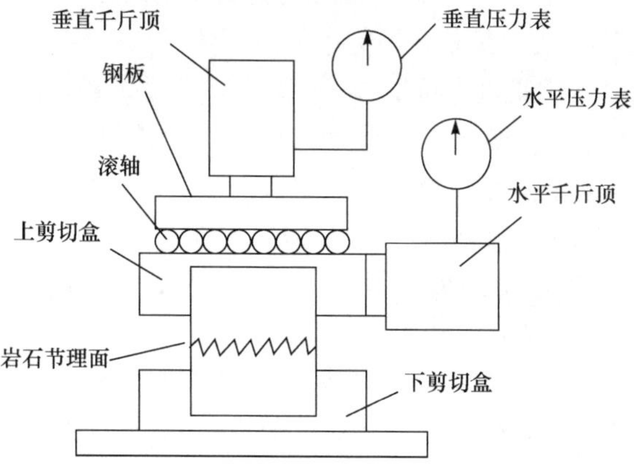

图 2.5.1　岩石剪切流变试验装置

采用储能器进行稳压，当变形增加引起压力降低时，储能器可起到自动调节补压的作用。剪切荷载通过水平千斤顶施加于上剪切盒之上，法向荷载通过垂直千斤顶施加于上剪切盒，为了使上剪切盒自由移动，在垂直千斤顶的钢板与上剪切盒之间设置了刚性滚轴。在上剪切盒的中间两侧各设置一个剪切位移测量点，采用千分表测量上剪切盒的位移，也就是岩石中间面的剪切位移。

在现场采集含岩石试样，并进行现场浇筑和养护，采集过程中尽量避免扰动岩石。运回实验室后切割成 70mm×70mm×150mm 的试样，如图 2.5.2 所示，再用混凝土浇成 150mm×150mm×150mm 标准抗剪尺寸，中间预留 10mm 左右的剪切缝，然后浇筑到剪切盒内开展剪切流变试验。

图 2.5.2 板岩试样

2.5.2 试验步骤

尽量保持实验室的恒温恒湿环境，避免周围环境的振动和干扰。先对岩石进行快剪试验，取得不同法向荷载下的剪应力破坏值，得到岩石快剪的 c、φ 值。快剪试验采用 RMT-150B 试验机进行试验，根据快剪试验结果，确定剪切流变试验的正压力和剪切荷载分级。剪切流变试验在 CYL-120 多功能岩石流变试验机上进行，按照《水利水电工程岩石试验规程》(SL 264—2001)[89] 方法，首先对试样施加一恒定的压力，然后由低到高分级施加长期的剪应力，获得一组不同剪应力水平下的剪位移-时间关系曲线，各级剪应力历时 9 天左右，根据规程确定长期强度剪应力值。具体的剪切流变试验步骤如下。

(1) 首先施加法向应力，读取变形数据，当法向变形稳定时开始施加剪应力。

(2) 剪应力至少分五级加载，并保证施加最后一级剪应力时岩石出现蠕变破坏。

(3) 每施加一级剪切荷载时立即测读瞬时位移，然后在一定时间间隔内测读剪切蠕变值，变形初期加密观测次数。在趋于基本稳定时，每隔 12h 读取数据一次。

(4) 在试验过程中要不断调整法向荷载和剪切荷载，使之保持稳定。

(5) 当剪切位移速率小于 5×10^{-4}mm/d 时，表明岩石的剪切蠕变变形已经趋于稳定，开始施加下一级剪切荷载。

(6) 施加最后一级剪切荷载时，当发现剪切蠕变位移随时间有迅速增长的趋势时，应当增加观测次数以反映最后的蠕变破坏阶段。

根据测取的蠕变变形量，得出每一级正压力和剪应力下的剪切蠕变变形和时间的关系。在试验过程中要根据变形情况对剪应力进行适当的调整，以使在最后一级剪应力时获取试验逐步破坏的 u-t 曲线。

2.5.3　试验结果及分析

1) 岩石快剪强度分析

板岩快剪试验成果见表 2.5.1，根据 Mohr-Coulomb 剪切破坏准则，利用最小二乘法对板岩剪切试验结果进行一元线性回归，线性表达式为 $\tau=1.1555\sigma+3.339$，如图 2.5.3 所示。从图中数据点和拟合直线可以看出，试验结果的线性相关性很好。根据板岩直接剪切的试验结果求得板岩的内摩擦角约为 49.1°，摩擦系数为 1.16，黏聚力为 3.339MPa。

表 2.5.1　岩石快剪试验成果

取样地点	岩石名称	法向应力 σ/MPa	剪应力 τ/MPa	内摩擦角 φ/(°)	黏聚力 c/MPa
猫猫滩	板岩	2	5.56	49.1	3.339
		4	7.96		
		6	10.67		
		8	12.15		
		10	14.82		

2) 岩石剪切流变强度分析

在法向应力恒定的情况下，随着剪应力的增加，当剪应力达到某一临界值时，岩石就过渡到加速剪切蠕变阶段，此临界值就是岩石的长期剪切强度值。当剪应力低于此临界值时，岩石能维持长期稳定；而当剪应力高于此临界值时岩石将从减速剪切蠕变过渡到等速剪切蠕变阶段，短时间达到蠕变加速阶段直至破坏，图 2.5.4 为板岩剪切流变破坏后的形态。

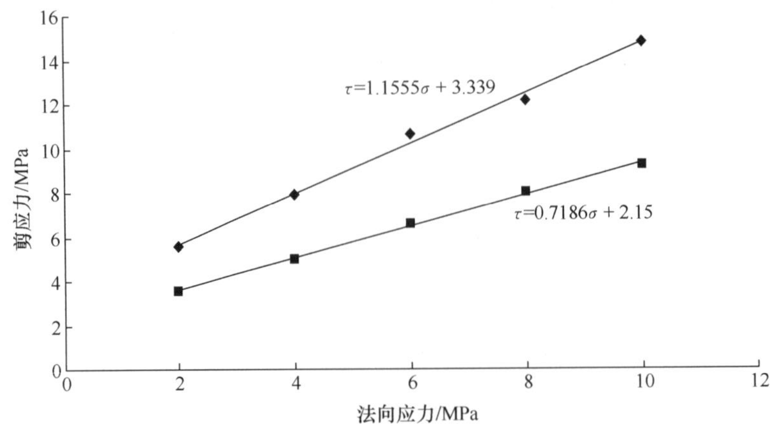

图 2.5.3　板岩快剪和剪切流变试验的拟合结果

图 2.5.4　板岩剪切流变破坏后的试件

流变试验资料整理采用《水利水电工程岩石试验规程》(SL 264—2001)[89]中提出的方法，岩石的流变过程用剪切变形 u 和时间 t 的曲线表示，然后采用叠加原理从试验获取的 u-t 曲线或数据表格求得在各级荷载下相同受剪历时的剪位移叠加曲线。由这组 u-t 叠加曲线绘制各种时间的剪应力 τ 与剪位移 u 等时曲线簇，如图 2.5.5～图 2.5.9 所示。根据通常的方法，剪应力 τ 与剪位移 u 等时曲线簇的拐点反映了岩石剪位移随剪应力增加而变化的转折点，此转折点就是长期流变情况下岩石的剪切屈服点。根据上述方法，得出板岩剪切长期强度：板岩在轴压为 2MPa、4MPa、6MPa、8MPa、10MPa 下对应的长期强度分别为 3.58MPa、4.96MPa、6.55MPa、8.03MPa、9.21MPa。根据板岩剪切流变试验结果求得板岩的内摩擦角约为35.7°，摩擦系数为0.72，黏聚力为2.15MPa，见表2.5.2。与室内快速剪切强度参数相比，长期强度有所降低，摩擦系数降低38%，黏聚力降低36%。根据Mohr-Coulomb剪切破坏准则，通过一元线性回归得到板岩的长期抗剪强度表达式为$\tau=0.7186\sigma+2.15$。板岩剪切流变情况下的法向应力和剪应力关系曲线如图2.5.3所示。

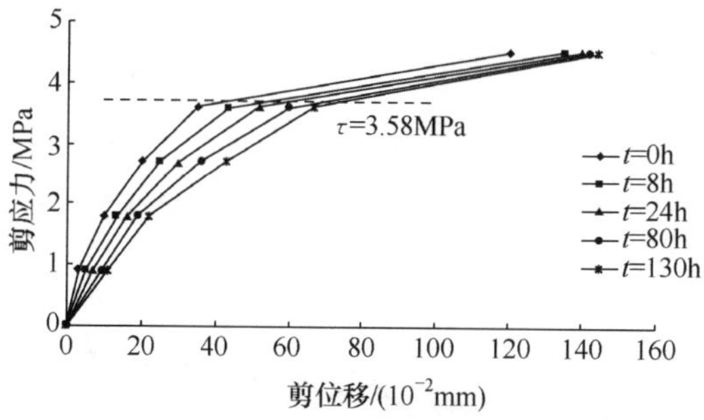

图2.5.5　板岩等时簇曲线(σ=2MPa)

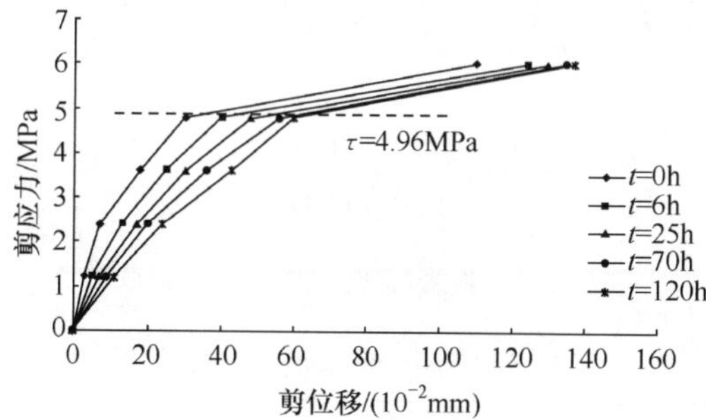

图2.5.6　板岩等时簇曲线(σ=4MPa)

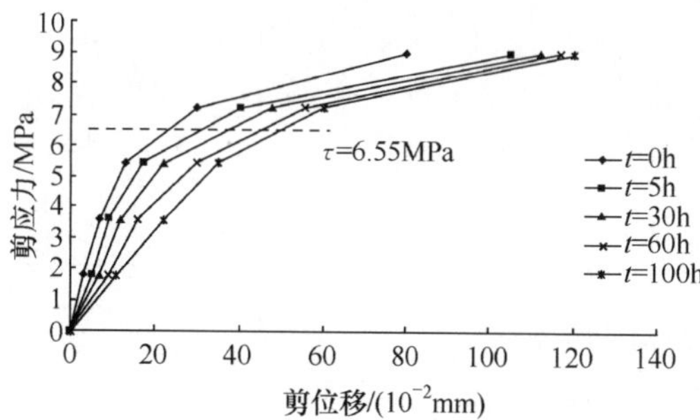

图2.5.7　板岩等时簇曲线(σ=6MPa)

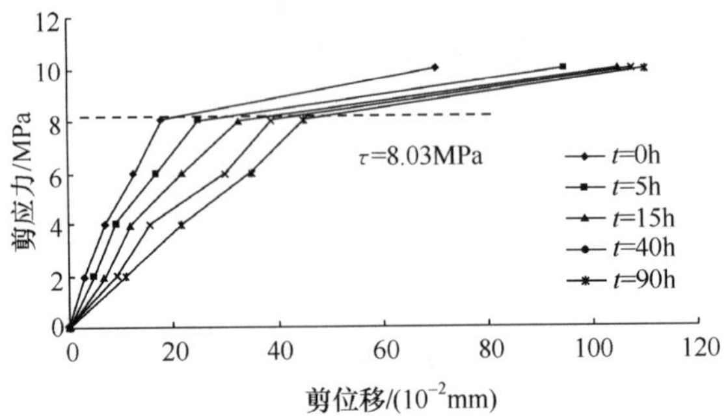

图 2.5.8 板岩等时簇曲线(σ=8MPa)

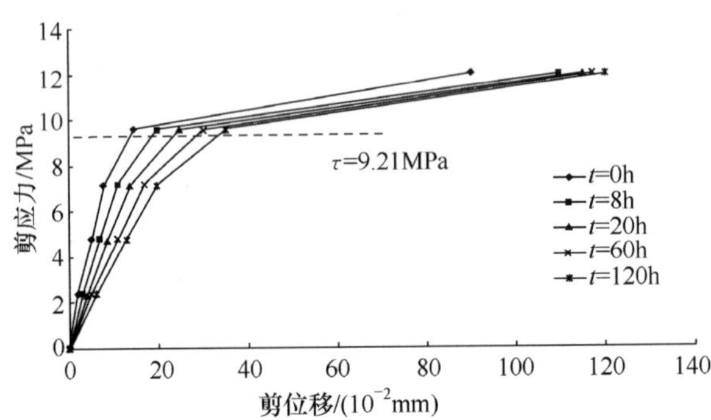

图 2.5.9 板岩等时簇曲线(σ=10MPa)

表 2.5.2 板岩剪切流变试验结果

取样地点	岩性	法向应力 σ/MPa	剪应力 τ/MPa	内摩擦角 φ/(°)	黏聚力 c/MPa
猫猫滩	板岩	2	3.58	35.7	2.15
		4	4.96		
		6	6.55		
		8	8.03		
		10	9.21		

3) 分级加载剪切流变特性分析

对锦屏二级水电站的板岩进行了长达两个月的长期剪切流变试验，试验结果如图 2.5.10～图 2.5.14 所示。结果表明，每级加载后，板岩都出现瞬时应变和初始蠕变，一段时间后进入稳态蠕变，最终都发生加速蠕变。除法向应力为 6MPa 剪切流变试验，在第五级加载后很短时间，板岩进入加速蠕变阶段，且短时间发生破坏，其他四组试验都在第五级加载一段时间后才发生加速蠕变破坏。法向应力越大，使岩石发生蠕变破坏所需要的剪应力也越大，因此，板岩剪切流变破坏不仅与剪应力大小有关，还与法向应力大小有关。最后一级加载不仅出现蠕变前两个阶段，还出现加速蠕变阶段。加速蠕变过程比较短且很快发生破坏，其余的蠕变过程经历的时间相对较长。

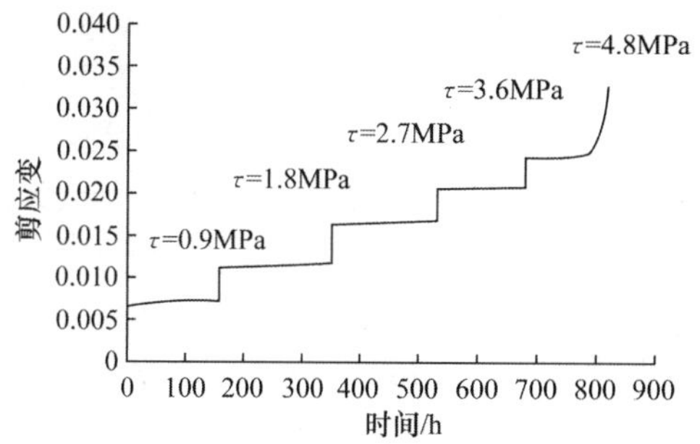

图 2.5.10　板岩试验曲线(σ=2MPa)

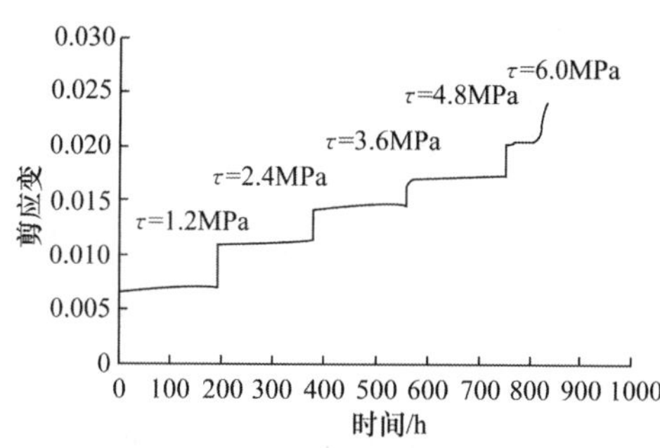

图 2.5.11　板岩试验曲线(σ=4MPa)

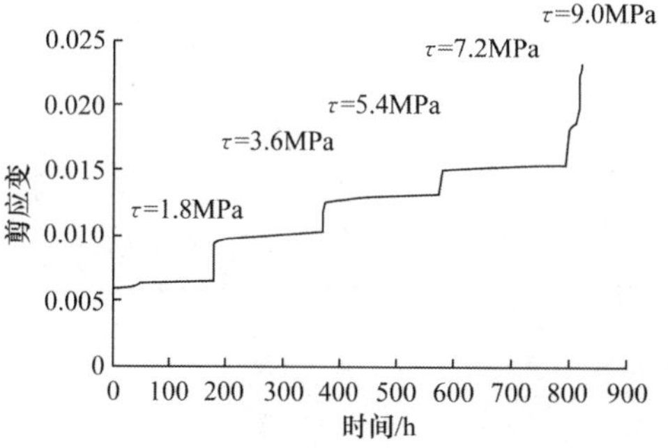

图 2.5.12　板岩试验曲线(σ=6MPa)

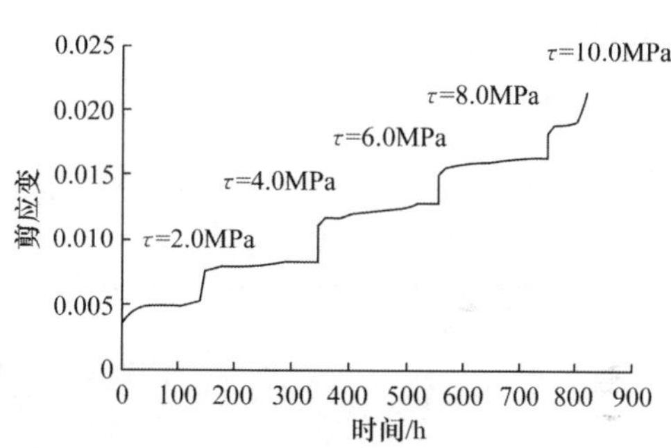

图 2.5.13　板岩试验曲线(σ=8MPa)

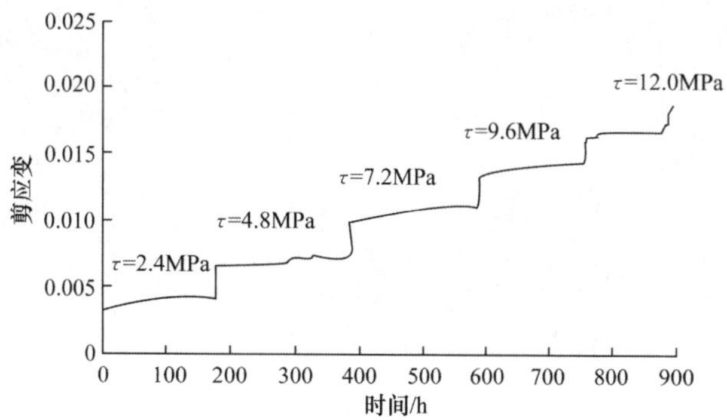

图 2.5.14　板岩试验曲线(σ=10MPa)

2.6　含结构面板岩在循环加载方式下的剪切蠕变试验

结构面是指岩体中的各种地质界面，包括物质分异面和不连续面，如层面、断裂面、破碎带、泥化夹层、节理和裂隙等。它破坏了岩体的连续性和完整性，对围岩、边坡、岩基的稳定与安全构成潜在的威胁，同时结构面的流变力学性质又控制着岩体的时效变形，因此在对岩体工程进行稳定性评价以及在结构设计与施工中都必须考虑岩体结构面的流变特性，各类结构面的时效特性的研究已成为岩石流变学的一项重要研究内容。由于结构面的蠕变性态极其复杂，除了受应力水平、含水量等外部条件的控制之外，还取决于结构面本身的性状，包括接触状态、有无充填物、岩体面壁的风化程度等，要弄清这些因素各自对结构面蠕变性质的影响是一项十分困难的工作，通常需要固定其他的因素，才能对其中的某项影响因素进行深入分析。本节对含结构面的板岩开展剪切流变试验，分析结构面的蠕变特性。

2.6.1　试验试样

针对取回的含硬性结构面的板岩岩样 4 块，分别记为 S1、S2、S3、S4。在实验室切割成 150mm×150mm×120mm 的试样，采用“二次成型”的方法，再用混凝土浇成 150mm×150mm×150mm 的标准抗剪尺寸，制作好的试样如图 2.6.1 所示。

图 2.6.1　含结构面的板岩试样

2.6.2　试验设备

板岩硬性结构面分级增量循环加卸载剪切蠕变试验在长春试验机研究所研制的 CSS-283 双轴蠕变试验机上进行。剪切荷载通过水平千斤顶施加于岩样上，法向荷载通过垂直千斤顶施加于试样上，为了消除垂直荷载带来的摩擦力的影响，在垂直千斤顶的钢板与试样上钢板间设置了刚性滚轴。采用固定在两侧水平千斤顶上的变形测量引伸计测量试样的剪切位移，加载量测装置如图 2.6.2 所示。

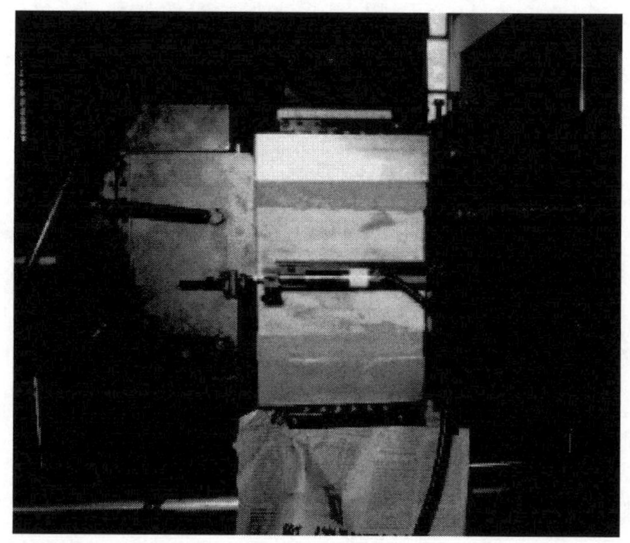

图 2.6.2　剪切流变试验加载量测装置

2.6.3　试验方案

分级增量循环加卸载的蠕变试验程序如下。

(1) 首先对试样施加法向应力至预定值并保持此应力不变，立即观测垂直位移，待变形稳定后，再进行下一步加载。试样板岩 S1、S2、S3、S4 施加的法向应力分别为 6MPa、12MPa、18MPa 和 24MPa。

(2) 施加第一级剪切应力，立即测读瞬时位移，然后于一定时间间隔内测读剪切蠕变值，变形初期加密观测次数。在趋于基本稳定时，每隔 24h 读取数据一次。

(3) 待剪切变形稳定后，卸载到 0，立即测读瞬时位移，然后于一定时间间隔内测读剪切蠕变值。变形稳定以后，再施加下一级剪切应力。

(4) 重复上述操作步骤，在设定最后一级应力水平时，试样发生流变破坏。试验过程中尽量保持实验室的恒温恒湿环境，避免周围环境的振动和干扰，故在数据处理和分析时不考虑温度和湿度的影响。

2.6.4 试验结果及分析

板岩分级增量循环加卸载的蠕变试验结果如图 2.6.3～图 2.6.6 所示，由图可知以下几点。

(1) 在每一级剪应力加载的瞬间，板岩产生瞬时剪切位移，之后在恒定切向荷载的作用下，切向位移随时间而增加，但位移速率随着时间的增大而逐渐减小。通常，从初期蠕变到变形趋于稳定这一过程需持续 4～7d，蠕变持续时间的长短与切向应力水平有关。

(2) 在每一级剪应力卸载后，岩石试样所产生的变形除有瞬时弹性恢复外，还有随时间而渐渐恢复的滞后弹性恢复，在滞后弹性恢复稳定后，还存在残余变形。这种残余变形不仅在卸载瞬时阶段产生，在卸载后的滞后弹性恢复阶段也产生，说明板岩试样的变形中含有瞬塑性和黏塑性成分。

(3) 板岩试样产生的瞬时应变量随应力水平的增大而增加，而且产生的蠕变应变量先随应力水平的增大而增加，随后，则随应力水平的增大反而有所下降。

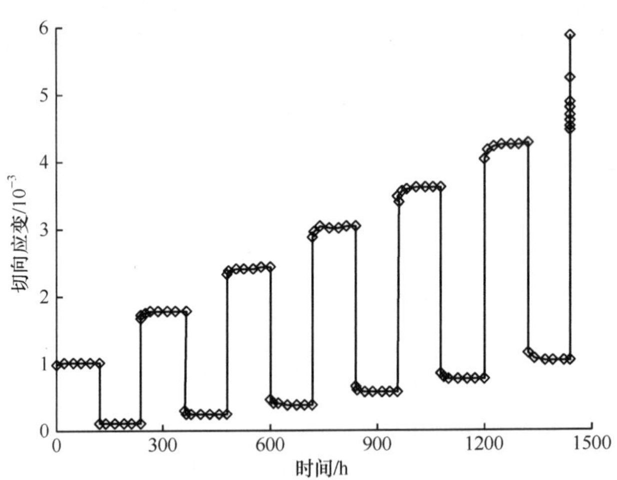

图 2.6.3 法向应力 6MPa 时板岩 S1 分级增量循环加卸载的蠕变曲线

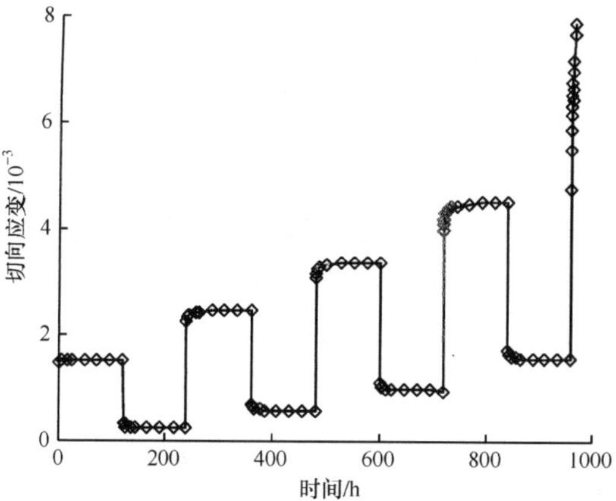

图 2.6.4　法向应力 12MPa 时板岩 S2 分级增量循环加卸载的蠕变曲线

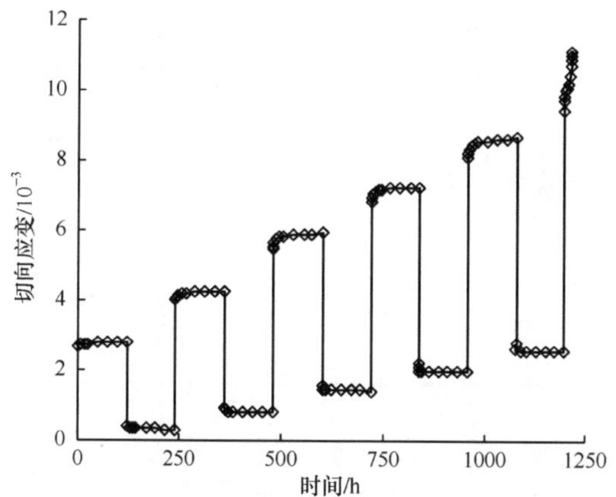

图 2.6.5　法向应力 18MPa 时板岩 S3 分级增量循环加卸载的蠕变曲线

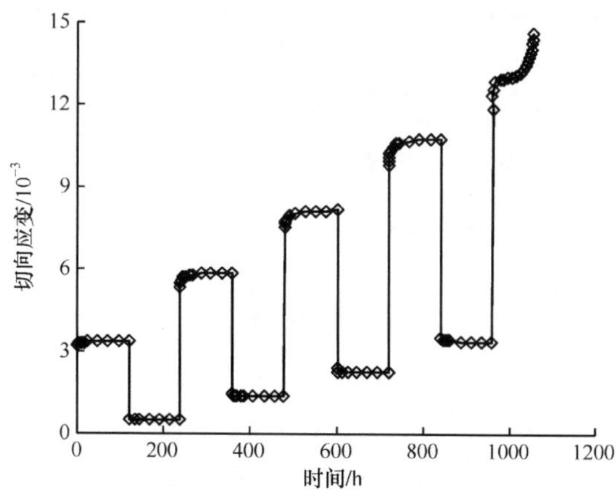

图 2.6.6　法向应力 24MPa 时板岩 S4 分级增量循环加卸载的蠕变曲线

2.6.5 板岩剪切蠕变速率规律分析

通过对试验结果进行整理，可以得到板岩剪切蠕变速率变化曲线，如图 2.6.7 所示。从图中可以看出，板岩硬性结构面在整个加载过程中，其剪切蠕变速率经历了减小、稳定和增大三个阶段。剪切蠕变过程中各阶段持续时间的长短及加速阶段在蠕变过程中出现与否与蠕变材料的性质、加载过程中的法向应力及剪应力水平有关。

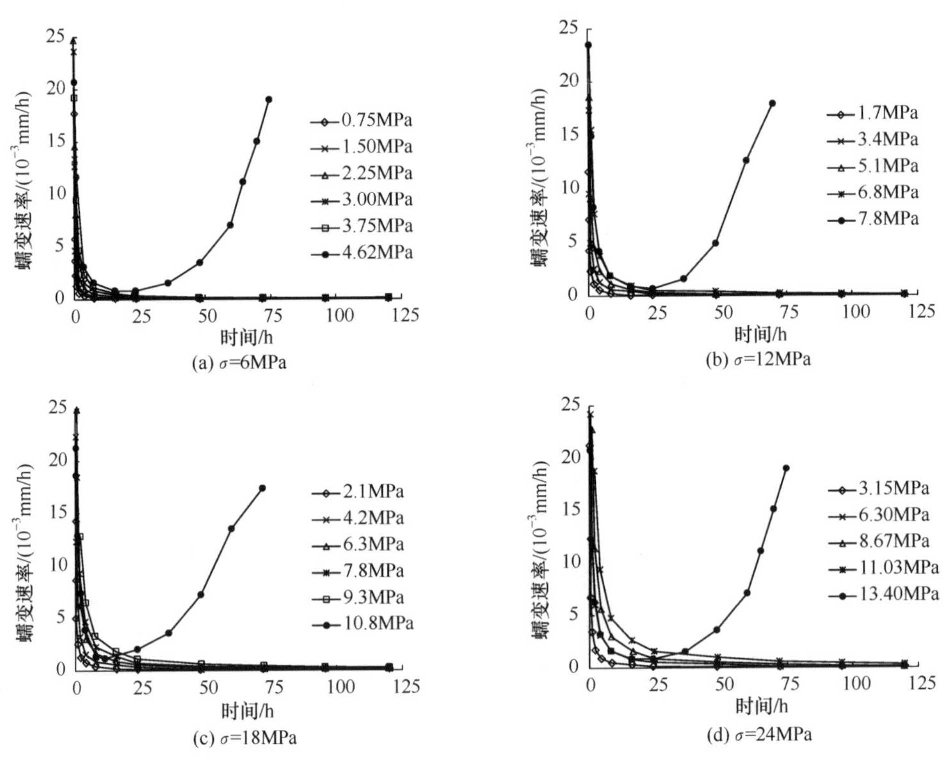

图 2.6.7 板岩硬性结构面剪切蠕变速率与时间关系曲线

(1) 在法向应力恒定情况下，施加较低的剪应力水平时，在加载起初的数小时内剪切蠕变速率减小较快，之后，剪切蠕变速率逐渐趋于稳定，且剪切蠕变速率较小。此时，剪切蠕变速率仅出现减小和稳定两个阶段。如图 2.6.7(a)所示，板岩硬性结构面在法向应力为 6MPa、剪应力为 1.5MPa 情况下，在加载 5min 时，其剪切蠕变速率为 17.74×10^{-3}mm/h，1h 后，剪切蠕变速率为 1.21×10^{-3}mm/h，120h 后，剪切蠕变速率为 0.00198×10^{-3}mm/h，此时剪切蠕变速率已经趋于稳定，接近于 0。

(2) 在法向应力恒定情况下，施加较高的剪应力水平时，剪切蠕变速率表现出与较低剪应力水平时相似的特征，所不同的是初始蠕变速率大小有所不同。但当施加的剪应力水平高于长期抗剪强度时，剪切蠕变速率经历了减小、稳定和增大三个阶段：在加载起初的数小时内剪切蠕变速率减小较快；之后，剪切蠕变速率逐渐趋于稳定。稳定剪切蠕变速率阶段持续时间明显短于施加较低剪应力水平时稳定剪切蠕变速率阶段；随后剪切蠕变速率迅速增大，板岩硬性结构面在较短的时间内发生大的剪切滑移，从而发生破坏，在剪切蠕变速率-时间曲线上，曲线明显上翘，且时间较短。如图 2.6.7(a)所示，板岩硬性结构面在法向应力为 6MPa、剪应力为 4.62MPa 情况下，在加载 5min 时，其剪切蠕变速率为 103×10^{-3}mm/h，24h 后，剪切蠕变速率为 0.676×10^{-3}mm/h，75h 后，剪切蠕变速率为 18.87×10^{-3}mm/h，此时剪切蠕变速率与 24h 相比，增大近 30 倍，且持续时间很短即发生破坏。

(3) 在剪切蠕变速率-时间曲线上，随着时间的增加，剪切蠕变速率从初始减小阶段下降到稳定阶段的过程中，剪切蠕变速率出现上下略有波动的现象，其原因在于板岩硬性结构面是非均质、非连续材料，其力学性质存在差异，另外计算采取的剪切蠕变速率并非连续的瞬时剪切蠕变速率，而是根据试验测得的试验数据计算所得，试验数据测量的时间间隔不均匀也会对此产生影响。

板岩硬性结构面不同应力水平下的稳态蠕变速率与剪应力的关系如图 2.6.8 所示。

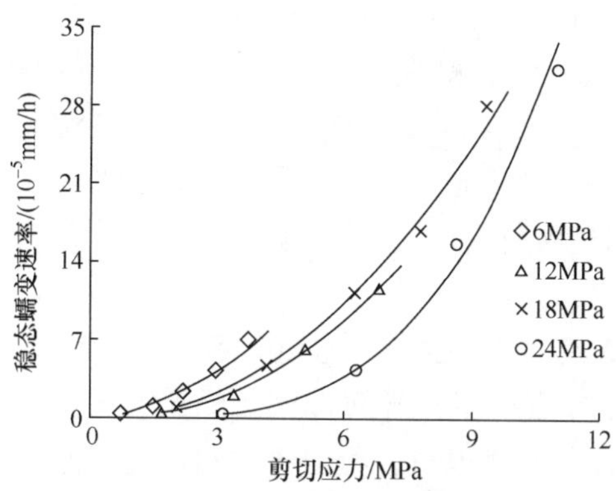

图 2.6.8　板岩硬性结构面不同应力水平下的稳态蠕变速率与剪应力的关系

从图 2.6.8 可以看出，在法向应力水平恒定的情况下，随着剪应力水平的提高，板岩硬性结构面的稳态蠕变速率也随之升高，且按幂指数关系升高。

板岩硬性结构面稳态剪切蠕变速率与剪应力之间的关系可以用式(2.6.1)来表示：

$$\dot{u}_s = p\tau^l \tag{2.6.1}$$

式中，$\dot{u}_s$ 为板岩硬性结构面稳态剪切蠕变速率；p 和 l 为板岩硬性结构面参数通过幂指数拟合得出的参数，见表 2.6.1。

表 2.6.1　板岩硬性结构面稳态剪切蠕变速率拟合参数

试样编号	法向应力/MPa	参数 p	参数 l	相关系数 R
S1	6	0.4368	2.086	0.991
S2	12	0.1249	2.379	0.993
S3	18	0.2177	2.147	0.978
S4	24	0.0066	3.550	0.983

2.7　大理岩泥夹层结构面剪切蠕变试验研究

2.6 节对锦屏二级水电站的主要洞室围岩之一的板岩开展了流变试验，分析了其流变特性，本节针对另外一种主要围岩——大理岩，对含泥夹层的大理岩试样开展流变试验研究。

2.7.1　试验设备

大理岩泥夹层结构面剪切蠕变试验主要在长春试验机研究所研制的 RYJ-15 型岩石剪切蠕变仪上进行。该蠕变仪能施加的最大垂直荷载为 150kN，最大水平荷载为 100kN，用于测定软岩和软弱夹层带的剪切蠕变性状，并能做快速剪切和三向不等压试验，是一台多功能的试验仪器。其主要结构如图 2.5.1 所示，垂直千斤顶用于对岩石施加法向荷载，水平千斤顶用于对岩石施加剪切荷载，含岩石试样预先用水泥浇筑于剪切盒内，下剪切盒固定在基座上，岩石位于上下剪切盒之间。试验采用气-液加载方式，由人工操作，避免了停电的影响。采用储能器进行稳压，当变形增加引起压力降低时，储能器可起到自动调节补压作用。为了使上剪切盒自由移动，在垂直千斤顶的钢板与上剪切盒之间设置了刚性滚轴。在上剪切盒的中间两侧各设置一个剪切位移测量点，采用千分表测量上剪切盒的位移，也就是岩石结构面的剪切位移。

2.7.2　试验方案

试验前先对岩样进行快剪试验，取得不同法向荷载下的剪应力破坏值，得到大理岩快剪的黏聚力 c、内摩擦角 φ 值。根据快剪试验结果，确定蠕变试验相应法向应力和剪应力等级梯度，法向应力为 200kPa、400kPa、600kPa。剪应力 τ_{ij} 由小到大分级施加，前几级可适当加大，后几级尽量加密，每一级剪应力维持一周，每天测取蠕变位移量，得出每一级 σ_i 和 τ_{ij} 下的剪切蠕变位移 u 和时间 t 的关系，最后得

出 u-t 关系曲线。

剪切蠕变试验流程如下。

(1) 首先施加法向应力，读取变形数据，当法向变形稳定时开始施加剪切荷载。

(2) 分级施加剪应力，并保证施加最后一级剪应力时大理岩出现蠕变破坏。

(3) 每施加一级剪应力时立即测读瞬时位移，然后于一定时间间隔内测读剪切位移值，变形初期加密观测次数。在趋于基本稳定时，每隔 12h 读取数据一次。

(4) 在试验过程中要不断调整法向应力和剪应力，使之保持稳定。

(5) 当剪切位移速率小于 5×10^{-4}mm/d 时，表明大理岩的剪切蠕变变形已经趋于稳定，开始施加下一级剪应力。

(6) 施加最后一级剪应力时，当发现剪切蠕变位移随时间有迅速增长的趋势时，应当增加观测次数以反映最后的蠕变破坏阶段。

根据测取的蠕变变形量，得出每一级法向压力和剪应力下的剪切蠕变位移 u 和时间 t 的关系。在试验过程中要根据变形情况对剪应力进行适当的调整，在最后一般要增加等级，以使在最后一级剪应力时获取试验逐步破坏的 u-t 曲线。

2.7.3　试验结果及分析

1. 剪切蠕变规律

蠕变试验资料整理采用《水利水电工程岩石试验规程》(SL 264—2001)[89] 中提出的方法，大理岩泥夹层的蠕变过程用剪切位移 u 和时间 t 的曲线表示，然后应用叠加原理从试验获取的 u-t 曲线或数据表格求得在各级荷载下相同受剪历时的剪切位移-时间叠加曲线，如图 2.7.1 所示。

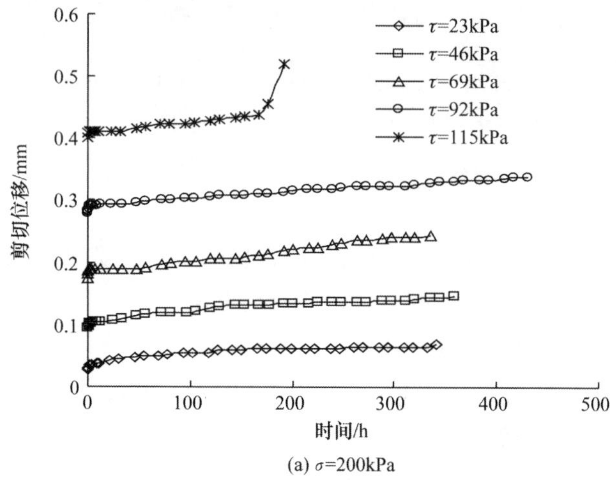

(a) σ=200kPa

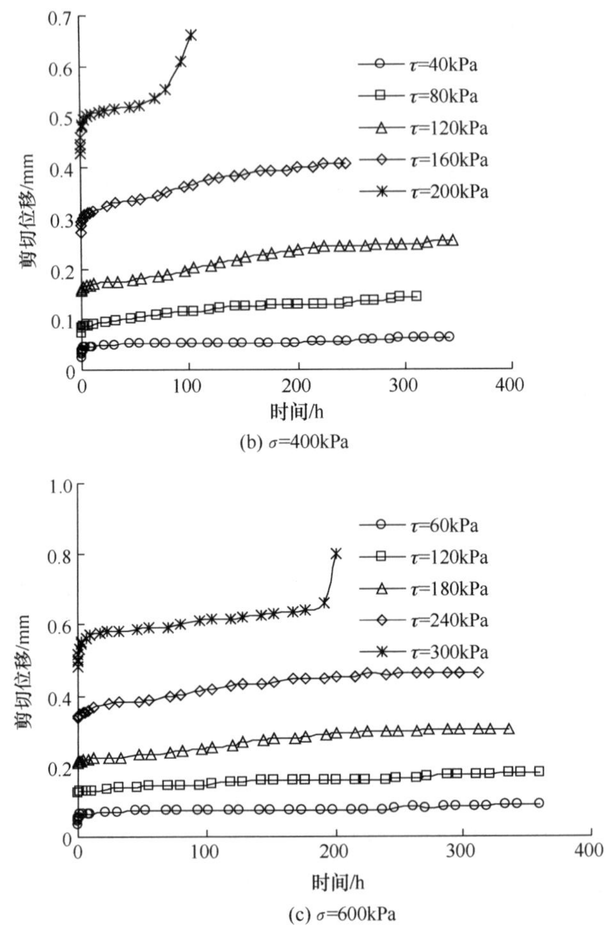

(b) σ=400kPa

(c) σ=600kPa

图 2.7.1　大理岩泥夹层剪切位移-时间叠加曲线

从图 2.7.1 中可以看出，在法向应力恒定的情况下有以下几点。

(1) 每施加一级剪应力的瞬间，大理岩泥夹层结构面呈现出一定的瞬时剪切位移，接下来，随着时间的增加，剪切位移也逐渐增加，反映了大理岩泥夹层具有明显的时效性特征。

(2) 在这一级剪应力作用下，剪切位移在剪应力施加起初的数小时内增加较快，但随着时间的进一步增加，剪切位移逐渐趋于稳定。图 2.7.1(b)中，大理岩泥夹层在法向应力为 400kPa、剪应力为 40kPa 作用下，经过 45h 后，剪切位移逐渐呈现稳定状态，剪切位移为 0.053mm。在剪应力为 80kPa 作用下，经过 143h 后，剪切位移逐渐呈现稳定状态，剪切位移为 0.126mm。

(3) 随着剪应力的增加，当剪应力达到某一临界值时，大理岩泥夹层结构面就由初始衰减剪切蠕变阶段过渡到稳定剪切蠕变阶段，此临界值即为大理岩泥夹层的长期强度值。当剪应力低于此临界值时，大理岩泥夹层能维持长期稳定；而当剪应力高于此临界值时，大理岩泥夹层将从稳定剪切蠕变过渡到加速剪切蠕变阶段从而很快发生破坏。图 2.7.1(b)中，大理岩泥夹层在法向应力为 400kPa、剪应力为 200kPa 作用下，经过 56h 后，位移-时间曲线呈现明显上凹趋势，剪切位移从当前稳定状态过渡到加速蠕变状态，经过 104h 后，剪切位移迅速达到 0.660mm，发生破坏。

(4) 从图中还可以看出，大理岩泥夹层的瞬时剪切位移与法向应力和剪应力水平相关。法向应力水平越高，在相同剪应力作用下，其瞬时剪切位移越小；在恒定的法向应力水平下，随着剪应力的增加，其瞬时剪切位移逐渐增大。图 2.7.1(a)中，在法向应力为 200kPa，在剪应力为 23kPa 作用下，瞬时剪切位移为 0.028mm；在剪应力为 46kPa 作用下，瞬时剪切位移为 0.069mm；在剪应力为 69kPa 作用下，瞬时剪切位移为 0.174mm。

2. 剪切蠕变速率规律

1) 剪切蠕变速率与时间的关系

从图 2.7.1 中可以看出，大理岩泥夹层结构面剪切蠕变的发展过程经历了三个阶段，即初始衰减剪切蠕变阶段、稳定剪切蠕变阶段及加速剪切蠕变阶段。通过计算图 2.7.1 中大理岩泥夹层剪切位移对应各时刻的斜率，即蠕变斜率，可以得到大理岩泥夹层剪切蠕变过程中剪切蠕变速率与时间的关系，如图 2.7.2 所示。

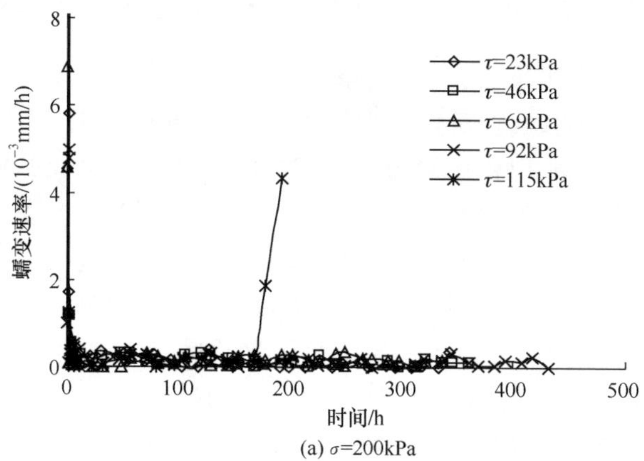

(a) σ=200kPa

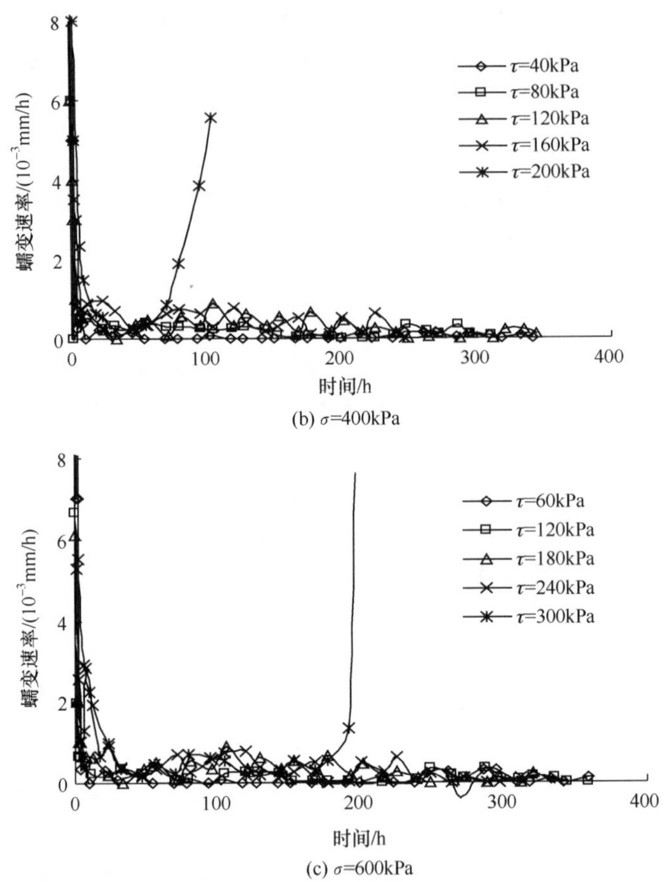

(b) σ=400kPa

(c) σ=600kPa

图 2.7.2　大理岩泥夹层剪切蠕变过程中剪切蠕变速率与时间的关系

由图 2.7.2 可知,大理岩泥夹层在整个加载过程中,其剪切蠕变速率经历了减小、稳定和增大三个阶段。剪切蠕变过程中各阶段持续时间的长短及加速阶段在蠕变过程中出现与否与蠕变材料的性质、加载过程中的法向应力及剪应力水平有关。

(1) 在法向应力恒定情况下,施加较低的剪应力,在加载起初的数小时内剪切蠕变速率减小较快,之后,剪切蠕变速率逐渐趋于稳定,且剪切蠕变速率较小。此时,剪切蠕变速率仅出现减小和稳定两个阶段。图 2.7.2(a)中,大理岩泥夹层在法向应力为 200kPa、剪应力为 23kPa 情况下,在加载 5min 时,其剪切蠕变速率为 337×10^{-3}mm/h,1h 后,剪切蠕变速率为 5.82×10^{-3}mm/h,141h 时,剪切蠕变速率为 0.056×10^{-3}mm/h,此时剪切蠕变速率已经趋于稳定,接近于 0。

(2) 在法向应力恒定情况下,施加较高的剪应力时,剪切蠕变速率表现出与较低剪应力水平时相似的特征,所不同的是初始蠕变速率大小有所不同。但当施加的剪应力水平高于长期抗剪强度时,剪切蠕变速率经历了减小、稳定和增大三个阶段:在加载起初的数小时内剪切蠕变速率减小较快;之后,剪切蠕变速率逐渐趋于稳定。稳定剪切蠕变速率阶段持续时间明显短于施加较低剪应力水平时稳定剪切蠕变速率阶段;随后剪切蠕变速率迅速增大,大理岩泥夹层结构面在较短的时间内发生大的剪切滑移,从而发生破坏,在剪切蠕变速率-时间曲线上,曲线明显上翘,且时间较短。图 2.7.2(a)中,大理岩泥夹层在法向应力为 200kPa、剪应力为 115kPa 情况下,在加载 5min 时,其剪切蠕变速率为 252×10^{-3}mm/h,95h 时,剪切蠕变速率为 0.027×10^{-3}mm/h,192h 时,剪切蠕变速率为 4.33×10^{-3}mm/h,此时剪切蠕变速率与 95h 相比,增大近 160 倍,且持续时间很短即发生破坏。

(3) 在剪切蠕变速率-时间曲线上,随着时间的增加,剪切蠕变速率从初始减小阶段下降到稳定阶段的过程中,剪切蠕变速率出现上下略有波动的现象,其原因在于大理岩泥夹层结构面是非均质、非连续材料,其力学性质存在差异,另外计算采取的剪切蠕变速率并非连续的瞬时剪切蠕变速率,而是根据试验测得的试验数据计算所得,试验数据测量的时间间隔不均匀也会对此产生影响。

2) 平均剪切蠕变速率及稳态剪切蠕变速率

为了定量描述大理岩泥夹层剪切蠕变速率与剪应力的关系,表 2.7.1 给出了不同法向应力状态下(σ=200kPa、400kPa、600kPa)大理岩泥夹层平均剪切蠕变速率及稳态蠕变速率的计算结果,平均剪切蠕变速率由表中剪切位移 1、2、3 分别与对应记录时间的商然后求其 3 个商的平均值所得。稳态蠕变速率由表中处于稳态蠕变阶段的剪切位移 2、3 分别与对应记录时间的商的平均值得到。

表 2.7.1　大理岩泥夹层平均剪切蠕变速率及稳态剪切蠕变速率

试样编号	试样 MN1				
剪应力/kPa	23	46	69	92	115
读数记录时间 1/h	4	5	4	4	4
对应剪切位移 1/mm	0.036	0.104	0.189	0.291	0.41
读数记录时间 2/h	150	153	153	153	47
对应剪切位移 2/mm	0.061	0.132	0.208	0.309	0.415
读数记录时间 3/h	246	249	249	249	105
对应剪切位移 3/mm	0.063	0.137	0.233	0.32	0.425
平均蠕变速率/(10^{-3}mm/h)	3.221	7.404	16.515	25.352	38.459
稳态蠕变速率/(10^{-3}mm/h)	0.331	0.706	1.147	1.652	6.439
试样编号	试样 MN2				
剪应力/kPa	40	80	120	160	200
读数记录时间 1/h	4	4	4	4	6
对应剪切位移 1/mm	0.046	0.087	0.166	0.307	0.5

续表

试样编号	试样 MN2				
读数记录时间 2/h	150	152	153	57	23
对应剪切位移 2/mm	0.053	0.127	0.222	0.337	0.513
读数记录时间 3/h	246	248	249	105	47
对应剪切位移 3/mm	0.056	0.132	0.245	0.365	0.519
平均蠕变速率/(10^{-3}mm/h)	4.027	7.706	14.645	28.713	38.893
稳态蠕变速率/(10^{-3}mm/h)	0.290	0.684	1.217	4.694	16.673
试样编号	试样 MN3				
剪应力/kPa	60	120	180	240	300
读数记录时间 1/h	4	4	4	4	6
对应剪切位移 1/mm	0.064	0.13	0.218	0.352	0.562
读数记录时间 2/h	150	152	153	153	47
对应剪切位移 2/mm	0.074	0.158	0.276	0.438	0.587
读数记录时间 3/h	246	248	249	249	104
对应剪切位移 3/mm	0.078	0.163	0.3	0.462	0.615
平均蠕变速率/(10^{-3}mm/h)	5.603	11.399	19.170	30.906	37.357
稳态蠕变速率/(10^{-3}mm/h)	0.405	0.848	1.504	2.359	9.201

由表 2.7.1 中求得的不同法向应力状态下大理岩泥夹层平均剪切蠕变速率及稳态蠕变速率的计算结果,可求出不同法向应力水平下大理岩泥夹层平均剪切蠕变速率、稳态剪切蠕变速率与剪应力的关系,如图 2.7.3 和图 2.7.4 所示。从表 2.7.1 及图 2.7.3和图 2.7.4 中可以看出以下几点。

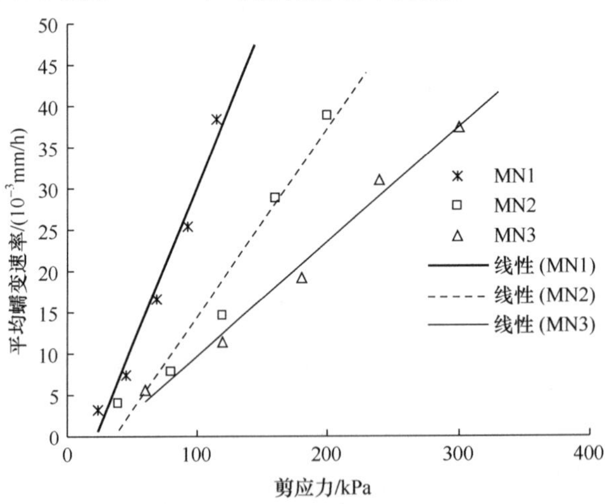

图 2.7.3 大理岩泥夹层平均剪切蠕变速率与剪应力关系

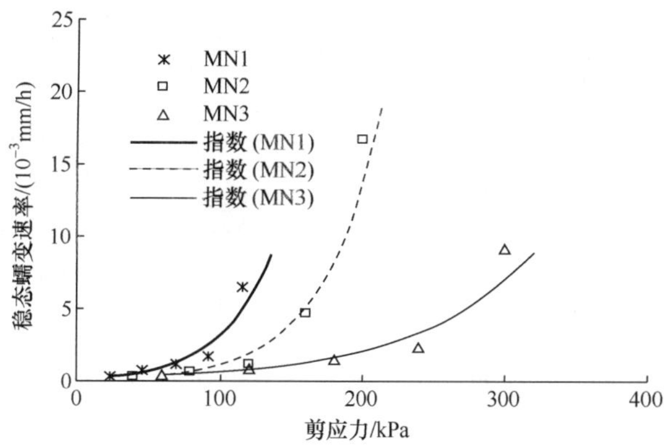

图 2.7.4 大理岩泥夹层稳态剪切蠕变速率与剪应力关系

(1) 在法向应力水平恒定的情况下，随着剪应力水平的提高，大理岩泥夹层平均剪切蠕变速率及稳态蠕变速率都有不同程度的提高，剪切蠕变速率提高程度呈线性趋势，稳态蠕变速率提高程度按指数关系提高。

(2) 在同一剪应力水平情况下，法向应力水平越高，大理岩泥夹层平均剪切蠕变速率及稳态蠕变速率都有不同程度的降低，但降低程度并非是线性递减的。

由图 2.7.3 可知，在同一法向应力水平情况下，大理岩平均剪切蠕变速率与剪应力之间的关系为

$$\dot{u}_{\mathrm{a}}=l_1\tau+l_2 \tag{2.7.1}$$

式中，l_1 和 l_2 为大理岩泥夹层结构面参数，通过线性拟合得出的参数 l_1 和 l_2 见表 2.7.2。

表 2.7.2 大理岩泥夹层 l_1 和 l_2 材料参数

试样编号	法向应力/kPa	参数 l_1	参数 l_2	相关系数 R
MN1	200	0.385	−8.337	0.985
MN2	400	0.227	−8.425	0.978
MN3	600	0.138	−4.017	0.993

由图 2.7.4 可知，在同一法向应力水平情况下，大理岩泥夹层稳态剪切蠕变速率与剪应力之间符合指数关系，因此，大理岩稳态剪切蠕变速率与剪应力之间的关系为

$$\dot{u}_{\mathrm{s}}=l_3\mathrm{e}^{l_4\tau} \tag{2.7.2}$$

式中，l_3 和 l_4 为大理岩泥夹层结构面参数，通过指数拟合得出的参数 l_3 和 l_4 见表 2.7.3。

表 2.7.3　大理岩泥夹层 l_3 和 l_4 材料参数

试样编号	法向应力/kPa	参数 $l_3/10^{-1}$	参数 $l_4/10^{-1}$	相关系数 R
MN1	200	1.612	0.295	0.9731
MN2	400	0.889	0.251	0.9883
MN3	600	1.833	0.121	0.9798

3. 剪切蠕变长期强度

剪切蠕变长期强度与岩土工程的长期稳定密切相关，在评价实际岩体工程的稳定性时，必须考虑工程因蠕变而产生的强度降低现象，也就是说即使目前岩体工程是安全的，但事实上该工程在经过相当长时间的蠕变变形后也会发生渐进破坏。因此，在实际工程应用时，考虑岩体的长期剪切强度特性是必要的。剪切强度可分为瞬时剪切强度及长期剪切强度，其强度大小与材料性质、加载方式、加载时间及加载速率等因素有关。瞬时强度为在加载速率很大的情况下，岩体很快发生剪切滑移破坏的剪切应力。长期剪切强度为岩体工程在设计的运行时间内，不发生剪切蠕变破坏的最大剪切应力。

一般岩体的剪切位移及剪切强度与时间的关系曲线可用图 2.7.5 来表示。由图 2.7.5(a)可知，岩体在剪应力 τ_1 作用下时，岩体在 t_1 时刻破坏；在剪应力 τ_2 作用下时，岩体在 t_2 时刻破坏；在剪应力 τ_3 作用下时，岩体在 t_3 时刻破坏；在剪应力 τ_4 作用下时，岩体在 t_4 时刻破坏；在前 4 级剪应力作用下，岩体均出现了初始蠕变、稳态蠕变和加速蠕变，但在剪应力 τ_5 作用下时，岩体仅出现了初始蠕变及稳态蠕变。将前 4 级的剪应力与其破坏时间描绘在图 2.7.5(b)中，并将这些数据点用光滑曲线连接起来，则曲线与纵坐标轴的交点即为岩体的瞬时剪切强度 τ_0，曲线的水平渐近线与纵坐标的交点即为时间趋向于无穷的剪切强度，即岩体的长期剪切强度 τ_∞。由图 2.7.5(b)可知，岩体剪切强度与时间的关系服从负指数函数关系，可表示为

$$\tau(t)=(\tau_0-\tau_\infty)\mathrm{e}^{-l_5 t}+\tau_\infty \tag{2.7.3}$$

式中，$\tau(t)$为 t 时刻蠕变破坏时的岩体剪切强度；τ_0 为瞬时剪切强度；τ_∞ 为长期剪切强度；l_5 为材料参数。

《水利水电工程岩石试验规程》(SL 264—2001)[89]规定，长期剪切蠕变强度可按下列方法之一确定：①在某级剪切荷载作用下，当剪切位移与时间关系曲线发生由等速蠕变转变为加速蠕变，出现转折点时，该级剪切荷载对应的应力值即为长期剪切强度 τ_∞；②在剪切应力与剪切位移等时簇曲线上，确定各历时的屈服极限，各屈服极限点组成的水平渐近线所对应的剪应力值即为长期剪切强度 τ_∞。

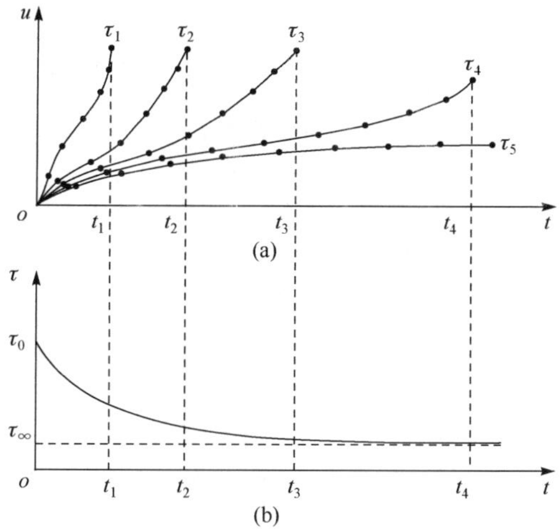

图 2.7.5　岩体剪切位移及剪应力与时间关系曲线

本节采用规程中提出的第二种方法给出大理岩泥夹层长期剪切强度 τ_∞。由图 2.7.1 中剪切位移 u 与时间 t 叠加曲线，绘制在时间 $t=t_1,t_2,t_3,t_4,t_5$ 下剪应力 τ 与剪切位移 u 等时曲线簇，如图 2.7.6 所示。根据规程中规定的方法，剪应力 τ 与剪切位移 u 等时曲线簇的拐点反映了大理岩泥夹层剪切位移随剪应力增加而变化的转折点，此转折点即是长期蠕变情况下大理岩泥夹层的长期剪切蠕变强度。

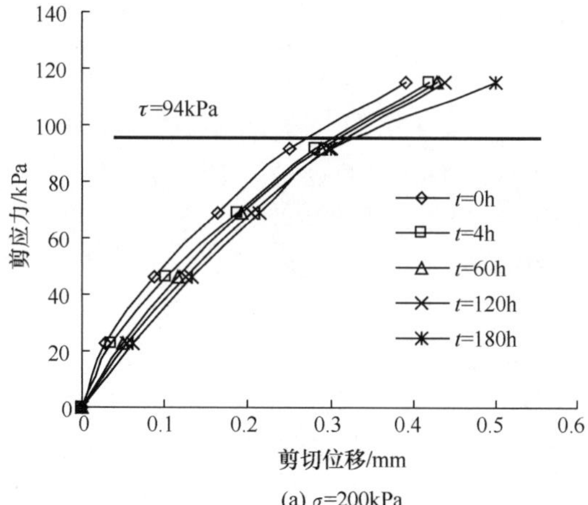

(a) σ=200kPa

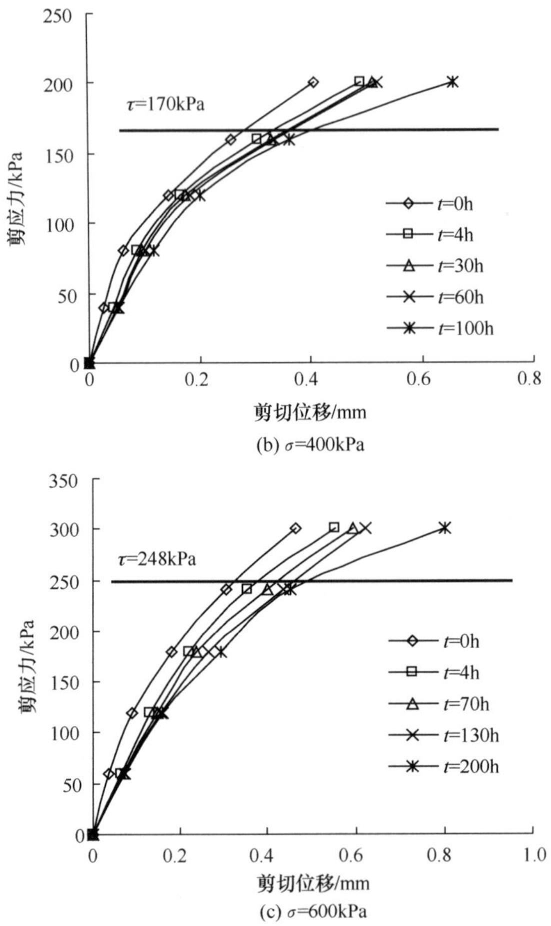

图 2.7.6　大理岩泥夹层剪切蠕变等时簇曲线

表 2.7.4 给出了大理岩泥夹层的瞬时剪切强度及长期剪切强度，根据 Mohr-Coulomb 剪切破坏准则，可以得出大理岩泥夹层抗剪强度参数。通过一元线性回归得到大理岩泥夹层的瞬时剪切强度表达式为

$$\tau=0.488\sigma+23.333 \tag{2.7.4}$$

长期剪切强度表达式为

$$\tau=0.385\sigma+16.667 \tag{2.7.5}$$

表 2.7.4　大理岩泥夹层瞬时剪切与长期剪切强度试验分析

岩体类别	σ/kPa	瞬时剪切强度			长期剪切强度		
		τ_0/kPa	φ/(°)	c/kPa	τ_∞/kPa	φ_∞/(°)	c_∞/kPa
大理岩泥夹层	200	125	26.012	23.333	94	21.06	16.667
	400	210			170		
	600	320			248		

由此可计算出，大理岩泥夹层的瞬时内摩擦角约为 26.012°，摩擦系数为 0.488，黏聚力为 23.333kPa，长期内摩擦角约为 21.06°，摩擦系数为 0.385，黏聚力为 16.667kPa，拟合情况如图 2.7.7 所示。从表 2.7.4、图 2.7.7 中可以看出，与瞬时剪切强度参数相比，长期强度有所降低，大理岩泥夹层摩擦系数降低 19.04%，黏聚力降低 28.57%，因此黏聚力对剪切蠕变的影响比摩擦系数要大。

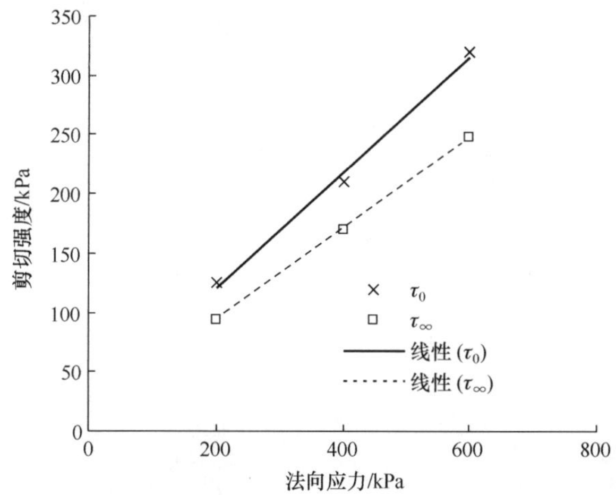

图 2.7.7 大理岩泥夹层瞬时剪切和长期剪切试验结果对比

由式(2.7.4)和式(2.7.5)可求得法向应力作用情况下的大理岩泥夹层瞬时剪切强度和长期剪切强度，例如，法向应力为 200kPa 情况下，大理岩泥夹层瞬时剪切强度 τ_0 为 125kPa，长期剪切强度 τ_∞ 为 94kPa。由蠕变试验数据知剪应力为 115kPa 时，蠕变破坏时间 t 为 192h，代入式(2.7.3)可以得到大理岩泥夹层材料参数 l_5 为 0.00203。按此方法求得的法向应力为 400kPa 及 600kPa 的材料参数分别为 0.00277 和 0.00162。表 2.7.5 给出了本次蠕变试验的材料参数 l_5。

表 2.7.5 大理岩泥夹层材料参数 l_5

试样编号	法向应力/kPa	τ_0/kPa	τ_∞/kPa	$l_5/10^{-3}$
MN1	200	125	94	2.03
MN2	400	210	170	2.77
MN3	600	320	248	1.62

4. 蠕变剪切模量随时间的变化规律

剪切模量作为材料力学性能的指标之一，其值的大小直接反映了材料变形的难易程度，同样，岩体蠕变的长期剪切模量也是评价岩体工程长期稳定运行的重要指标之一，通过剪切模量公式 $G=\tau/u$，由图 2.7.6 剪切蠕变等时曲线中各时刻剪应力与剪切位移的斜率或计算蠕变量测数据中各时刻剪应力与剪切位移的比值，可以得出大理岩泥夹层蠕变的剪切模量随时间的变化规律，如图 2.7.8 所示。

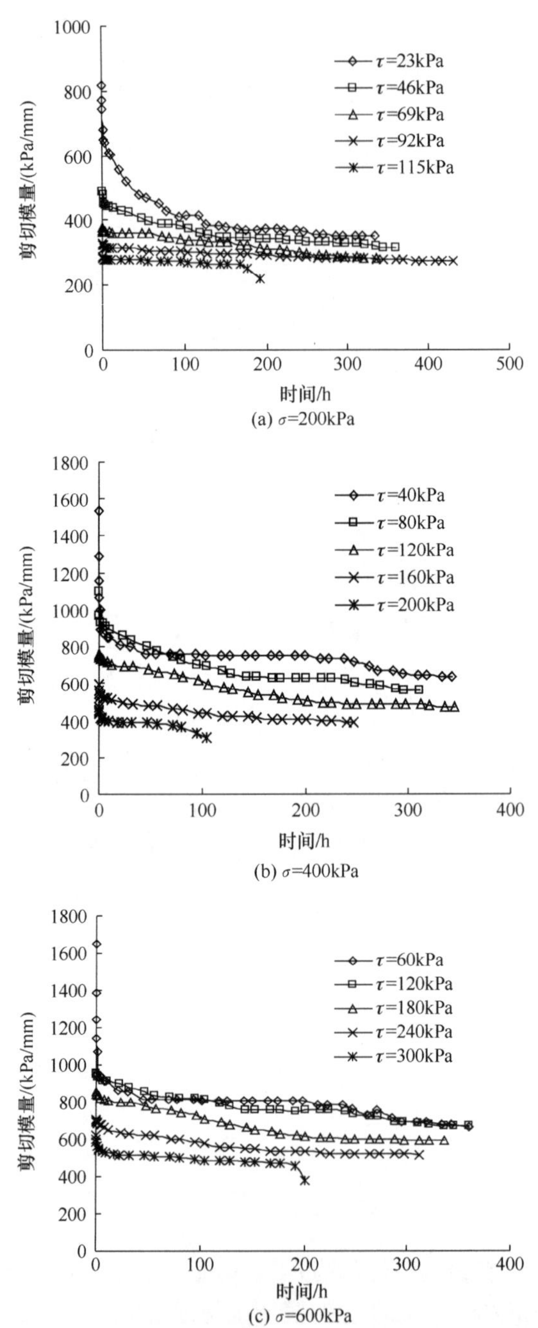

图 2.7.8 大理岩泥夹层蠕变剪切模量随时间的变化规律

由图可知以下几点。

(1) 在恒定的法向应力情况下，随着剪应力水平的提高，剪切模量逐渐降低，起初剪切模量数值差别较大，随着时间的增加，各剪应力之间的差值逐渐减小。图 2.7.8(a)中，在法向应力为 200kPa 情况下，加载时间 t=0h 时，各级剪应力初始剪切模量分别为 819kPa/mm、489kPa/mm、378kPa/mm、329kPa/mm、288kPa/mm；加载时间 t=96h 时，各级剪应力剪切模量分别为 413kPa/mm、384kPa/mm、344kPa/mm、304kPa/mm、272kPa/mm。

(2) 在恒定的法向应力情况下，对同一级剪应力水平而言，在加载初期剪切模量降低较快，之后，随着时间的增加，剪切模量经历了从衰减到逐渐稳定的过程。随着时间的增加，剪切模量降低甚微时的剪切模量称为这一级剪应力水平下的长期剪切模量 G_{∞}。图 2.7.8(a)中，在法向应力为 200kPa 情况下，剪应力为 92kPa 时，在加载时间 t=417h 时，剪切模量为 271.81kPa/mm，在加载时间 t=432h 时，剪切模量为 271.78kPa/mm，因此，剪应力为 92kPa 时的长期模量 G_{∞} 为 272kPa/mm。

(3) 最后一级剪应力，由于蠕变出现加速破坏，剪切位移在很短时间内增加很快，在剪切模量与时间的关系图中剪切模量出现明显的下降。

2.8　大理岩硬性结构面剪切蠕变试验研究

前面开展了含泥化夹层的大理岩的剪切蠕变试验，本节开展硬性结构面的剪切蠕变试验研究。与 2.6 节不同的是所采用的加载方式不同，2.6 节采用循环加卸载的加载方式，而本节采用的是分级增量加载方式。

2.8.1　试验设备

大理岩硬性结构面剪切蠕变试验在长春试验机研究所研制的 CSS-283 双轴蠕变试验机上进行，如图 2.3.1 所示。剪切荷载通过水平千斤顶施加于岩样上，法向荷载通过垂直千斤顶施加于岩样上，为了消除垂直荷载带来的摩擦力的影响，在垂直千斤顶的钢板与岩样上钢板间设置了刚性滚轴。采用固定在两侧水平千斤顶上的变形测量引伸计测量岩样的剪切位移。

2.8.2　岩样制作及试验方法

在现场采集大理岩岩样，采集过程中尽量避免扰动岩石。运回实验室后切割岩石，并用水泥砂浆浇筑岩石成 150mm×150mm×150mm 的岩样，人工模拟硬性结构面(即沿剪切面方向人工剖开形成无充填的硬性结构面，试验时，使此硬性结构面处于剪切正中位置)。

剪切蠕变试验采用分级加载的方法，其程序为先对岩样施加一恒定的法向应力，然后由低到高分级按瞬时剪切试验得到的剪切分级荷载进行加载，每施加一级剪应力，立即读取瞬时位移，然后按照《水利水电工程岩石试验规程》(SL 264—2001)[89]中的规定，每 5min、10min、15min、30min、1h、2h、4h、8h、16h、24h 读取一次位移值，以后每隔 12h 读取数据一次。剪应力分 4～6 级加载，每级历时 5 天，当剪切位移速率小于 0.002mm/d 时，开始施加下一级剪切荷载，直至岩样发生剪切破坏。

2.8.3　大理岩硬性结构面表面粗糙度描述

在做大理岩硬性结构面剪切蠕变试验之前，首先对岩样进行粗糙度的测量，即每一个岩样沿剪切方向目测粗糙度相对较大的地方画一条直线，沿直线每隔 5mm 取一个测量点，采用百分表依次测出各点的相对高度，每个岩样取 2～3 条，采用式(2.8.1)计算其平均粗糙角，最后取每个岩样最大的平均粗糙角作为该岩样的粗糙度。以剪切方向的岩样长度为 X 轴，岩样各测点的高度为 Y 轴，各个岩样的粗糙度状况如图 2.8.1 和图 2.8.2 所示。计算得到的各岩样的最大平均粗糙角 U 见表 2.8.1。

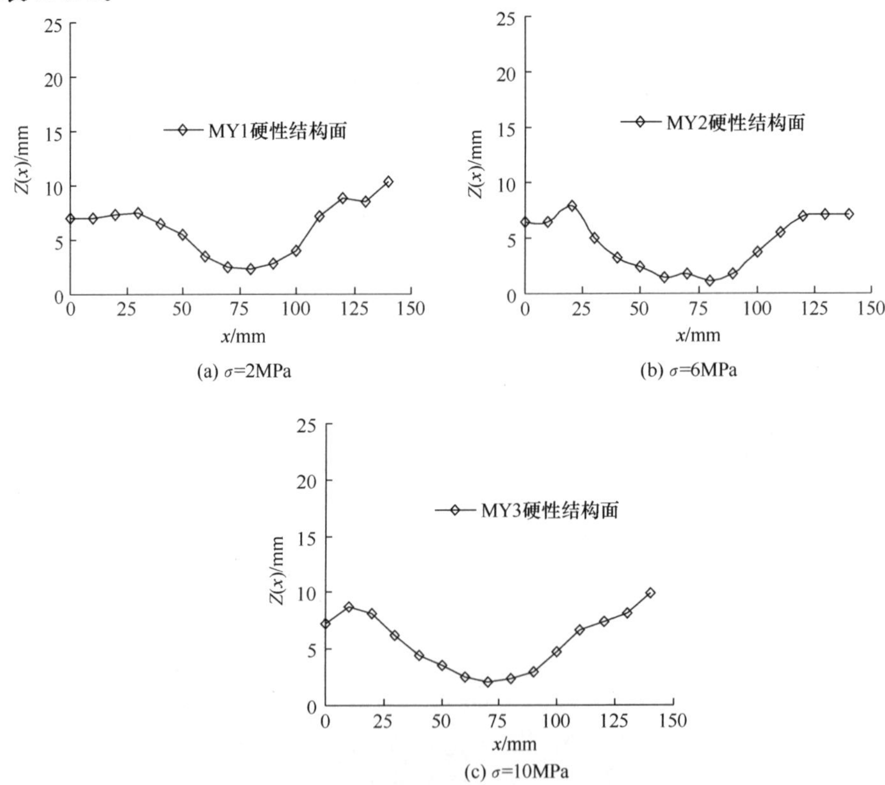

图 2.8.1　大理岩硬性结构面表面粗糙度状况(MY1、MY2、MY3)

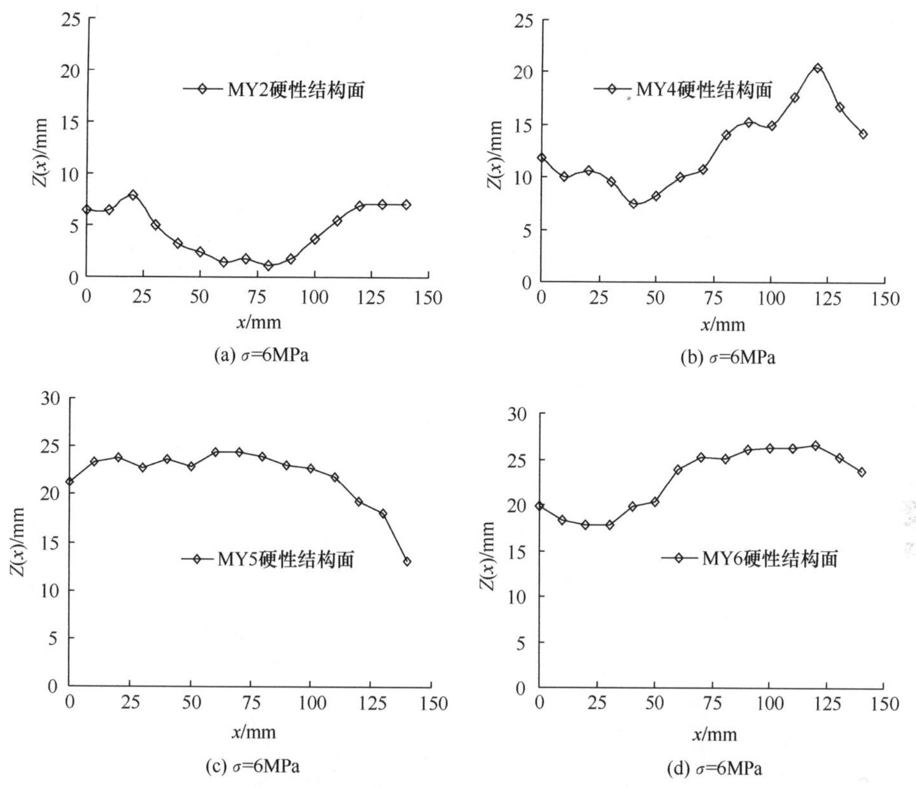

图 2.8.2　大理岩硬性结构面表面粗糙度状况(MY2、MY4、MY5、MY6)

$$U(h)=\left(\frac{1}{N-1}\sum_{i=1}^{N-1}\{[Z(x_i+h)-Z(x_i)]/h\}^2\right)^{1/2} \tag{2.8.1}$$

式中,$Z(x_i)$为点 x_i 处大理岩硬性结构面表面粗糙线的高度;h 为两测点间的水平间距;N 为测点总数。从图 2.8.1、图 2.8.2 及表 2.8.1 知

$$U_{MY4}(h)>U_{MY5}(h)>U_{MY6}(h)>U_{MY2}(h)\approx U_{MY1}(h)\approx U_{MY3}(h)$$

表 2.8.1　大理岩硬性结构面平均粗糙角

岩样编号	MY1	MY2	MY3	MY4	MY5	MY6
平均粗糙角 U	0.1337	0.1311	0.1329	0.2104	0.1799	0.1411

2.8.4　试验结果及分析

1. 剪切蠕变规律

试验岩样为大理岩,人工模拟无充填硬性结构面,由表 2.8.1 可知,MY1、MY2 和 MY3 最大平均粗糙角彼此相差甚微,其表面粗糙度基本相同,针对岩样

MY1、MY2 和 MY3，剪切蠕变试验法向应力分别为 2MPa、6MPa 和 10MPa，以便研究大理岩硬性结构面表面法向应力水平对剪切蠕变特性的影响。大理岩硬性结构面剪切蠕变试验结果如图 2.8.3 所示。

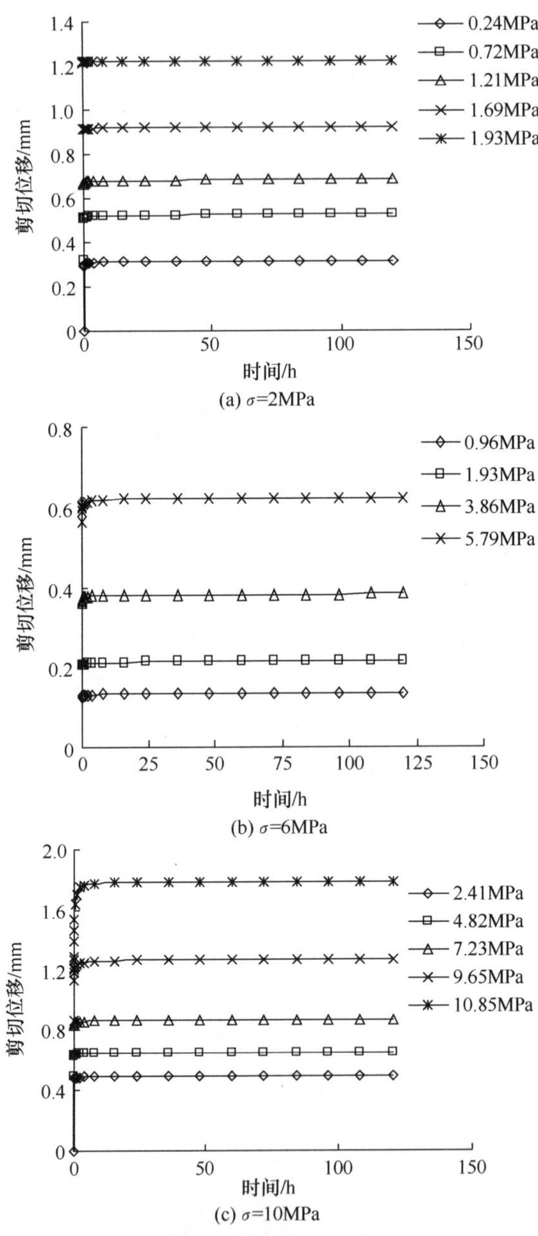

(a) σ=2MPa

(b) σ=6MPa

(c) σ=10MPa

图 2.8.3　大理岩硬性结构面剪切蠕变试验曲线(MY1、MY2 和 MY3)

从图 2.8.3 中可以看出以下几点。

(1) 大理岩硬性结构面的蠕变变形在各级剪应力水平下存在瞬时剪切变形与黏性剪切变形,且同级剪应力水平下瞬时变形量要远大于黏性变形量。

(2) 在法向应力恒定的情况下,随着剪应力的增加,大理岩硬性结构面出现了衰减蠕变阶段和稳态蠕变阶段,且从衰减蠕变阶段很快就过渡到稳态蠕变阶段,这一过程在数小时内就已经完成。由于大理岩以硬脆性为特征,当剪应力小于其长期剪切蠕变强度时,其剪切蠕变变形与大理岩泥夹层结构面剪切蠕变变形相比,剪切位移较小。

(3) 随着剪应力的进一步增加,当剪应力大于长期剪切蠕变强度时,大理岩硬性结构面剪切位移迅速增加,并很快发生破坏,没有出现大理岩泥夹层结构面的第 3 阶段即加速蠕变阶段。

(4) 大理岩硬性结构面的瞬时剪切位移同泥夹层结构面相似,也与法向应力以及剪应力水平相关。法向应力水平越高,在相同剪应力作用下,其瞬时剪切位移越小;在恒定的法向应力水平下,随着剪应力的增加,其瞬时剪切位移逐渐增大。

2. 剪切蠕变速率规律

通过计算图 2.8.3 中剪切位移对应各时刻的斜率,即蠕变斜率,可以得到大理岩硬性结构面剪切蠕变过程中剪切蠕变速率与时间的关系,如图 2.8.4 所示。

由图 2.8.4 可知以下几点。

(1) 大理岩硬性结构面在整个加载过程中,其剪切蠕变速率仅出现了减小、稳定两个阶段。

(2) 从剪切蠕变速率与时间关系图中可以明显看出,剪切蠕变在开始的数小时内很快减小,且稳定在较小的速率上,其速率几乎为 0。与大理岩泥夹层剪切蠕变速率相比,剪切蠕变速率衰减的时间更短,稳定阶段的剪切蠕变速率更小。

(3) 在剪切蠕变速率-时间曲线上,随着时间的增加,剪切蠕变速率从初始减小阶段下降到稳定阶段的过程中,与大理岩泥夹层剪切蠕变速率相比,其剪切蠕变速率上下波动值较小,其原因在于大理岩硬性结构面虽为非均质、非连续材料,但由于其质地坚硬,在破坏前,同一剪应力水平作用下,剪切位移较小,且由于大理岩硬性结构面剪切蠕变试验数据测量时间间隔是相同的,计算每个剪切蠕变速率数值都是采用同一个时间间隔,因此消除了时间间隔的不同对剪切蠕变速率的影响。

采用求大理岩泥夹层平均剪切蠕变速率和稳态剪切蠕变速率相同的方法,表 2.8.2给出了不同法向应力状态下(σ=2MPa、6MPa、10MPa)大理岩硬性结构面平均剪切蠕变速率及稳态蠕变速率的计算结果,平均剪切蠕变速率由表中剪切位移 1、2、3 分别与对应记录时间的商的平均值得到。稳态蠕变速率由表中处于稳态蠕变阶段的剪切位移2、3分别与对应记录时间的商的平均值得到。

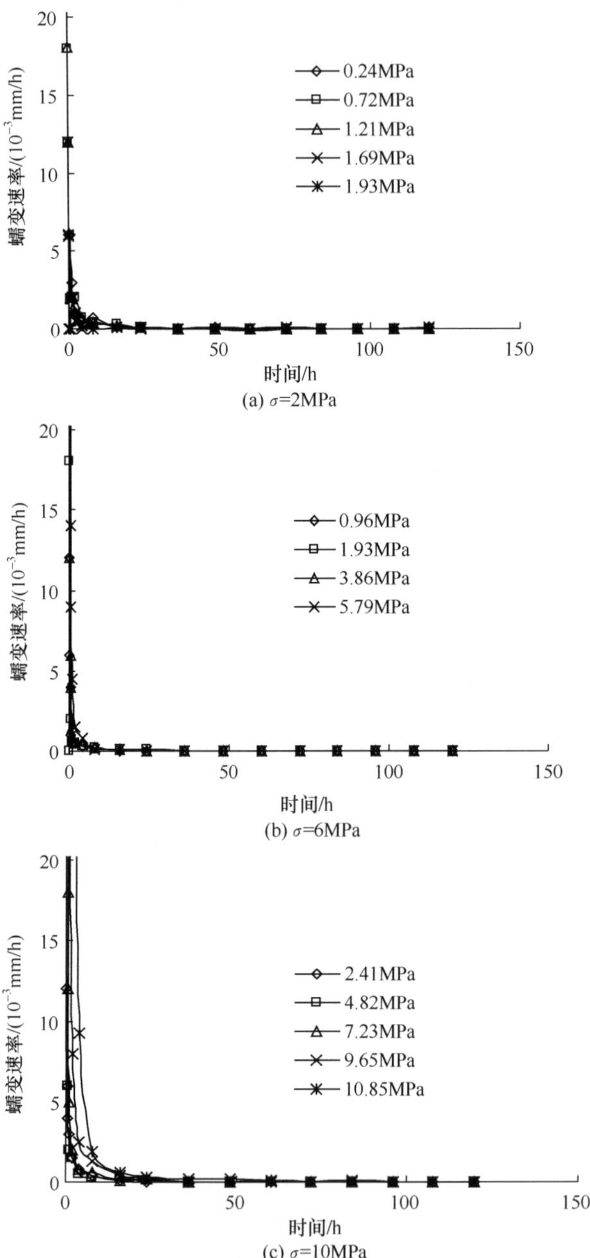

图 2.8.4　大理岩硬性结构面剪切蠕变速率与时间关系曲线(MY1、MY2 和 MY3)

表 2.8.2　大理岩硬性结构面平均剪切蠕变速率及稳态剪切蠕变速率

试样编号	试样 MY1				
剪应力/kPa	0.24	0.72	1.21	1.69	1.93
读数记录时间 1/h	2	2	2	2	2
对应剪切位移 1/mm	0.307	0.519	0.677	0.918	1.220
读数记录时间 2/h	48	48	48	48	48
对应剪切位移 2/mm	0.314	0.526	0.683	0.920	1.223
读数记录时间 3/h	96	96	96	96	96
对应剪切位移 3/mm	0.315	0.527	0.684	0.921	1.223
平均蠕变速率/(10^{-3}mm/h)	54.441	91.980	119.863	162.503	216.068
稳态蠕变速率/(10^{-3}mm/h)	4.911	8.219	10.669	14.380	19.101
试样编号	试样 MY2				
剪应力/kPa	0.96	1.93	3.86	5.79	—
读数记录时间 1/h	2	2	2	2	—
对应剪切位移 1/mm	0.130	0.208	0.377	0.614	—
读数记录时间 2/h	48	48	48	48	—
对应剪切位移 2/mm	0.134	0.213	0.381	0.621	—
读数记录时间 3/h	96	96	96	96	—
对应剪切位移 3/mm	0.135	0.215	0.382	0.621	—
平均蠕变速率/(10^{-3}mm/h)	23.066	36.891	66.722	108.715	—
稳态蠕变速率/(10^{-3}mm/h)	2.099	3.336	5.958	9.698	—
试样编号	试样 MY3				
剪应力/kPa	2.41	4.82	7.23	9.65	10.85
读数记录时间 1/h	2	2	2	2	2
对应剪切位移 1/mm	0.489	0.645	0.858	1.248	1.748
读数记录时间 2/h	48	48	48	48	48
对应剪切位移 2/mm	0.493	0.650	0.865	1.268	1.781
读数记录时间 3/h	96	96	96	96	96
对应剪切位移 3/mm	0.494	0.651	0.866	1.271	1.781
平均蠕变速率/(10^{-3}mm/h)	86.556	114.269	152.009	221.130	309.885
稳态蠕变速率/(10^{-3}mm/h)	7.708	10.154	13.513	19.820	27.828

按表 2.8.2 求得的不同法向应力状态下大理岩硬性结构面平均剪切蠕变速率及稳态剪切蠕变速率的计算结果，图 2.8.5 和图 2.8.6 给出了不同法向应力水平下大理岩硬性结构面平均剪切蠕变速率、稳态剪切蠕变速率与剪应力的关系。从

表 2.8.2及图 2.8.5、图 2.8.6 中可以看出，在法向应力水平恒定的情况下，随着剪应力水平的提高，大理岩硬性结构面平均剪切蠕变速率及稳态蠕变速率都有不同程度的提高，两者均按指数关系提高。

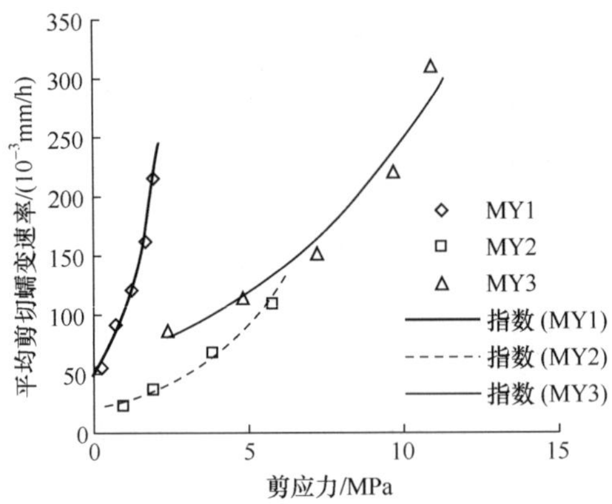

图 2.8.5　大理岩硬性结构面平均剪切蠕变速率与剪应力关系

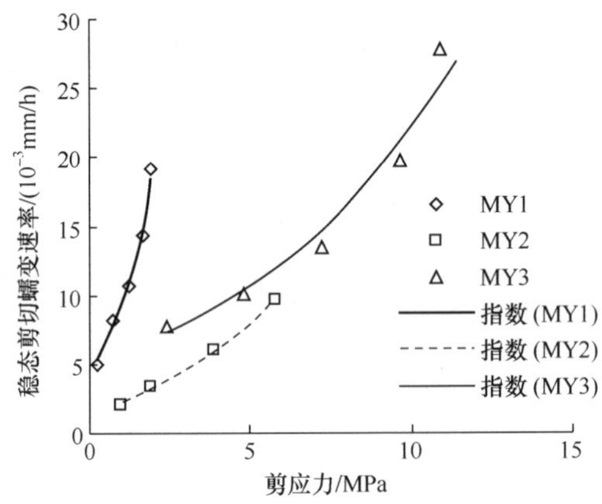

图 2.8.6　大理岩硬性结构面稳态剪切蠕变速率与剪应力关系

由图 2.8.5、图 2.8.6 可知，各法向应力水平情况下，大理岩硬性结构面平均剪切蠕变速率及稳态剪切蠕变速率与剪应力之间的关系均可表示为

$$\dot{u}_s = l_6 e^{l_7 \tau} \tag{2.8.2}$$

式中，l_6 和 l_7 为大理岩硬性结构面参数，通过指数拟合得出的参数 l_6 和 l_7 见表 2.8.3和表 2.8.4。

表 2.8.3　大理岩硬性结构面平均剪切蠕变速率拟合参数

试样编号	法向应力/MPa	参数 l_6	参数 l_7	相关系数 R
MY1	2	48.116	0.761	0.991
MY2	6	18.622	0.314	0.992
MY3	10	57.634	0.146	0.988

表 2.8.4　大理岩硬性结构面稳态剪切蠕变速率拟合参数

试样编号	法向应力/MPa	参数 l_6	参数 l_7	相关系数 R
MY1	2	4.345	0.749	0.991
MY2	6	1.698	0.310	0.993
MY3	10	5.103	0.147	0.988

3. 剪切蠕变长期强度

由于本次蠕变试验过程中，没有出现通常的加速蠕变破坏阶段，所以取蠕变试验中破坏的前一级剪切荷载对应的剪应力值为剪切蠕变长期强度。根据 Mohr-Coulomb 剪切破坏准则，得出大理岩硬性结构面抗剪强度参数见表 2.8.5。通过一元线性回归得到大理岩硬性结构面的瞬时剪切强度表达式 $\tau=1.166\sigma-0.241$，长期剪切强度表达式 $\tau=1.115\sigma-0.500$，由于黏聚力不可能为负值，设其黏聚力为 0，重新拟合得到大理岩硬性结构面的瞬时剪切强度表达式 $\tau=1.135\sigma$，长期剪切强度表达式 $\tau=1.051\sigma$，拟合情况如图 2.8.7 所示。从表 2.8.5、图 2.8.7 中可以看出，与瞬时剪切强度参数相比，长期强度有所降低，大理岩硬性结构面摩擦系数降低 4.51%。

表 2.8.5　大理岩硬性结构面瞬时剪切与长期剪切强度试验分析

岩体类别	σ/MPa	瞬时剪切强度			长期剪切强度		
		τ_0/MPa	φ/(°)	c/MPa	τ_∞/MPa	φ_∞/(°)	c_∞/MPa
大理岩硬性结构面	2	2.24	48.618	0	1.93	46.424	0
	6	6.46			5.79		
	10	11.57			10.85		

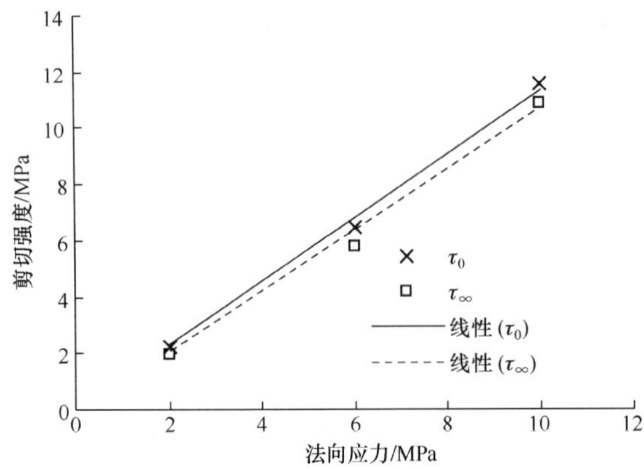

图 2.8.7　大理岩硬性结构面瞬时剪切和长期剪切试验结果对比

4. 蠕变剪切模量随时间的变化规律

图 2.8.8 给出了大理岩硬性结构面在不同法向应力水平情况下蠕变剪切模量随时间的变化规律。由图 2.8.8 可以看出以下几点。

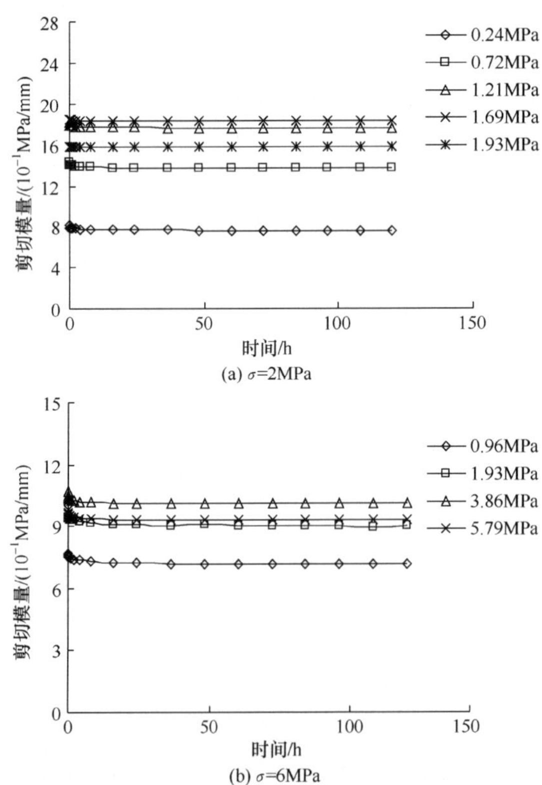

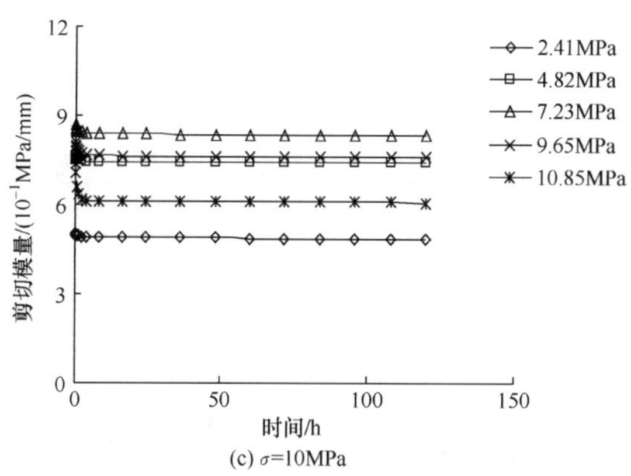

(c) σ=10MPa

图 2.8.8　大理岩硬性结构面蠕变剪切模量随时间的变化规律

(1) 与大理岩泥夹层蠕变剪切模量相比，大理岩硬性结构面蠕变剪切模量在整个试验过程中，剪切模量值变化较小，与大理岩泥夹层加载初期剪切模量衰减迅速截然不同，主要原因在于大理岩硬性结构面在每级剪应力水平作用下，其蠕变量较小。

(2) 在恒定的法向应力情况下，随着剪应力水平的提高，前几级剪切模量逐渐增加，最后一级剪切模量反而降低，其原因在于当施加较大的剪应力水平时，在结构面上已经积聚很大的能量，当剪应力大于某一应力水平时，积聚的能量突然得到释放，摩擦阻力将迅速降低，岩样在很短时间内出现较大的剪切位移，结构面内部应力重新分布造成的现象。

(3) 由于蠕变试验过程中没有出现加速破坏阶段，大理岩硬性结构面剪切模量与时间的关系没有出现如大理岩泥夹层出现的剪切模量明显下降的现象。

第3章　岩石非定常参数蠕变模型研究

3.1 引　言

流变性质是岩石材料固有的力学性质，根据岩石流变试验资料建立符合实际的流变模型并确定相应的参数是岩石流变学研究的一项重要内容。合适的流变模型应能较准确地描述岩石内在的本质规律，反映岩石的流变特性及变形机理。经过数十年国内外学者的研究，岩土工程界已经存在的蠕变本构模型有百种之多，在这些模型中，有根据蠕变试验资料对试验曲线进行拟合的蠕变经验模型；有把模型元件进行串并联组合的元件模型；有采用积分形式的蠕变模型；有用内时理论建立的本构模型等。

起初的研究都是假定岩石流变本构模型中的力学参数是定常的，认为所有岩石力学参数并不随时间增长而变化，即所谓的定常参数流变问题。但实际上，岩石这种复杂材料在地质构造运动、地下水渗流和自然风化等诸多因素作用下，其力学参数随时间和应力水平的变化是十分明显的，即岩石蠕变模型的参数是非定常的。试验已证实，岩石弹性模量、强度和黏性等参数都会随时间和应力水平的变化而变化。将岩石流变力学参数看成是非定常的，将会更加直接和客观地反映岩石的非线性时效特征[1]。

根据分级荷载的特点，后级加载的蠕变变形受到前几级加载的影响，换句话说，后级加载的蠕变信息包含了前几级加载的蠕变信息，虽然这一特点对如何处理流变曲线带来争议，但不可否认，这一特点对流变参数非定常性的研究带来可能。因为分级加载蠕变试验的对象是同一样品，避免了岩样离散性对流变变形的影响，当蠕变模型确定下来后，第一级加载的模型参数可以认为是模型的初始参数，此时的模型参数可能会受到样品的采集、运输以及制作等影响而受到干扰，第二级加载的模型参数可以认为受到第一级加载蠕变的影响，此时试验条件除了施加的应力不同以外，其余条件都基本一致，因此可以假设第二级的模型参数仅受到第一级加载的应力大小和蠕变时间的影响，同样可以假设以后各级的蠕变模型参数都仅受到前几级的荷载大小和蠕变时间的影响。基于这一假设，就可以分析模型参数随应力水平和时间的变化规律。

目前，对于岩石非线性流变的研究，通常有以下几种常用的处理方案[2]。

(1) 在低度非线性问题(非线性流变的发展程度不高)的情况下，仍可以以线性流变的模型为基础，而只在其黏塑性部分内再串加上一项非线性的经验黏性元件作为对线性流变模型的一点修正，非线性黏性元件的经验系数可由相应的流变试验确定。这种近似处理对量大面广的一般性工程问题的研究是比较适用的。

(2) 采用由试验拟合的经验本构关系式，式中的诸待定系数可由试验结果逐一拟合确定。

(3) 将流变参数视为非定常的变数值，而由流变试验确定，再进行非线性流变本构关系的分析计算。这种处理方案较为理想，学术理念上也较为严格。本章即采用第三种方案，将流变参数视为随时间和应力水平变化的变数值，研究岩石非定常参数蠕变本构模型。

3.2　定常流变模型

根据第 2 章板岩剪切蠕变试验，在分级循环加卸载方式下板岩的蠕变变形可以分为瞬时变形、黏弹性变形和黏塑性变形。从蠕变变形的结构来看，可以采用五元件的西原模型(图 3.2.1)来描述，其蠕变方程式为

$$\begin{cases} \gamma=\dfrac{\tau}{G_0}+\dfrac{\tau}{G_1}\left(1-e^{-\frac{G_1}{\eta_1}t}\right), & \tau\leqslant\tau_s \\ \gamma=\dfrac{\tau}{G_0}+\dfrac{\tau}{G_1}\left(1-e^{-\frac{G_1}{\eta_1}t}\right)+\dfrac{\langle\tau-\tau_s\rangle}{\eta_2}t, & \tau>\tau_s \end{cases} \tag{3.2.1}$$

式中，G_0 为瞬时剪切模量；G_1 为黏弹性剪切模量；η_1 和 η_2 均为黏滞系数，表示蠕变阶段趋向稳定的快慢程度，数值越小，则趋向稳定的时间就越短；τ_s 为屈服应力；τ 为剪切应力；γ 为剪切应变。

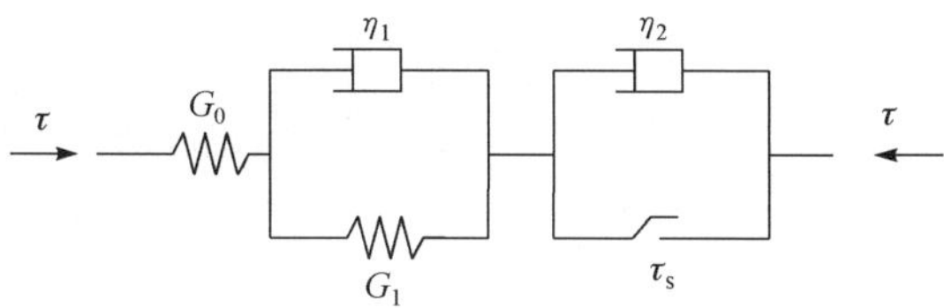

图 3.2.1　西原流变模型

采用五元件的西原模型对板岩流变试验过程进行拟合，拟合结果见表 3.2.1。从表 3.2.1 中可以看出以下几点。

(1) 在低应力水平时，定常的西原流变模型可以很好地描述板岩的蠕变行为，拟合误差很小。而在高应力水平时，西原流变模型不能很好地描述板岩的蠕变行为，拟合误差较大。这表明定常参数的西原模型不能很好地描述高应力水平下的板岩蠕变特性。

表 3.2.1 板岩剪切蠕变试验西原模型参数辨识结果

法向应力/MPa	剪应力/MPa	G_0/GPa	G_1/GPa	η_1/(GPa·h)	η_2/(GPa·h)	τ_s/MPa	拟合误差
6	0.75	0.695	16.99	42.18	29.55	3.96	0.00017
	1.50	0.830	15.93	42.37			0.00024
	2.25	0.932	13.92	38.22			0.00054
	3.00	1.008	12.06	34.56			0.00129
	3.75	1.028	10.39	30.85			0.00262
	4.62	0.209	6.499	0.305			0.08343
12	1.70	1.182	20.01	47.02	17.25	7.21	0.00014
	3.40	1.513	17.48	45.83			0.00084
	5.10	1.709	13.87	40.87			0.00299
	6.80	1.761	11.17	34.77			0.00782
	7.80	13.070	1.771	0.001			0.09171
18	2.10	0.806	20.31	47.42	16.42	10.08	0.00027
	4.20	1.051	16.38	48.31			0.00173
	6.30	1.159	12.44	41.64			0.00645
	7.80	1.178	10.44	36.47			0.01342
	9.30	1.190	8.928	32.22			0.04870
	10.80	1.166	11.97	1.761			0.10055
24	3.15	0.977	21.98	43.50	73.03	12.53	0.00609
	6.30	1.178	12.86	34.12			0.01009
	8.67	1.214	9.329	30.14			0.02009
	11.03	1.213	7.247	25.91			0.05099
	13.40	1.112	12.30	3.551			0.01178

(2) 西原模型的蠕变参数 G_0、G_1 和 η_1 都受到荷载大小和时间的影响，这些模型参数都存在非定常性。

(3) 由于西原模型中蠕变参数 τ_s 是常数，西原模型不能描述低应力水平下的黏塑性变形，所以蠕变参数 τ_s 应该是个非定常参数，它随着时间和荷载变化而变化。

(4) 西原模型不能很好地描述蠕变的破坏过程(即加速流变过程)。

(5) 西原模型只能反映瞬时弹性变形、黏弹性变形和黏塑性变形，不能反映瞬时塑性变形和卸载后的残余变形。

(6) 西原流变模型的参数是常数,不随时间及荷载改变而改变。而实际中,为了得到很好的拟合曲线,不同剪应力水平下采用了不同的模型参数值,并假设同一剪应力水平下的模型参数不随时间的改变而改变。因此,要反演的模型参数随着荷载级数的增加将成倍地增加。

(7) 采用不同荷载级数下模型参数不同的方法进行模型拟合及参数反演,得到的参数的组数与荷载级数相同,而且每组的参数都相差较大,因此给工程应用中的参数选择带来困难。

而如果考虑流变参数非定常特性以后,以上的问题都可以很好地解决。

3.3　剪切流变的非定常参数模型

定常的流变模型可以很好地描述低应力水平条件下的板岩剪切流变特性。但是随着应力水平的升高,板岩流变的应力-应变等时曲线偏离直线的程度越来越大,其非线性程度越来越明显,而且还表现出加速蠕变的特征。因此,若用线性流变理论来研究岩石的流变问题,无论所建立的流变模型中元件有多少,模型有多么复杂,最终模型反映的总是线性黏弹塑性的性质,并不能反映岩石流变的非线性特性,所以必须考虑流变参数的非定常特性。

3.3.1　瞬时弹性参数和黏弹性参数的非定常特性研究

瞬时弹性变形可以用弹性元件 G_0 来表示,而黏弹性变形可以用弹性元件 G_1 和黏性元件 η_1 并联来表示,如图 3.3.1 所示,本构方程见式(3.3.1),通过前面的试验分析可知,这些参数都是非定常参数,随应力水平和时间的变化而变化。

$$\gamma=\frac{\tau}{G_0}+\frac{\tau}{G_1}\left(1-\mathrm{e}^{-\frac{G_1}{\eta_1}t}\right) \tag{3.3.1}$$

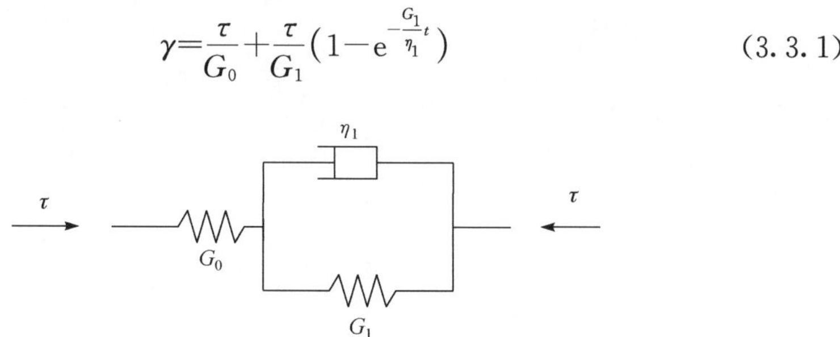

图 3.3.1　开尔文模型

3.3.2　黏弹性参数随时间变化规律研究

瞬时弹性剪切模量 G_0 表示瞬时弹性变形大小,黏弹性剪切模量 G_1 表示黏弹性变形的大小，它们与时间没有关系。黏滞系数 η_1 大小表示黏弹性变形时间的长短，η_1 越大，黏弹性变形时间越短。假定黏滞系数 η_1 大小随时间变化而变化，记为 $\eta_1(t)$，则黏弹性变形可以表示为

$$G_1\gamma+\eta_1(t)\dot{\gamma}=\tau \tag{3.3.2}$$

解方程得

$$\gamma=\mathrm{e}^{-\int\frac{G_1}{\eta_1(t)}\mathrm{d}t}\left(\int\frac{\tau}{\eta_1(t)}\mathrm{e}^{\int\frac{G_1}{\eta_1(t)}\mathrm{d}t}\mathrm{d}t+c\right) \tag{3.3.3}$$

板岩硬性结构面黏滞系数 η_1 与时间的关系如图 3.3.2 所示。从图 3.3.2 可以看出，黏滞系数随着时间的增加，起初降低较快，之后逐渐稳定于某一值，黏滞系数与时间之间的关系可用幂函数表示，即

$$\eta_1(t)=At^B \tag{3.3.4}$$

式中，A、B 均为板岩硬性结构面材料参数；η_1 可通过蠕变变形速率与时间的关系确定，不同剪应力试验下曲线拟合情况如图 3.3.2 所示。

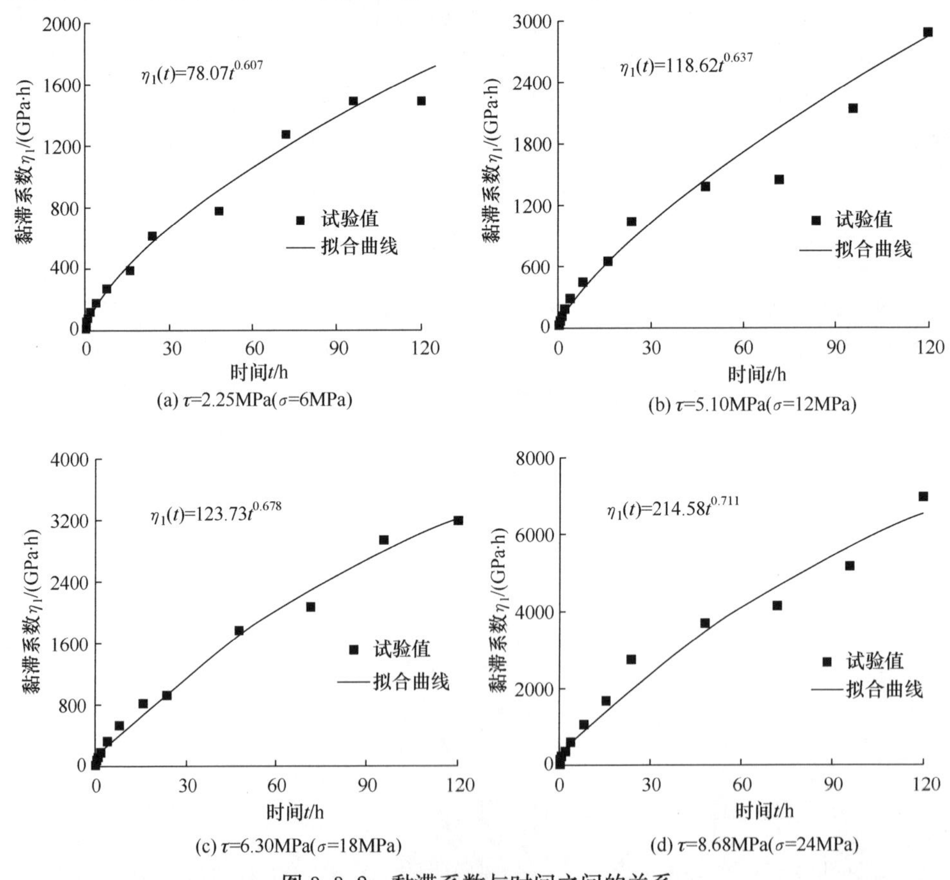

图 3.3.2　黏滞系数与时间之间的关系

将式(3.3.4)代入式(3.3.3),得到板岩总的弹性变形为

$$\gamma_e=\frac{\tau}{G_0}+\frac{\tau}{G_1}\left[1-e^{\frac{-G_1t^{1-B}}{A(1-B)}}\right] \tag{3.3.5}$$

根据式(3.3.5),利用含结构面板岩室内剪切蠕变试验结果,对板岩弹性流变参数进行反演分析,反演参数结果见表3.3.1,图3.3.3为板岩定常、非定常参数流变模型的计算曲线与试验曲线的对比图。

表3.3.1 板岩剪切蠕变试验弹性变形参数辨识结果

法向应力/MPa	剪切力/MPa	G_0/GPa	G_1/GPa	A/(GPa·h)	B	拟合误差
6	0.75	0.787	15.36	55.08	0.599	0.00009
	1.50	0.970	18.92	67.87	0.605	0.00012
	2.25	1.115	21.77	78.07	0.607	0.00013
	3.00	1.236	24.04	86.21	0.609	0.00015
	3.75	1.324	25.85	92.71	0.613	0.00017
12	1.70	1.409	19.74	73.66	0.626	0.00008
	3.40	1.934	27.24	101.60	0.635	0.00011
	5.10	2.241	31.78	118.60	0.640	0.00015
	6.80	2.420	34.54	128.90	0.645	0.00021
18	2.10	0.922	21.00	80.51	0.663	0.00007
	4.20	1.266	28.83	110.50	0.672	0.00009
	6.30	1.437	32.28	123.70	0.681	0.00013
	7.80	1.470	33.48	128.30	0.684	0.00017
	9.30	1.499	34.16	130.90	0.689	0.00021
24	3.15	1.141	41.21	162.90	0.702	0.00010
	6.30	1.442	52.09	205.70	0.705	0.00014
	8.67	1.515	54.25	214.60	0.714	0.00019
	11.03	1.532	55.31	218.80	0.721	0.00023

从图3.3.3中可以看出,定常流变模型拟合曲线与试验曲线的吻合程度相差较大,特别是当蠕变从衰减蠕变变为稳定蠕变的过程中,试验值与拟合值差别较大。另外,拟合曲线在进入稳定阶段后,剪切位移蠕变速率变为0,反映在图上为一条水平直线,这也是与试验不相符的,而考虑黏滞系数随时间的非定常特性的非定常流变模型可以较好地拟合试验曲线。

3.3.3 瞬时弹性参数和黏弹性参数随应力水平变化规律研究

从表3.3.1和图3.3.2可以看出,瞬时剪切模量G_0、黏弹性剪切模量G_1和黏

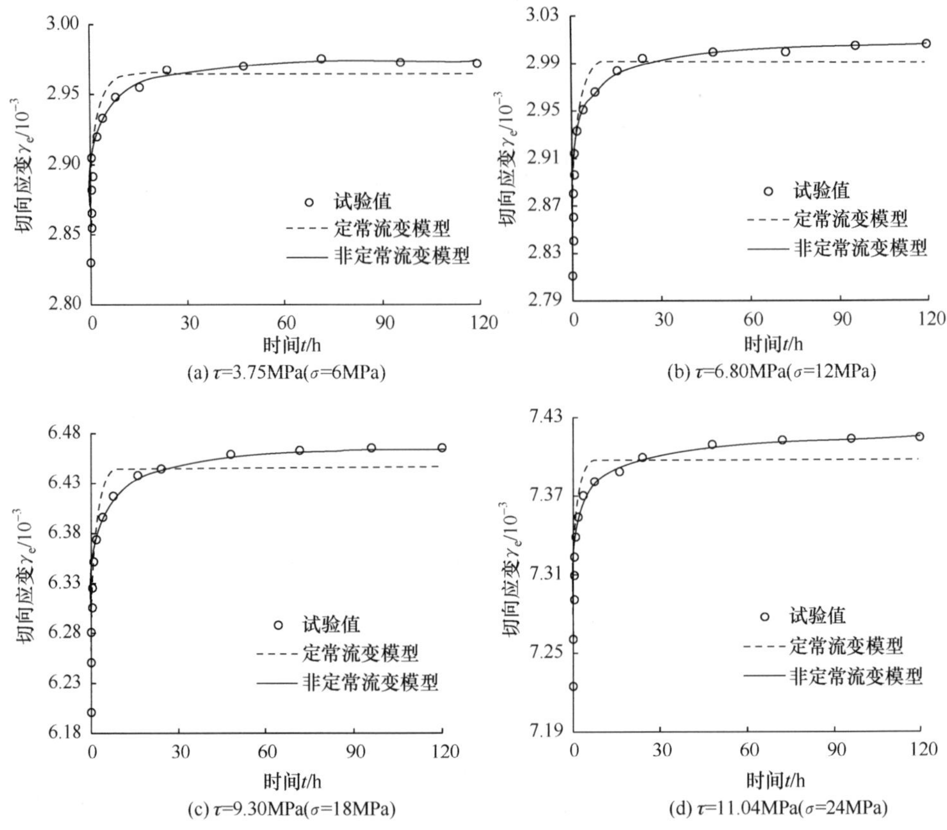

图 3.3.3　板岩剪切蠕变定常、非定常流变模型拟合曲线与试验曲线的比较

滞系数 η_1 都随剪应力升高而升高，且变化规律相似，故假定瞬时剪切模量 G_0、黏弹性剪切模量 G_1 和黏滞系数 η_1 随应力水平变化规律相同。则任一流变参数 D 随剪应力的变化可表示为

$$D(\tau)=D^0(1-P_1\mathrm{e}^{P_2\tau}) \tag{3.3.6}$$

式中，D^0 为参数初值；P_1、P_2 为拟合参数值。

把式(3.3.6)代入带弹性变形和黏弹性变形计算公式中可以得到总的弹性变形为

$$\gamma_e=\frac{\tau}{G_0^0(1-P_1\mathrm{e}^{P_2\tau})}+\frac{\tau}{G_1^0(1-P_1\mathrm{e}^{P_2\tau})}\left[1-\mathrm{e}^{\frac{-G_1t^{1-B}}{A(1-B)}}\right] \tag{3.3.7}$$

式中，G_0^0、G_1^0 分别为模型中两弹性元件剪切模量 $G_0(\tau)$和 $G_1(\tau)$的初始值。

根据式(3.3.7)，利用室内含结构面板岩室内剪切蠕变试验结果，对板岩流变弹性参数进行反演分析，并采用相关系数来检验回归的效果。反演流变参数及相关系数见表 3.3.2。

表 3.3.2　板岩剪切蠕变试验变形参数辨识结果

法向应力/MPa	G_{∞}/GPa	G_1^0/GPa	A/(GPa·h)	B	P_1	P_2	相关系数 R
6	1.69	33.1	118	0.607	0.673	−0.301	0.925
12	2.67	38.8	145	0.637	0.813	−0.317	0.934
18	1.61	39.1	134	0.678	0.907	−0.389	0.961
24	1.54	55.6	220	0.711	1.067	−0.446	0.946

3.3.4　基于时间强化的黏塑性变形

在岩石流变过程中，一般认为存在一个初始屈服极限 τ_{s0}，当 $\tau>\tau_{s0}$ 时，开始发生黏塑性变形，并且 $\tau_s(t)$ 随时间增加而强化，直至 $\tau_s(t)=\tau_{\infty}$。

引入强化函数[90, 91]：

$$h(\tau,t)=q_1\left(1+q_2q_3\frac{\tau}{\tau_{\infty}}t^{q_3}\right)\exp\left(q_2\frac{\tau}{\tau_{\infty}}t^{q_3}\right)\tag{3.3.8}$$

式中，q_1、q_2、q_3 为板岩硬性结构面材料常数，由蠕变试验来确定。

因此，塑性极限的强化函数可以表示为

$$\tau_s(\tau,t)=\tau_{s0}+h(\tau,t)\tag{3.3.9}$$

取 $\tau_{s0}=0$，故 $\tau_s(\tau,t)=h(\tau,t)$，又

$$\dot{\gamma}_{vp}=\frac{\langle\tau-\tau_s(\tau,t)\rangle}{\eta_2}\tag{3.3.10}$$

式中，$\dot{\gamma}_{vp}$ 为板岩的黏塑性变形速率；η_2 为考虑随时间强化模型的另一黏滞系数。对式(3.3.10)进行积分可得

$$\begin{aligned}\gamma_{vp}&=\int\frac{\langle\tau-\tau_s(s,t)\rangle}{\eta_2}\mathrm{d}t\\&=\int\frac{\left\langle\tau-q_1\left(1+q_2q_3\frac{\tau}{\tau_{\infty}}t^{q_3}\right)\exp\left(q_2\frac{\tau}{\tau_{\infty}}t^{q_3}\right)\right\rangle}{\eta_2}\mathrm{d}t\end{aligned}\tag{3.3.11}$$

当 $\tau<q_1\left(1+q_2q_3\frac{\tau}{\tau_{\infty}}t^{q_3}\right)\exp\left(q_2\frac{\tau}{\tau_{\infty}}t^{q_3}\right)$ 时

$$\gamma_{vp}=\frac{1}{\eta_2}\left[\tau t-q_1t\exp\left(q_2\frac{\tau}{\tau_{\infty}}t^{q_3}\right)\right]\tag{3.3.12}$$

当 $\tau-\tau_s(\tau,t)=0$ 时，黏塑性变形不再增加，变形达到稳定，变形速率为 0。

根据板岩循环加卸载的蠕变试验结果以及分析结果，运用最小二乘法对式(3.3.12)进行拟合，拟合得到的不同法向应力下的参数值见表 3.3.3。

表 3.3.3 板岩剪切蠕变黏塑性辨识结果

法向应力/MPa	η_2/(GPa·h)	q_1/GPa	q_2/GPa	q_3/GPa	相关系数
6	3.81	1.00009	−0.213	−0.861	0.908
12	3.75	1.00015	−0.210	−0.854	0.921
18	2.93	1.00009	−0.217	−0.849	0.919
24	2.09	1.00026	−0.222	−0.843	0.953

3.3.5 瞬时塑性变形的描述

瞬时塑性变形是初始瞬时变形中不可恢复的那部分变形，与时间无关。从板岩循环加卸载的蠕变试验以及分析结果可知，板岩的蠕变变形中存在着明显的瞬时塑性变形，而且瞬时塑性变形随着剪切应力的增大而增大。

在工程应用中如果不考虑岩石的瞬时塑性变形，那么在高应力水平下，尤其是对于塑性强的软岩，计算得到的蠕变变形将小于岩石的实际变形，而不能真实反映岩石的变形状态。因此，必须考虑岩石蠕变中的瞬时塑性变形。

李良权等[92]提出了一个能反映岩石瞬时塑性应变的模型，其示意图如图 3.3.4所示，当应力水平达到模型的屈服应力时，产生塑性应变，瞬时塑性应变可以表示为

$$\varepsilon_p=\left(\frac{\sigma-\sigma_s}{m}\right)^{\frac{1}{l}} \tag{3.3.13}$$

式中，σ_s 为岩石的弹性极限；m 和 l 为常数。

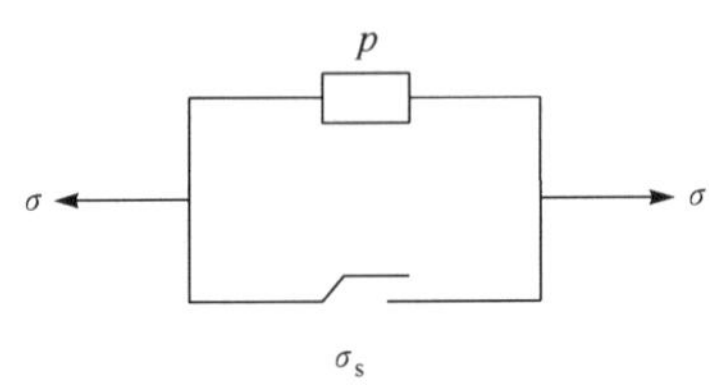

图 3.3.4 瞬时塑性元件示意图

对板岩分级增量循环加卸载蠕变试验分析可知，无论在高应力水平还是低应力水平下，板岩均会产生瞬时塑性应变。故提出一个能反映岩石瞬时塑性应变的元件，其示意图如图 3.3.5所示。它与弹性元件相似，不同之处在于，它只能伸长，不能回缩，即当剪切应力变大时，它同弹性元件一样变形，当剪切应力变小时，已经产生的变形不会变化，成为永久变形。则瞬时塑性变形可以表示为

$$\gamma_{mp}=\frac{\tau}{G_2} \tag{3.3.14}$$

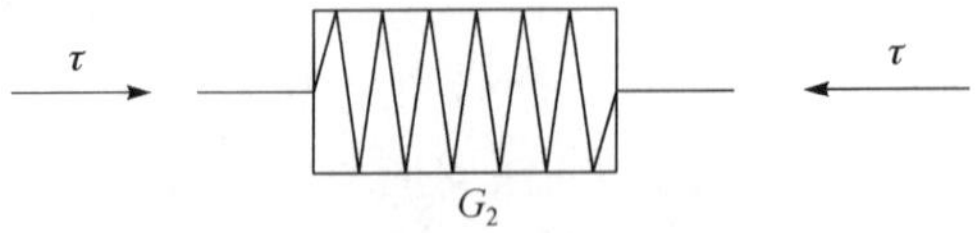

图 3.3.5 瞬间塑性元件示意图

图 3.3.6 为不同应力水平下，板岩瞬时塑性变形与剪切应力关系曲线。从图中可以看出，瞬时塑性变形与剪切应力近似呈线性关系，故假定瞬时塑性参数 G_2 是一个与剪切应力水平无关的常数。板岩分级增量循环加卸载的蠕变试验中不同法向应力下瞬时塑性参数 G_2 见表 3.3.4。

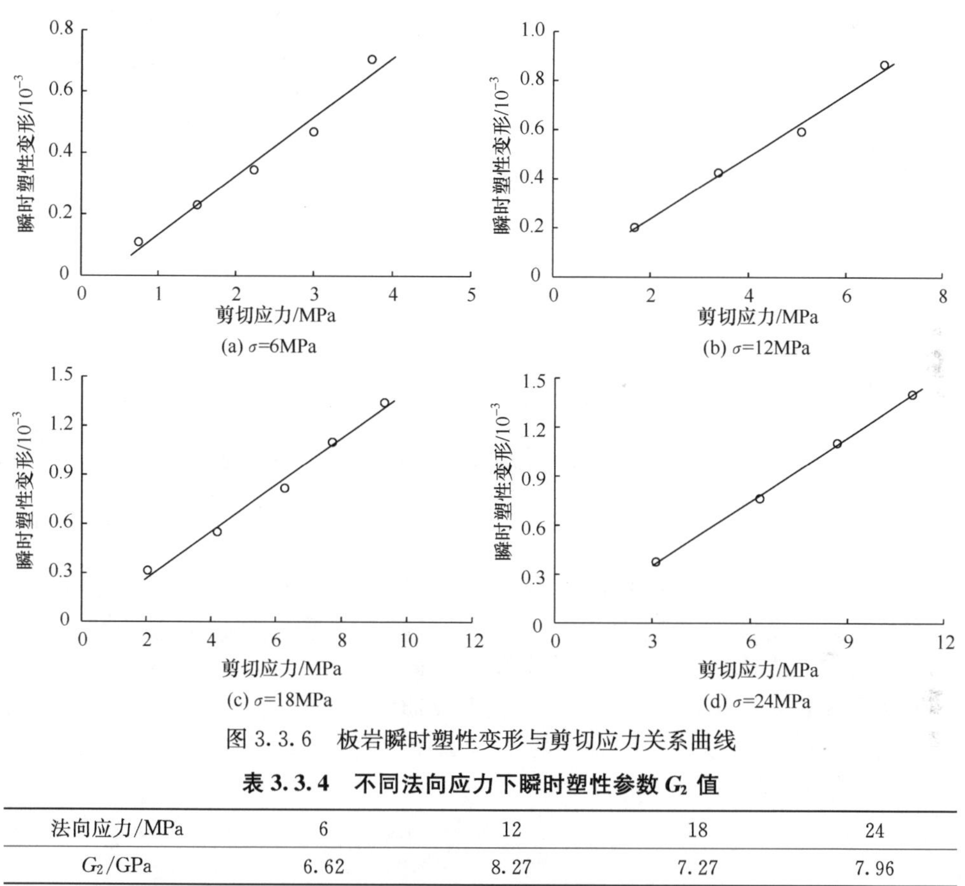

图 3.3.6　板岩瞬时塑性变形与剪切应力关系曲线

表 3.3.4　不同法向应力下瞬时塑性参数 G_2 值

法向应力/MPa	6	12	18	24
G_2/GPa	6.62	8.27	7.27	7.96

3.3.6　可以描述第三期蠕变的非定常黏滞系数

当所加的剪切应力超过破坏极限时，岩石的内部结构发生变化，塑性屈服极限的强化不会一直进行下去，当塑性屈服极限与破坏极限重合时，塑性屈服极限停止强化；破坏极限是不随时间和应力变化的，对于特定的岩石材料在特定的环境中，其破坏极限是固定的。当应力达到岩石的破坏极限时，岩石发生破坏。在岩石蠕变过程中，其破坏极限就是岩石的长期强度 τ_∞。

板岩蠕变试验表明，当剪切应力增加到大于岩石的长期强度时，黏塑性变形速率会随着时间的增大而加快，由于此时的黏塑性极限并没有减小，而且外力也没有随时间增加,说明黏滞系数在这种情况下会随着时间的增加而减小。

众多的岩石蠕变试验已经证实,当岩石所受到的应力大于岩石的长期强度后,只要时间足够长,岩石的蠕变过程将会出现第三期蠕变,即加速蠕变过程或者说是破坏过程。此时的黏滞系数将随着时间的增加而减小。

陈沅江等[93]认为黏滞系数随时间不断减小,初始减小不明显,而当应变大于某一值时,黏滞系数突然加速减小,最终导致岩石破坏。孙钧[1]通过大量的蠕变试验数据进行分析研究认为,当加载应力大于岩土的长期强度时,黏滞系数不断减小,黏滞系数的减小规律与所施加的应力大小有关,在相同时刻,所施加的应力越大,黏滞系数越小,提出了黏滞系数 η 随时间变化的关系式:

$$\eta_2(\tau,t)=\frac{\eta_2 e^{-\langle\tau-\tau_\infty\rangle kt}}{1+\langle\tau-\tau_\infty\rangle kt} \tag{3.3.15}$$

罗润林等[90]认为黏滞系数 $\eta_2(\tau,t)$ 是时间的单调减函数,并且剪切应力越大,黏滞系数就衰减得越快,给出了黏塑性变形随时间变化的关系式:

$$\gamma_{vp}(\tau,t)=\frac{\langle\tau-\tau_\infty\rangle}{\eta_2^0}te^{\langle\tau-\tau_\infty\rangle kt} \tag{3.3.16}$$

对上述公式稍作调整,将黏塑性变形随时间变化的关系式修改为

$$\gamma_{vp}(\tau,t)=\frac{q_4\langle\tau-\tau_\infty\rangle}{\eta_2^0}te^{\langle\tau-\tau_\infty\rangle kt} \tag{3.3.17}$$

式中,q_4、k 为常数,由蠕变试验来确定;η_2^0 为初始黏滞系数;τ_∞ 为岩石的长期强度。

图 3.3.7 为 $\tau>\tau_\infty$ 时 γ_{vp} 随时间变化的曲线,可以看出,γ_{vp} 在第三期蠕变初期随时间增加较慢,而到后期 γ_{vp} 随时间急剧增加,从而导致岩石的破坏。

图 3.3.8 为不同剪应力下 γ_{vp} 随时间变化曲线。从图中可以看出,当剪应力较小时,岩石的剪切蠕变曲线较为平缓,达到破坏的时间较长;当剪应力较大时,蠕变曲线变化较大,达到破坏的时间较短。

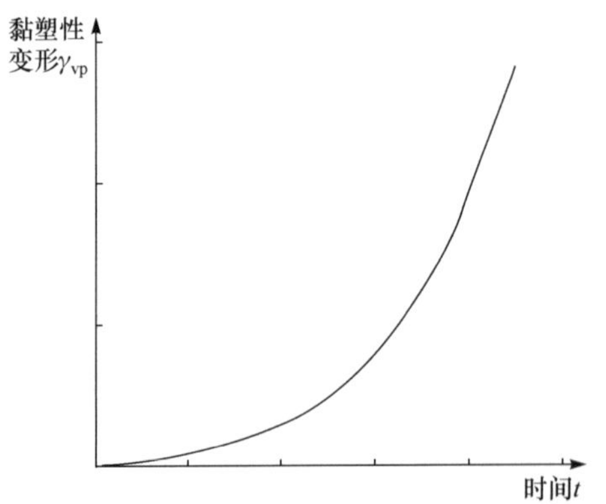

图 3.3.7 黏塑性变形随时间变化曲线

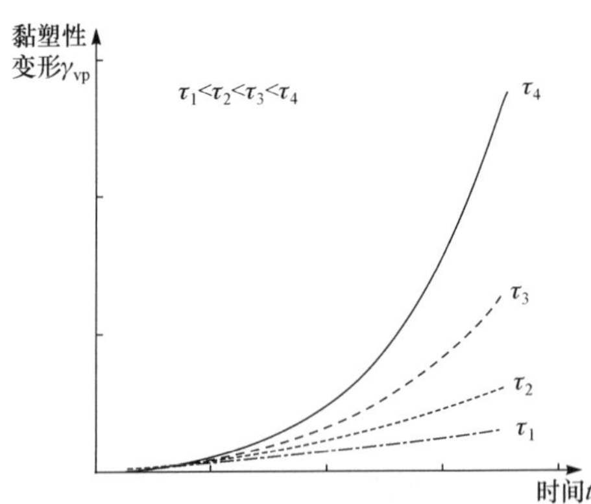

图 3.3.8 不同剪应力下黏塑性变形随时间变化曲线

3.3.7　剪切流变非定常参数模型的建立

根据前面的分析与讨论，岩石流变模型中的参数不是定值，而是受到应力大小和流变时间的影响。前面对流变模型参数的非定常特性进行了分析和研究，根据分析结果可以得到板岩的非定常参数流变模型，其元件组成如图 3.3.9 所示。

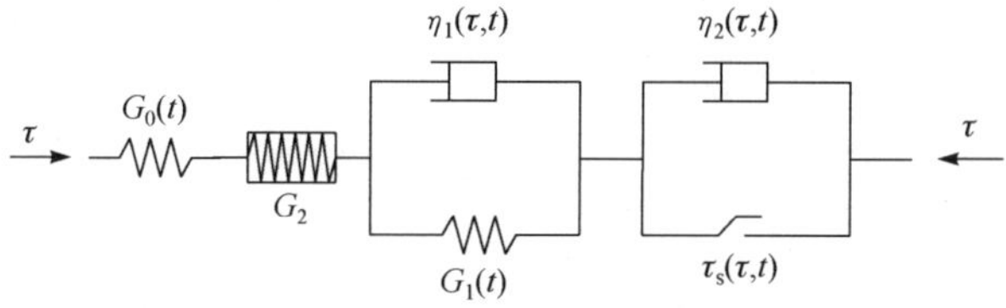

图 3.3.9　非定常参数流变模型

图 3.3.9 中的各部分变形可以表示为

$$\gamma_{me}=\frac{\tau}{G_0(t)} \tag{3.3.18}$$

$$\gamma_{mp}=\frac{\tau}{G_2} \tag{3.3.19}$$

$$\gamma_{ve}=\frac{\tau}{G_1(\tau)}\left[1-e^{\frac{-G_1^0 t^{1-B}}{A(1-B)}}\right] \tag{3.3.20}$$

$$\gamma_{vp}=\int\frac{\langle\tau-\tau_s(\tau,t)\rangle}{\eta_2(\tau,t)}dt \tag{3.3.21}$$

板岩分级循环加卸载条件下的剪切蠕变变形可以分为瞬时弹性变形 γ_{me}、黏弹性变形 γ_{ve}、瞬时塑性变形 γ_{mp} 和黏塑性变形 γ_{vp}，即

$$\gamma=\gamma_{me}+\gamma_{ve}+\gamma_{mp}+\gamma_{vp} \tag{3.3.22}$$

$$\gamma=\frac{\tau}{G_0(\tau)}+\frac{\tau}{G_2}+\frac{\tau}{G_1(\tau)}\left[1-e^{\frac{-G_1^0 t^{1-B}}{A(1-B)}}\right]+\int\frac{\langle\tau-\tau_s(\tau,t)\rangle}{\eta_2(\tau,t)}dt \tag{3.3.23}$$

式中，$G_0(\tau)$、$G_1(\tau)$、$\tau_s(\tau,t)$ 和 $\eta_2(\tau,t)$ 的表达式分别为

$$G_0(\tau)=G_0^0(1-P_1 e^{P_2\tau}) \tag{3.3.24}$$

$$G_1(\tau)=G_1^0(1-P_1 e^{P_2\tau}) \tag{3.3.25}$$

$$\tau_s(\tau,t)=q_1\left(1+q_2 q_3\frac{\tau}{\tau_\infty}t^{q_3}\right)\exp\left(q_2\frac{\tau}{\tau_\infty}t^{q_3}\right) \tag{3.3.26}$$

$$\eta_2(\tau,t)=\frac{q_4\eta_2^0 e^{-\langle\tau-\tau_\infty\rangle kt}}{1+\langle\tau-\tau_\infty\rangle kt} \tag{3.3.27}$$

式中，q_4、k 为常数，由蠕变试验来确定；η_2^0 为初始黏滞系数；τ_∞ 为岩石的长期强度。

3.3.8 岩石非定常参数流变模型的试验验证

非定常参数流变模型对试验数据进行拟合及参数反演的步骤如下。

(1) 对试验数据进行整理,把流变变形分为瞬时弹性变形、黏弹性变形、瞬时塑性变形和黏塑性变形。

(2) 应用最小二乘法分别对瞬时弹性变形、黏弹性变形、瞬时塑性变形和黏塑性变形进行曲线拟合和参数反演。

根据上述方法,采用非定常参数流变模型对不同法向应力作用下板岩循环加卸载剪切蠕变试验曲线拟合和参数反演,结果见表 3.3.5~表 3.3.8。

表 3.3.5 σ=6MPa 板岩循环加卸载剪切蠕变试验的非定常参数模型参数反演结果

参数	G_0^0/GPa	G_1^0/GPa	G_2/GPa	A/(GPa·h)	B	P_1	P_2
数值	1.69	33.1	6.62	118	0.607	0.673	−0.301
参数	q_1/MPa	q_2	q_3	q_4	τ_∞/MPa	k	η_2^0/(GPa·h)
数值	1.00009	−0.213	−0.861	656	3.96	0.093	3.81

表 3.3.6 σ=12MPa 板岩循环加卸载剪切蠕变试验的非定常参数模型参数反演结果

参数	G_0^0/GPa	G_1^0/GPa	G_2/GPa	A/(GPa·h)	B	P_1	P_2
数值	2.67	38.8	8.27	145	0.637	0.813	−0.317
参数	q_1/MPa	q_2	q_3	q_4	τ_∞/MPa	k	η_2^0/(GPa·h)
数值	1.00015	−0.210	−0.854	640	7.21	0.131	3.75

表 3.3.7 σ=18MPa 板岩循环加卸载剪切蠕变试验的非定常参数模型参数反演结果

参数	G_0^0/GPa	G_1^0/GPa	G_2/GPa	A/(GPa·h)	B	P_1	P_2
数值	1.61	39.1	7.27	134	0.678	0.907	−0.389
参数	q_1/MPa	q_2	q_3	q_4	τ_∞/MPa	k	η_2^0/(GPa·h)
数值	1.00009	−0.217	−0.849	81.9	10.08	0.051	2.93

表 3.3.8 σ=24MPa 板岩循环加卸载剪切蠕变试验的非定常参数模型参数反演结果

参数	G_0^0/GPa	G_1^0/GPa	G_2/GPa	A/(GPa·h)	B	P_1	P_2
数值	1.54	55.6	7.96	220	0.711	1.067	−0.446
参数	q_1/MPa	q_2	q_3	q_4	τ_∞/MPa	k	η_2^0/(GPa·h)
数值	1.00026	−0.222	−0.843	4378	12.53	0.065	2.09

从表 3.3.5~表 3.3.8 的参数反演结果可以看出,采用提出的非定常参数西原模型采用一组参数就可以很准确地描述分级荷载蠕变试验,而不必像前面采用几组数据才能很准确地描述试验过程,这给工程应用中的模型参数确定带

来方便。

图 3.3.10 给出了法向应力为 12MPa 时板岩剪切蠕变试验的非定常流变模型拟合曲线，从图 3.3.10 中可以看出以下几点。

(1) 无论在低应力水平还是高应力水平下，非定常参数流变模型都有很好的拟合效果。

(2) 采用非定常参数西原模型可以很好地描述三阶段荷载的蠕变过程，不仅蠕变变形的误差较小，而且趋势与试验曲线基本一致，两者具有很好的相关性。

(3) 非定常参数流变模型不仅能很好地描述加载后瞬时弹性变形、瞬时塑性变形、黏弹性变形和黏塑性变形，而且能很好地描述卸载后的瞬时弹性恢复应变值、滞后弹性恢复应变值和相应的残余应变值。

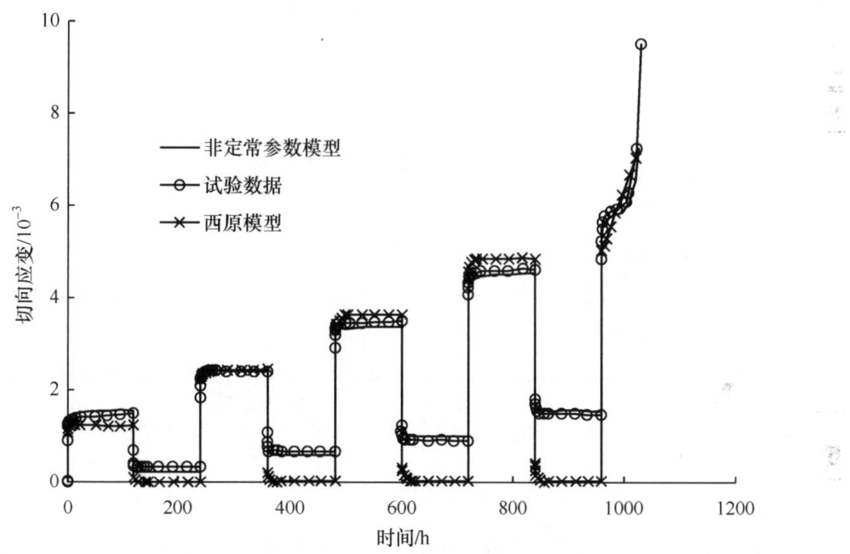

图 3.3.10　σ=12MPa 时板岩剪切蠕变试验的非定常流变模型拟合曲线

综上所述，非定常参数蠕变模型可以很好地描述板岩循环加卸载剪切蠕变试验全过程。

3.4　板岩单轴压缩非定常蠕变模型

3.4.1　单轴压缩非定常模型

单轴压缩非定常参数流变模型元件组成如图 3.4.1 所示，图中的元件和结构与剪切非定常参数流变模型基本一致。

单轴压缩非定常参数流变模型的表达式为

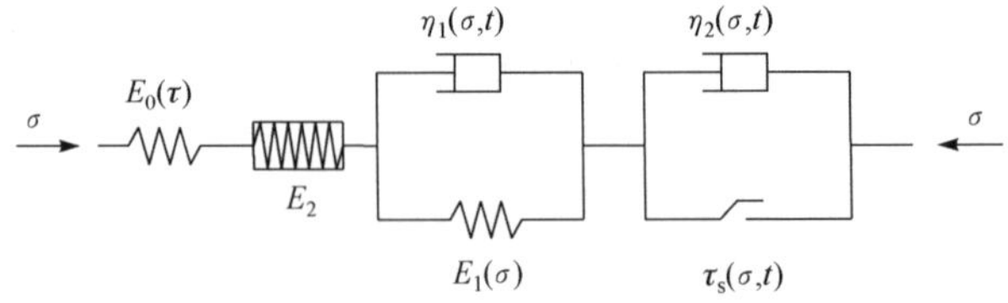

图 3.4.1 非定常参数流变模型

$$\varepsilon=\frac{\sigma}{E_0(\sigma)}+\frac{\sigma}{E_2}+\frac{\sigma}{E_1(\sigma)}\left[1-\mathrm{e}^{\frac{-E_1^0 t^{1-B}}{A(1-B)}}\right]+\int\frac{\langle\sigma-\sigma_s(\sigma,t)\rangle}{\eta_2(\sigma,t)}\mathrm{d}t \qquad (3.4.1)$$

式中

$$E_0(\sigma)=E_0^0(1-P_1\mathrm{e}^{P_2\sigma}) \qquad (3.4.2)$$

$$E_1(\sigma)=E_1^0(1-P_1\mathrm{e}^{P_2\sigma}) \qquad (3.4.3)$$

$$\sigma_s(\sigma,t)=q_1\left(1+q_2q_3\frac{\sigma}{\sigma_\infty}t^{q_3}\right)\exp\left(q_2\frac{\sigma}{\sigma_\infty}t^{q_3}\right) \qquad (3.4.4)$$

$$\eta_2(\sigma,t)=\frac{q_4\eta_2^0\mathrm{e}^{-\langle\sigma-\sigma_\infty\rangle kt}}{1+\langle\sigma-\sigma_v\rangle kt} \qquad (3.4.5)$$

其中，σ_∞可以通过板岩流变试验测得，其余的参数可以通过参数辨识的方法得到。

如果不考虑塑性极限前的板岩单轴压缩的塑性变形，则板岩单轴压缩非定常参数流变模型可以变化为

$$\varepsilon=\frac{\sigma}{E_0(\sigma)}+\frac{\sigma}{E_1(\sigma)}\left[1-\mathrm{e}^{\frac{-E_1^0 t^{1-B}}{A(1-B)}}\right]+\int\frac{\langle\sigma-\sigma_s(\sigma,t)\rangle}{\eta_2(\sigma,t)}\mathrm{d}t \qquad (3.4.6)$$

3.4.2 单轴压缩非定常参数蠕变模型试验验证

利用式(3.4.6)对板岩单轴压缩流变试验曲线进行参数反演及拟合，结果见表 3.4.1～表 3.4.3。图 3.4.2 为板岩试样 c 单轴压缩蠕变试验数据、非定常流变模型与西原模型对比图。

表 3.4.1 板岩试样 a 单轴压缩蠕变试验的非定常参数模型参数反演结果

参数	E_0^0/GPa	E_1^0/GPa	P_1	P_2	σ_{s0}/MPa	A/(GPa · h)	B	q_1
数值	33.53	21.91	1.568	0.0406	35.3	294.45	0.88	1.00003
参数	q_2	q_3	q_4	σ_∞/MPa	k	η_2^0/(GPa · h)	R	
数值	−2.01	−0.784	217	44.6	0.045	188.15	0.991	

表 3.4.2　板岩试样 b 单轴压缩蠕变试验的非定常参数模型参数反演结果

参数	E_0^0/GPa	E_1^0/GPa	P_1	P_2	σ_{s0}/MPa	A/(GPa·h)	B	q_1
数值	30.21	19.39	1.597	0.0395	35.9	260.62	0.86	1.00005
参数	q_2	q_3	q_4	σ_∞/MPa	k	η_2^0/(GPa·h)	R	
数值	−1.89	−0.703	346	45.6	0.049	208.81	0.993	

表 3.4.3　板岩试样 c 单轴压缩蠕变试验的非定常参数模型参数反演结果

参数	E_0^0/GPa	E_1^0/GPa	P_1	P_2	σ_{s0}/MPa	A/(GPa·h)	B	q_1
数值	35.86	23.82	1.532	0.0417	35.4	320.16	0.89	1.00006
参数	q_2	q_3	q_4	σ_∞/MPa	k	η_2^0/(GPa·h)	R	
数值	−1.81	−0.678	451	44.7	0.047	168.81	0.994	

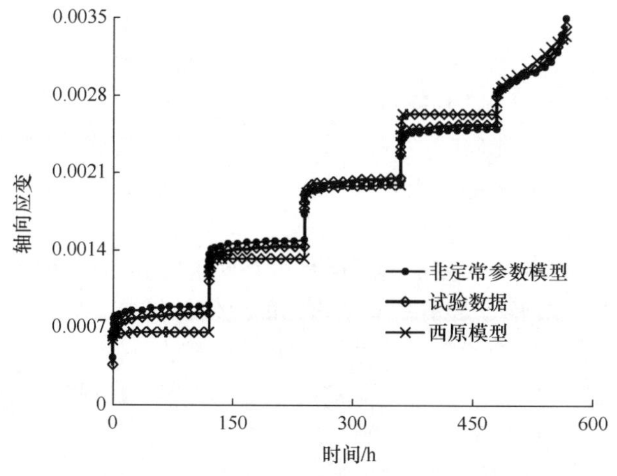

图 3.4.2　板岩单轴压缩蠕变试验的非定常流变模型拟合曲线

从表 3.4.1～表 3.4.3 中可以看出，采用本节提出的非定常参数流变模型采用一组参数就可以很准确地描述分级荷载蠕变试验，而不必采用几组数据才能很准确地描述试验过程，这给工程应用中的模型参数确定带来方便。

从图 3.4.2 可知，除了第一级的拟合效果较差外，其余几级的拟合效果较好，导致第一级的拟合效果较差的原因可能是试验试样在采集、运移和制作过程中受到扰动。第二级到第四级荷载的蠕变过程中都出现了黏塑性变形，由于荷载都没达到长期极限，因此在试验的后期均出现了速度为 0 的稳态蠕变过程。从图 3.4.2可以看出，采用非定常参数流变模型可以很好地描述这三级荷载的蠕变，不仅蠕变变形的误差较小，而且趋势与试验曲线基本一致，两者具有很好的相关性。

第五级荷载的蠕变过程中出现了加速蠕变，从图中可以看出，非定常参数流变模型也可以很好地描述这一过程。

从整体上来看，试验数据和拟合数据的拟合误差为 10.12%，两者的相关系数为 0.961，说明非定常参数流变模型可以很好地描述分级荷载岩石单轴压缩蠕变试验过程。

3.5 板岩双轴非定常参数蠕变理论分析

根据第 2 章中板岩双轴流变试验结果，对板岩双轴非定常参数蠕变理论进行分析。

3.5.1 侧向变形的各向异性

从第 2 章中图 2.4.5～图 2.4.7 可以得到，板岩双轴流变试验中一个方向加载，两个侧向应变不仅大小不同，而且它们的变化规律也不同。例如，ε_V 向加载，ε_H 和 ε_F 方向的应变大小不同，而且它们的变化规律也不同，ε_F 方向应变一直在减少(膨胀)，而 ε_H 方向应变先减少(膨胀)，到一定值后又缓慢增加(压缩)；同样，ε_H 方向加载，ε_H 方向应变一直在减少(膨胀)，而 ε_F 方向应变先减少(膨胀)，到一定值后又缓慢增加(压缩)。

以上板岩双向蠕变侧向变形的不同反映在两者之间的比例关系或侧膨胀系数上，存在显著的各向异性。弄清楚应变之间的比例关系各向异性性状，可使某些涉及侧膨胀系数的本构模型的各向异性特征得以合理的分析、解释与应用。

反映岩石侧膨胀的最直接指标是泊松比 μ，或称为侧膨胀系数，其物理意义为材料单元体在某方向受压应力后，侧向膨胀应变与受荷向压缩应变之比。在增量分析中，指某一应力增量作用下，侧向膨胀应变增量与受荷向压应变之比。当 i 方向作用一单位应力增量而其他方向应力不变时，应力作用方向所产生的应变增量为 ε_{ii}，侧向(j 方向)所产生的应变增量为 ε_{ji}，依据泊松比的定义：

$$\mu_{ji}=-\frac{\varepsilon_{ji}}{\varepsilon_{ii}} \tag{3.5.1}$$

也可定义为侧膨胀系数。

3.5.2 板岩双轴非定常参数蠕变模型分析

根据板岩双轴蠕变试验条件，当板岩处于黏弹性阶段时，弹性应变可表示为

$$\varepsilon_V=\frac{1}{E}[\sigma_V-\mu(\sigma_H+\sigma_F)]=\frac{1}{E}(\sigma_V-\mu\sigma_H) \tag{3.5.2}$$

$$\varepsilon_H=\frac{1}{E}[\sigma_H-\mu(\sigma_V+\sigma_F)]=\frac{1}{E}(\sigma_H-\mu\sigma_V) \tag{3.5.3}$$

$$\varepsilon_F=\frac{1}{E}[\sigma_F-\mu(\sigma_V+\sigma_H)] \tag{3.5.4}$$

根据弹性-黏弹性对应原理，与本章前面推导黏弹性三维本构关系过程相似，可以得到板岩双轴流变的本构关系：

$$\varepsilon_V(t)=\frac{1}{9K}\left[(\sigma_V+\sigma_H)+\frac{3K}{G_1}\left(\sigma_V-\frac{1}{2}\sigma_H\right)\left(\frac{G_0+G_1}{G_0}-e^{-\frac{G_1}{\eta_1}t}\right)\right] \tag{3.5.5}$$

$$\varepsilon_H(t)=\frac{1}{9K}\left[(\sigma_H+\sigma_V)+\frac{3K}{G_1}\left(\sigma_H-\frac{1}{2}\sigma_V\right)\left(\frac{G_0+G_1}{G_0}-e^{-\frac{G_1}{\eta_1}t}\right)\right] \tag{3.5.6}$$

$$\varepsilon_F(t)=\frac{1}{9K}\left[(\sigma_V+\sigma_H)+\frac{3K}{G_1}\left(-\frac{1}{2}\sigma_V-\frac{1}{2}\sigma_H\right)\left(\frac{G_0+G_1}{G_0}-e^{-\frac{G_1}{\eta_1}t}\right)\right] \tag{3.5.7}$$

则板岩双轴流变的非定常参数流变模型本构关系可以表示为

$$\varepsilon_V(t)=\frac{1}{9K}\left[(\sigma_V+\sigma_H)+\frac{3K}{G_1}\left(\sigma_V-\frac{1}{2}\sigma_H\right)\left(\frac{G_0+G_1}{G_0}-e^{-\frac{G_1^0}{A(1-B)}t^{1-B}}\right)\right] \tag{3.5.8}$$

$$\varepsilon_H(t)=\frac{1}{9K}\left[(\sigma_H+\sigma_V)+\frac{3K}{G_1}\left(\sigma_H-\frac{1}{2}\sigma_V\right)\left(\frac{G_0+G_1}{G_0}-e^{-\frac{G_1^0}{A(1-B)}t^{1-B}}\right)\right] \tag{3.5.9}$$

$$\varepsilon_F(t)=\frac{1}{9K}\left[(\sigma_V+\sigma_H)+\frac{3K}{G_1}\left(-\frac{1}{2}\sigma_V-\frac{1}{2}\sigma_H\right)\left(\frac{G_0+G_1}{G_0}-e^{-\frac{G_1^0}{A(1-B)}t^{1-B}}\right)\right] \tag{3.5.10}$$

式中

$$G_0(\sigma)=G_0^0(1-P_1e^{P_2\sigma_1}),\quad G_1(\sigma)=G_1^0(1-P_1e^{P_2\sigma_1}) \tag{3.5.11}$$

K 为体积模量，假定为常数，根据板岩单轴压缩试验，确定 $K=10397\text{MPa}$。

图 2.4.5～图 2.4.7 为对三个 100mm×100mm×100mm 长方体板岩进行的双轴压缩流变试验获得的曲线。用式(3.5.8)～式(3.5.11)对板岩双轴流变试验曲线进行参数反演及拟合，结果见表 3.5.1。图 3.5.1 为板岩试样 3 双轴压缩蠕变试验值与非定常参数流变模型的对比，从图中可以得出，固定的侧膨胀系数不能很好地反映一个方向加载对其他两个侧面变形的影响。

表 3.5.1　板岩双轴蠕变试验的非定常参数模型参数反演结果

参数	G_0^0/GPa	G_1^0/GPa	P_1	P_2	A/(GPa·h)	B	R
试样 1	9.99	19.7	0.496	−0.0385	254.9	0.847	0.822
试样 2	12.1	23.7	0.469	−0.0432	403.4	0.911	0.854
试样 3	10.6	20.8	0.487	−0.0411	346.2	0.903	0.846
平均值	10.9	21.4	0.484	−0.0409	334.8	0.887	—

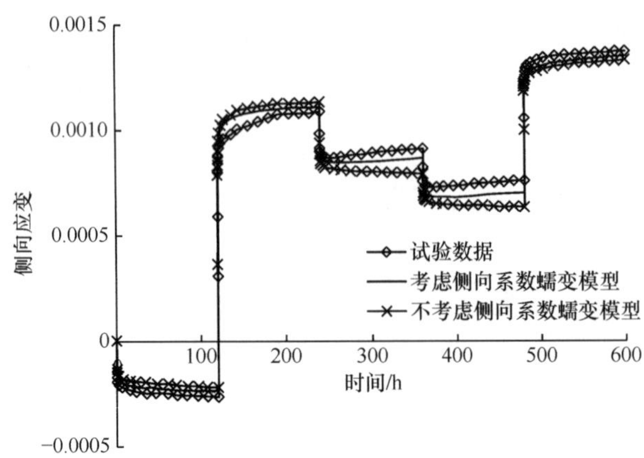

图 3.5.1　板岩试样 3 双轴蠕变试验水平方向变形的拟合曲线

式(3.5.2)～式(3.5.4)中 μ 为泊松比或侧膨胀系数。根据前面的分析，板岩在双轴加载条件下，侧膨胀系数不仅存在显著的各向异性，而且随时间变化而变化，记为 $\mu(t)=m(t)\mu$，则式(3.5.2)～式(3.5.4)可以转化为

$$\varepsilon_V=\frac{1}{E}[\sigma_V-\mu_1(t)\sigma_H] \tag{3.5.12}$$

$$\varepsilon_H=\frac{1}{E}[\sigma_H-\mu_1(t)\sigma_V] \tag{3.5.13}$$

$$\varepsilon_F=\frac{1}{E}[\sigma_F-\mu_2(t)(\sigma_H+\sigma_V)] \tag{3.5.14}$$

根据弹性-黏弹性对应原理，与本章推导黏弹性三维本构关系过程相似，可以得到板岩双轴流变的本构关系：

$$\varepsilon_V(t)=\frac{1}{9K}\left[(\sigma_V+m_1(t)\sigma_H)+\frac{3K}{G_1}\left(\sigma_V-\frac{m_1(t)}{2}\sigma_H\right)\left(\frac{G_0+G_1}{G_0}-e^{-\frac{G_1^0}{A(1-B)}t^{1-B}}\right)\right] \tag{3.5.15}$$

$$\varepsilon_H(t)=\frac{1}{9K}\left[(\sigma_H+m_1(t)\sigma_V)+\frac{3K}{G_1}\left(\sigma_H-\frac{m_1(t)}{2}\sigma_V\right)\left(\frac{G_0+G_1}{G_0}-e^{-\frac{G_1^0}{A(1-B)}t^{1-B}}\right)\right] \tag{3.5.16}$$

$$\varepsilon_F(t)=\frac{1}{9K}\left[m_2(t)(\sigma_V+\sigma_H)+\frac{3Km_2(t)}{G_1}\left(-\frac{1}{2}\sigma_V-\frac{1}{2}\sigma_H\right)\left(\frac{G_0+G_1}{G_0}-e^{-\frac{G_1^0}{A(1-B)}t^{1-B}}\right)\right] \tag{3.5.17}$$

式中，G_0、G_1 的表达式见式(3.5.11)。

由板岩双轴压缩流变试验可知，当垂直轴(水平轴)加载时，水平轴(垂直轴)会产生一个负瞬时位移，当位移减小到一定值后，又会缓慢增大，而自由面位移一直在减小(膨胀)。故 $m_1(t)$、$m_2(t)$可以表示为

$$m_1(\sigma,t)=L_1+L_3\exp(L_4 t) \tag{3.5.18}$$

$$m_2(\sigma,t)=L_2-L_3\exp(L_4 t) \tag{3.5.19}$$

其中，L_1、L_2、L_3、L_4 为常数，与材料有关。

将式(3.5.18)和式(3.5.19)代入式(3.5.15)～式(3.5.17)，便可以得到考虑侧膨胀系数各向异性和时变性的板岩双轴流变的本构关系。表 3.5.2 为考虑侧膨胀系数各向异性和时变性板岩双轴蠕变模型参数反演结果。

表 3.5.2　考虑侧膨胀系数各向异性和时变性板岩双轴蠕变模型参数反演结果

参数	G_0^0/GPa	G_1^0/GPa	P_1	P_2	A/(GPa·h)	B	L_1	L_2	L_3	L_4	R
试样 1	9.75	18.1	0.491	−0.0391	264.7	0.839	0.79	1.32	0.22	−0.042	0.892
试样 2	11.3	21.9	0.462	−0.0439	413.1	0.908	0.88	1.14	0.11	−0.051	0.904
试样 3	10.1	19.8	0.483	−0.0420	351.4	0.892	0.82	1.25	0.18	−0.046	0.910
平均值	10.4	19.9	0.479	−0.0417	343.1	0.880	0.83	1.23	0.17	−0.046	—

从表 3.5.2 和图 3.5.1 可以看出，考虑侧膨胀系数各向异性和时变性板岩双轴蠕变模型比不考虑侧膨胀系数各向异性和时变性板岩双轴蠕变模型能更好地反映一个方向加载对侧向变形的影响。

3.6　非定常参数蠕变模型的三维形式

3.6.1　黏弹性三维本构关系

由弹性理论知，弹性本构关系的一维形式为 $\sigma=E_0\varepsilon$，而三维张量形式为

$$S_{ij}=2G_0 e_{ij}, \quad \sigma_{ii}=3K\varepsilon_{ii} \tag{3.6.1}$$

式中，S_{ij}、e_{ij}、σ_{ii}、ε_{ii}分别为应力偏量、应变偏量及应力和应变第一不变量的张量形式，其中

$$S_{ij}=\sigma_{ij}-\sigma_m\delta_{ij}=\begin{bmatrix}\sigma_x-\sigma_m & \tau_{xy} & \tau_{xz}\\ \tau_{yx} & \sigma_y-\sigma_m & \tau_{yz}\\ \tau_{zx} & \tau_{zy} & \sigma_z-\sigma_m\end{bmatrix}, \quad i,j=x,y,z \tag{3.6.2}$$

$$e_{ij}=\varepsilon_{ij}-\varepsilon_m\delta_{ij}=\begin{bmatrix}\varepsilon_x-\varepsilon_m & \frac{1}{2}\gamma_{xy} & \frac{1}{2}\gamma_{xz}\\ \frac{1}{2}\gamma_{yx} & \varepsilon_y-\varepsilon_m & \frac{1}{2}\gamma_{yz}\\ \frac{1}{2}\gamma_{zx} & \frac{1}{2}\gamma_{zy} & \varepsilon_z-\varepsilon_m\end{bmatrix}, \quad i,j=x,y,z \tag{3.6.3}$$

$$\sigma_{ii}=\sigma_1+\sigma_2+\sigma_3=\sigma_x+\sigma_y+\sigma_z=3\sigma_{\mathrm{m}} \tag{3.6.4}$$

$$\varepsilon_{ii}=\varepsilon_1+\varepsilon_2+\varepsilon_3=\varepsilon_x+\varepsilon_y+\varepsilon_z=3\varepsilon_{\mathrm{m}} \tag{3.6.5}$$

弹性剪切模量 G_0、弹性体积模量 K 与弹性模量 E_0 和泊松比 μ 之间的关系为

$$E_0=\frac{9G_0K}{3K+G_0},\quad \mu=\frac{3K-2G_0}{2(3K+G_0)} \tag{3.6.6}$$

黏弹性流变模型一维本构方程用算子形式的通用表达式为

$$P(D)\sigma=Q(D)\varepsilon \tag{3.6.7}$$

式中，$P(D)=\sum_{k=0}^{m}p_k\frac{\partial^k}{\partial t^k}$，$Q(D)=\sum_{k=0}^{m}q_k\frac{\partial^k}{\partial t^k}$，$D=\frac{\partial}{\partial t}$ 为对时间的微分算子。

式(3.6.7)可以改为

$$\sigma=\frac{Q(D)}{P(D)}\varepsilon \tag{3.6.8}$$

比较 $\sigma=E_0\varepsilon$ 与式(3.6.8)可得式(3.6.8)的推广三维本构关系为

$$S_{ij}=2\frac{Q'(D)}{P'(D)}e_{ij},\quad \sigma_{ii}=3\frac{Q''(D)}{P''(D)}\varepsilon_{ii} \tag{3.6.9}$$

在式(3.6.9)中，$Q'(D)$、$P'(D)$ 与式(3.6.7)中的 $Q(D)$、$P(D)$ 相对应，但需要将 $Q(D)$、$P(D)$ 中的所有弹性模量、黏弹性模量和系数转换为剪切弹性模量、剪切黏弹性模量及剪切黏弹性系数，而 $Q''(D)$、$P''(D)$ 是反映材料黏弹性体积变形的算子，若材料体积变形呈弹性，则与式(3.6.1)比较可取 $Q''(D)=K$，$P''(D)=1$。

由式(3.6.1)及式(3.6.9)比较可得

$$G(D)=\frac{Q'(D)}{P'(D)},\quad K(D)=\frac{Q''(D)}{P''(D)} \tag{3.6.10}$$

由于黏弹性材料参数存在着与弹性参数类同的关系，将式(3.6.10)代入式(3.6.6)中可得到

$$\begin{aligned}E(D)&=\frac{9[Q''(D)/P''(D)]Q'(D)/P'(D)}{3Q''(D)/P''(D)+Q'(D)/P'(D)}\\&=\frac{9Q'(D)Q''(D)}{3P'(D)Q''(D)+P''(D)Q'(D)}\end{aligned} \tag{3.6.11}$$

$$\begin{aligned}\mu(D)&=\frac{3Q''(D)/P''(D)-2Q'(D)/P'(D)}{6Q''(D)/P''(D)+2Q'(D)/P'(D)}\\&=\frac{3P'(D)Q''(D)-2P''(D)Q'(D)}{2[P'(D)Q''(D)+P''(D)Q'(D)]}\end{aligned} \tag{3.6.12}$$

式(3.6.11)和式(3.6.12)经拉普拉斯变换可表示为

$$\bar{E}(s)=\frac{9\bar{Q}'(s)\bar{Q}''(s)}{3\bar{P}'(s)\bar{Q}''(s)+\bar{P}''(s)\bar{Q}'(s)} \tag{3.6.13}$$

$$\overline{\mu}(s)=\frac{3\overline{P}'(s)\overline{Q}''(s)-2\overline{P}''(s)\overline{Q}'(s)}{2[\overline{P}'(s)\overline{Q}''(s)+\overline{P}''(s)\overline{Q}'(s)]} \tag{3.6.14}$$

式(3.6.13)和式(3.6.14)即为在黏弹性分析中相空间参数的变换表达式。

根据岩石常规三轴蠕变试验条件，当岩石处于黏弹性阶段时，弹性应变可以表示为

$$\varepsilon_1=\frac{1}{E}[\sigma_1-\mu(\sigma_2+\sigma_3)]=\frac{1}{E}(\sigma_1-2\mu\sigma_2) \tag{3.6.15}$$

$$\varepsilon_2=\frac{1}{E}[\sigma_2-\mu(\sigma_1+\sigma_3)]=\frac{1}{E}[(1-\mu)\sigma_2-\mu\sigma_1] \tag{3.6.16}$$

对式(3.6.15)取拉普拉斯变换，得到轴向蠕变在拉普拉斯空间的表达式为

$$\overline{\varepsilon}_1(s)=\frac{1}{\overline{E}(s)}[\overline{\sigma}_1(s)-2\overline{\mu}(s)\overline{\sigma}_2(s)] \tag{3.6.17}$$

将拉普拉斯空间黏弹性参数变换表达式(3.6.13)和式(3.6.14)代入式(3.6.17)，化简得

$$\overline{\varepsilon}_1(s)=\frac{\frac{\sigma_1}{s}[3\overline{P}'(s)\overline{Q}''(s)+\overline{P}''(s)\overline{Q}'(s)]-\frac{\sigma_2}{s}[3\overline{P}'(s)\overline{Q}''(s)-2\overline{P}''(s)\overline{Q}'(s)]}{9\overline{Q}'(s)\overline{Q}''(s)} \tag{3.6.18}$$

对于非定常流变模型，如式(3.4.1)在初始瞬时加载情况下，假设体积变形呈弹性，则有

$$\overline{P}'(s)=1+\frac{\eta_1}{G_0+G_1}S \tag{3.6.19}$$

$$\overline{Q}'(s)=\frac{G_0G_1}{G_0+G_1}+\frac{\eta_1G_0}{G_0+G_1}S \tag{3.6.20}$$

$$\overline{P}''(s)=1,\quad \overline{Q}''(s)=K \tag{3.6.21}$$

设 $L=G_0G_1/(G_0+G_1)$，$T=\eta_1/(G_0+G_1)$，则有

$$\overline{P}'(s)=1+TS,\quad \overline{Q}'(s)=L+TG_0S \tag{3.6.22}$$

将式(3.6.22)和式(3.6.21)代入式(3.6.18)得

$$\begin{aligned}\overline{\varepsilon}_1(s)&=\frac{1}{9K(L+TG_0S)}\left\{\frac{\sigma_1}{S}[3K(1+TS)+(L+TG_0S)]-\frac{\sigma_2}{S}[3K(1+TS)-2(L+TG_0S)]\right\}\\&=\frac{1}{9K}\left\{\frac{\sigma_1(3K+L)-\sigma_2(3K-2L)}{S(L+TG_0S)}+\frac{[\sigma_1(3K+G_0)-\sigma_2(3K-2G_0)]T}{L+TG_0S}\right\}\end{aligned} \tag{3.6.23}$$

对式(3.6.23)取拉普拉斯逆变换，有

$$\varepsilon_1(t)=\frac{1}{9K}\left[(\sigma_1+2\sigma_2)+(\sigma_1-\sigma_2)\frac{3K(G_0+G_1)}{G_0G_1}+\frac{3K(\sigma_2-\sigma_1)}{G_1}e^{-\frac{G_1}{\eta_1}t}\right]$$

$$=\frac{1}{9K}\left[(\sigma_1+2\sigma_2)+\frac{3K}{G_0}(\sigma_1-\sigma_2)\left(\frac{G_0+G_1}{G_0}-\mathrm{e}^{-\frac{G_1}{\eta_1}t}\right)\right] \tag{3.6.24}$$

式(3.6.24)反映了常规三轴流变中岩石垂直向黏弹性变形与应力水平不同和时间发展的变化规律,同理也可以得到径向流变应变 $\varepsilon_2(t)$:

$$\varepsilon_2(t)=\frac{1}{9K}\left[(\sigma_1+2\sigma_2)+\frac{3K}{G_1}\left(\frac{\sigma_1-\sigma_2}{2}\right)\left(\frac{G_0+G_1}{G_0}-\mathrm{e}^{-\frac{G_1}{\eta_2}t}\right)\right] \tag{3.6.25}$$

式(3.6.24)和式(3.6.25)可以统一写成张量形式:

$$\varepsilon_{ij}=\frac{I_1}{9K}+\frac{S_{ij}}{2G_1}+\frac{S_{ij}}{2G_0}\left(1-\mathrm{e}^{-\frac{G_1}{H_1}t}\right) \tag{3.6.26}$$

式中,$I_1=\sigma_1+\sigma_2+\sigma_3$,$S_{ij}=\sigma_{ij}-\delta_{ij}\sigma_{\mathrm{m}}=\sigma_{ij}-\frac{1}{3}\delta_{ij}\sigma_{ii}$。

根据前面的表述,非定常参数流变模型的黏弹性三维本构关系可以表示为

$$\varepsilon_{ij}=\frac{I_1}{9K}+\frac{S_{ij}}{2G_1(\sigma)}+\frac{S_{ij}}{2G_0(\sigma)}\left[1-\mathrm{e}^{-\frac{G_1}{H_1(1-B)}t^{1-B}}\right] \tag{3.6.27}$$

式中,$G_0(\sigma)$、$G_1(\sigma)$表达式见式(3.5.11)。

3.6.2 黏塑性三维本构关系

当 $\sigma\geqslant\sigma_{\mathrm{s}}$ 时,岩石出现黏塑性变形,黏塑性变形部分的一维本构关系为

$$\dot{\varepsilon}_{\mathrm{vp}}=\frac{\sigma-\sigma_{\mathrm{s}}}{\eta_2},\quad \sigma\geqslant\sigma_{\mathrm{s}} \tag{3.6.28}$$

将公式推广为三维形式,得到黏塑性变形部分的三维本构关系为

$$\dot{\varepsilon}_{ij}^{\mathrm{vp}}=\frac{1}{2H_2}\langle\phi(F)\rangle\frac{\partial Q}{\partial\sigma_{ij}} \tag{3.6.29}$$

式中,F 为岩石屈服函数;Q 为塑性势函数,当采用相关联流动准则时,$Q=F$。

函数:

$$\langle\phi(F)\rangle=\begin{cases}0, & F<0\\ \phi(F), & F\geqslant 0\end{cases} \tag{3.6.30}$$

塑性准则采用 Drucker-Prager 屈服准则和相关流动法则,其屈服函数为

$$Q=F=\sqrt{J_2}+\chi I_1 \tag{3.6.31}$$

在不考虑塑性硬化的情况下,等效屈服应力 $F_0=m_0$,其中

$$I_1=\sigma_{ii},\quad i=1,2,3 \tag{3.6.32}$$

$$J_2=\frac{1}{6}\left[(\sigma_1-\sigma_2)^2+(\sigma_2-\sigma_3)^2+(\sigma_1-\sigma_3)^2\right] \tag{3.6.33}$$

$$\chi=\frac{2\sin\varphi}{\sqrt{3}(3-\sin\varphi)} \tag{3.6.34}$$

$$m_0=\frac{6c\cos\varphi}{\sqrt{3}(3-\sin\varphi)} \tag{3.6.35}$$

式中，c 为黏聚力；φ 为摩擦角。

那么 $\phi(F)$ 可以表示为

$$\phi(F)=\sqrt{J_2}+\chi I_1-m_0 \tag{3.6.36}$$

考虑 m_0 随时间强化，式(3.6.36)变为

$$\phi(F,t)=\sqrt{J_2}+\chi I_1-m_0 h(t) \tag{3.6.37}$$

利用关系 $\rho=\sqrt{2J_2}$，$\xi=I_1/\sqrt{3}$，可得

$$\phi(F,t)=\rho+\sqrt{6}\chi\xi-\sqrt{2}m_0 h(t) \tag{3.6.38}$$

由于 Drucker-Prager 屈服准则在 π 平面上为一个圆，如图 3.6.1 所示，因此 Drucker-Prager 屈服准则随时间强化的规律在 π 平面上表现为一组向外扩散的同心圆，扩散速度不仅与时间有关系，还与受力状态有关。

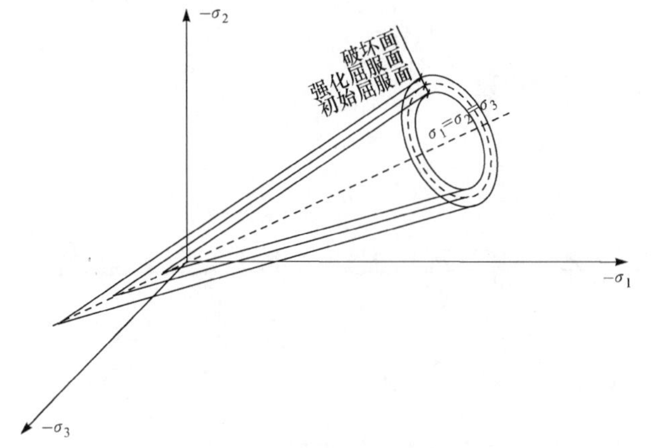

(a) 主应力空间

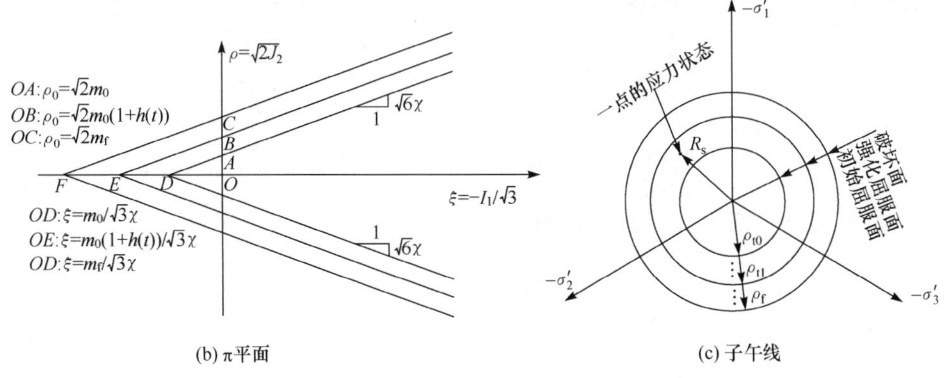

(b) π平面　　(c) 子午线

图 3.6.1　Drucker-Prager 屈服和破坏准则

当塑性准则采用 Drucker-Prager 准则时，一点受力状态在 π 平面上可以表示为受力状态到屈服圆的圆心上的半径 R_s。由塑性力学可知

$$R_s=\sqrt{2J_2} \tag{3.6.39}$$

令

$$h(t)=\left[1+q_2q_3\left(\frac{\sqrt{J_2}+\chi I_1}{m_f}\right)t^{q_3}\right]\exp\left[q_2\left(\frac{\sqrt{J_2}+\chi I_1}{m_f}\right)t^{q_3}\right] \tag{3.6.40}$$

将式(3.6.40)代入式(3.6.37)可得

$$\phi(F,t)=\sqrt{J_2}+\chi I_1-m_0\left[1+q_2q_3\left(\frac{\sqrt{J_2}+\chi I_1}{m_f}\right)t^{q_3}\right]\exp\left[q_2\left(\frac{\sqrt{J_2}+\chi I_1}{m_f}\right)t^{q_3}\right] \tag{3.6.41}$$

式(3.6.41)说明，岩石材料的初始屈服轨迹在 π 平面上的投影半径随着静水压力的增加而增加，在静水压力一致的情况下，投影半径随时间的增加而增大。

当塑性极限强化到一定程度时，岩石材料会发生破坏，可令

$$\phi'(F)=\sqrt{J_2}+\chi I_1-m_f \tag{3.6.42}$$

式中，m_f 为破坏时的参数。

因此

$$H_2(t)=\frac{q_4H_2^0\mathrm{e}^{-\langle\phi'(F)\rangle kt}}{1+\langle\phi'(F)\rangle kt} \tag{3.6.43}$$

根据上述表述，非定常参数流变模型的黏塑性三维本构关系可以表示为

$$\varepsilon_{ij}^{\mathrm{vp}}=\int_0^t\frac{1}{2H_2(t)}\langle\phi(F)\rangle\frac{\partial Q}{\partial\sigma_{ij}} \tag{3.6.44}$$

式中，$\phi(F)$、Q、$H_2(t)$分别见式(3.6.41)、式(3.6.31)、式(3.6.43)。

3.6.3 非定常参数蠕变模型的三维本构关系

根据 3.6.2 节的内容，可以得到非定常参数流变模型的三维本构关系：

$$\varepsilon_{ij}=\frac{I_1}{9K}+\frac{S_{ij}}{2G_1(\sigma)}+\frac{S_{ij}}{2G_0(\sigma)}\left[1-\mathrm{e}^{-\frac{G_1}{H_1(1-B)}t^{1-B}}\right]+\int_0^t\frac{\langle\phi(F)\rangle}{2H_2(t)}\frac{\partial Q}{\partial\sigma_{ij}} \tag{3.6.45}$$

式中，G_0、G_1、$\phi(F,t)$、Q、$H_2(t)$的表达式同前。

3.6.4 三维非定常流变模型参数的确定

在纯剪的情况下：$\sigma_1=\tau$，$\sigma_2=0$，$\sigma_3=-\tau$，那么有

$$\begin{cases} I_1=0 \\ Q=\sqrt{J_2}=\tau \\ \phi(F,t)=\tau-m_0\left[1+q_2q_3\left(\dfrac{\tau}{m_f}\right)t^{q_3}\right]\exp\left[q_2\left(\dfrac{\tau}{m_f}\right)t^{q_3}\right] \\ H_2(t)=\dfrac{q_4H_2^0\mathrm{e}^{-\langle\tau-m_f\rangle kt}}{1+\langle\tau-m_f\rangle kt} \end{cases} \tag{3.6.46}$$

其中，$m_f=\tau_\infty$，$m_0=q_1$。

令

$$\tau_s(\tau,t)=q_1\left[1+q_2q_3\left(\frac{\tau_1}{\tau_\infty}\right)t^{q_3}\right]\exp\left[q_2\left(\frac{\tau}{\tau_\infty}\right)t^{q_3}\right] \tag{3.6.47}$$

将式(3.6.46)、式(3.6.47)及纯剪的应力状态代入式(3.6.45)得到与式(3.3.23)一致的剪切蠕变的非定常参数模型：

$$\gamma=\frac{\tau}{G_0(\tau)}+\frac{\tau}{G_2}+\frac{\tau}{G_1(\tau)}\left[1-\mathrm{e}^{\frac{-G_1^0t^{1-B}}{A(1-B)}}\right]+\int\frac{\langle\tau-\tau_s(\tau,t)\rangle}{\eta_2(\tau,t)}\mathrm{d}t$$

通过参数拟合的方法，由分级荷载剪切蠕变试验(其中至少有一组达到破坏)可以确定 $G_0(\tau)$、G_2、$G_1(\tau)$、A、B、m_f、m_0、q_2、q_3、$H_2(t)$和 k，但是无法确定χ和 K。

由式(3.6.34)和式(3.6.35)可知，只要确定摩擦角 φ 就可以确定χ。

$$K=\frac{E}{3(1-2\mu)} \tag{3.6.48}$$

由式(3.6.48)可知，确定了泊松比 μ 和弹性模量 E 就可以确定体积弹性模量 K。而只需单轴压缩试验便可以确定泊松比 μ 和弹性模量 E。

因此，单独的剪切蠕变试验无法得到三轴蠕变非定常参数模型的所有参数，还必须配以快剪试验和常规的单轴压缩试验或者三轴试验来确定体积模量 K 或者泊松比 μ 以及摩擦角 φ。

表 3.3.8 为锦屏二级水电站板岩硬性结构面分级增量循环加卸载的剪切蠕变的非定常参数模型的参数确定的结果，对比式(3.3.23)可以得到三维非定常参数模型的部分模型参数，见表 3.6.1。

表 3.6.1　σ=24MPa 板岩硬性结构面剪切蠕变试验的三维非定常参数模型参数

参数	G_0^0/GPa	G_1^0/GPa	G_2/GPa	H_1/(GPa·h)	B	P_1	P_2
数值	1.54	55.6	7.96	220	0.711	1.067	−0.446
参数	q_1/MPa	q_2	q_3	q_4	m_f/MPa	k	H_2^0/(GPa·h)
数值	1.00026	−0.222	−0.843	4378	12.53	0.065	2.09

根据板岩硬性结构面的快剪试验结果及单轴压缩试验可知，摩擦角 $\varphi=31.36°$，泊松比 $\mu=0.258$。那么可以计算得到三维非定常参数模型的其他模型参数，见表 3.6.2。

表 3.6.2　板岩硬性结构面剪切蠕变试验的三维非定常参数模型其他参数

参数	χ	K/GPa	μ	φ/(°)
数值	0.242	10.397	0.258	31.36

第 4 章　基于温度效应的岩石非定常剪切蠕变模型研究

4.1 引　　言

在核废料处理、地下工程、深矿开采及地热资源开发等一系列工程中，出现的许多与工程稳定、破坏现象有关的因素几乎都与时间、温度有关。因此，本章首先提出岩体非定常剪切蠕变模型，然后把温度效应引入岩石非定常剪切蠕变模型中，即在原有模型元件串、并联的基础上，引入弹簧的热膨胀系数，来建立考虑温度效应的岩体非定常蠕变模型，包括考虑温度影响的非定常黏弹性蠕变模型和考虑温度影响的非定常黏弹塑性蠕变模型。

鉴于此，本章将根据第 2 章中大理岩硬性结构面的剪切蠕变试验数据，通过对其剪切蠕变曲线的特征进行分析，采用元件模型理论建立岩体非定常黏弹性剪切蠕变模型；针对大理岩泥夹层中出现的加速蠕变阶段，建立岩体非定常黏弹塑性剪切蠕变模型，然后把温度效应引入岩石非定常剪切蠕变模型中，建立考虑温度效应的岩石非定常剪切蠕变模型。

4.2 大理岩非定常黏弹性剪切蠕变模型研究

4.2.1 定常黏弹性剪切蠕变模型

基于第 2 章中大理岩硬性结构面的剪切蠕变试验数据，通过对其剪切蠕变曲线的特征进行分析，可以得出以下结论。

(1) 从图 2.7.1 中可以看出，在某一恒定的法向应力水平下，施加某一级剪应力水平时，大理岩硬性结构面均出现一定的瞬时剪切位移。

(2) 剪切位移随着时间的增加而增加，其蠕变剪切位移要远远小于其瞬时剪切位移，表现出大理岩硬性结构面具有黏弹性固体特征。

(3) 从图 2.7.2 可知，较低应力水平时，在剪应力加载起初的数小时内，其剪切蠕变速率减小较快，随后剪切蠕变速率逐渐趋于稳定，且最后速率几乎为 0。

(4) 在较高的应力水平时，大理岩硬性结构面在极短时间内迅速破坏，未出现加速蠕变破坏阶段。

从以上大理岩硬性结构面剪切蠕变曲线所反映的特点可以看出，大理岩硬性结构面表现出典型的黏弹性固体特征。因此对于其出现的瞬时剪切位移，可以采用 Hooke 体来进行模拟；其剪切蠕变位移较小，且随着时间增加，剪切蠕变位移逐渐趋于稳定，考虑采用 Hooke 体和黏滞元件(黏壶)并联即 Kelvin 体来模拟。从图 2.7.1 可以看出，在法向应力恒定的情况下，施加某一级剪应力水平下的大理岩硬性结构面其剪切位移为 $u=u_0+u_{ve}$，其中，u_0 为瞬时弹性剪切位移，u_{ve}为黏弹性蠕变剪切位移，从而大理岩硬性结构面的剪切位移可以采用 Hooke 体和 Kelvin 体串联的 H-K 三元件固体剪切蠕变模型，也称为标准线性体剪切蠕变模型(图 4.2.1)来进行模拟。标准线性体剪切蠕变模型的剪切位移为

$$u(t)=\left[\frac{1}{G_1}+\frac{1}{G_2}\left(1-e^{-\frac{G_2}{\eta_2}t}\right)\right]\tau \tag{4.2.1}$$

式中，$u(t)$为剪切位移；G_2 和 η_2 为 Kelvin 模型中弹簧的剪切弹性模量和黏壶的黏性系数；G_1 是与 Kelvin 模型串联的弹簧的剪切弹性模量；τ 为剪应力；t 为试验时间。

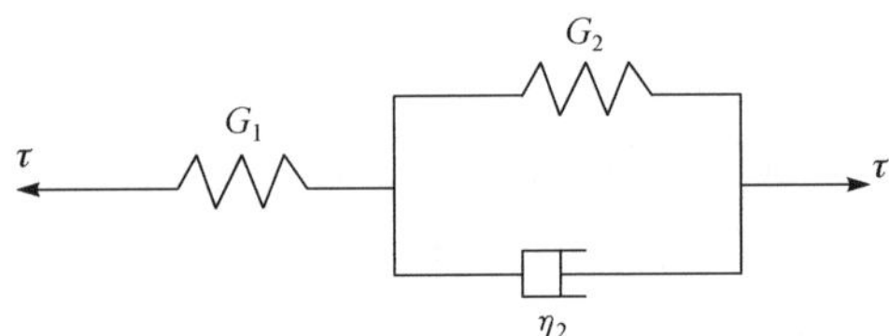

图 4.2.1 岩样黏弹性定常剪切蠕变模型

4.2.2 非定常参数的确定及其表达形式

根据剪切蠕变试验得到的剪切位移与时间数据，采用 Origin6.0 软件利用上述式(4.2.1)对试验数据进行拟合，得到的大理岩硬性结构面剪切蠕变模型参数见表 4.2.1。

表 4.2.1 大理岩硬性结构面不同粗糙度标准线性体剪切蠕变模型拟合参数值

试样编号	最大平均粗糙角 U	剪应力/MPa	剪切模量 G_1/(MPa/mm)	剪切模量 G_2/(MPa/mm)	黏性系数 η/(MPa · h/mm)	相关系数 R
MY2	0.1311	0.96	7.5822	126.8263	506.2184	0.9758
		1.93	9.4047	220.2399	1896.3040	0.9818
		3.86	10.6040	232.7237	119.8254	0.9474
		5.79	7.5559	110.9870	22.5747	0.9671
MY4	0.2104	1.46	43.8046	100.2577	299.2556	0.9591
		2.92	16.5167	177.8879	284.6357	0.9687
		4.38	11.8623	379.7706	981.3339	0.9791
		5.26	10.2544	252.0224	202.8944	0.9748
		6.14	8.3264	180.8469	70.9718	0.9668

续表

试样编号	最大平均粗糙角 U	剪应力/MPa	剪切模量 G_1/(MPa/mm)	剪切模量 G_2/(MPa/mm)	黏性系数 η/(MPa · h/mm)	相关系数 R
MY5	0.1799	1.55	26.7015	149.5140	291.7974	0.9542
		3.10	17.9455	266.7181	768.2414	0.9777
		4.65	13.5639	177.0040	289.1506	0.9597
		5.60	10.4390	116.8458	79.9639	0.9641
MY6	0.1411	1.55	12.0734	181.9685	269.2627	0.9703
		3.09	14.5185	380.2368	1879.7964	0.9404
		4.64	15.3034	356.9538	295.8513	0.9552
		5.58	15.5635	413.7353	388.6017	0.9573
		6.11	15.7982	320.9901	555.8846	0.9870

图 4.2.2 给出了不同粗糙度大理岩硬性结构面的剪切蠕变试验曲线与拟合曲线的对比，从图中可以看出以下几点。

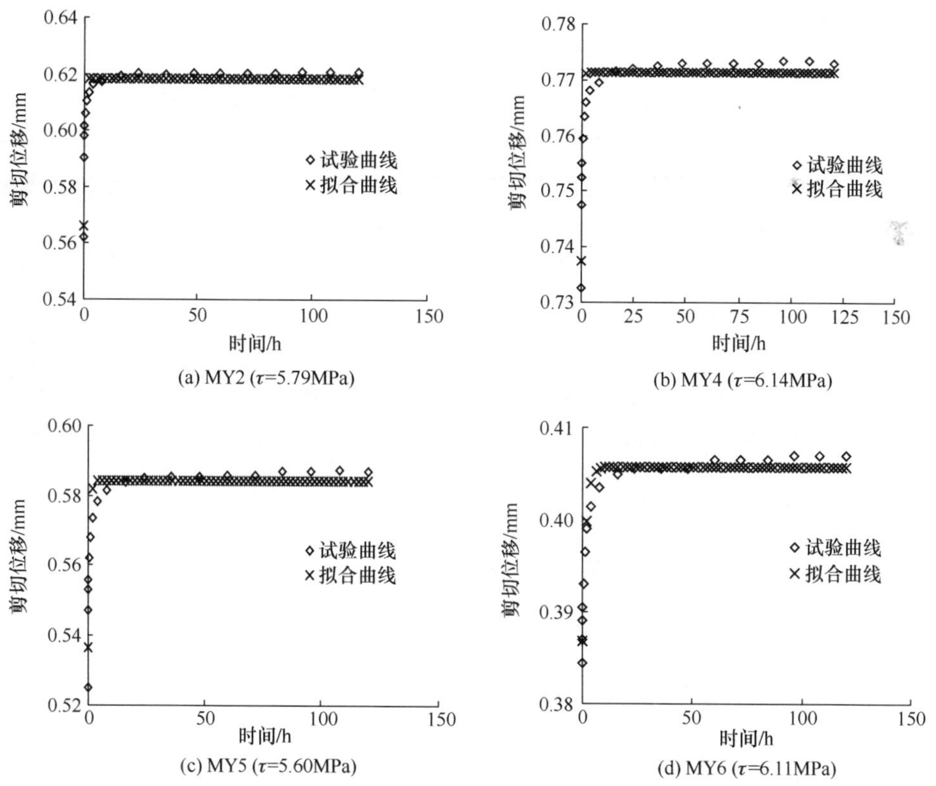

图 4.2.2　大理岩硬性结构面剪切蠕变拟合曲线与试验曲线的比较

(1) 采用标准线性体模型拟合大理岩硬性结构面蠕变曲线，误差相对较小，但拟合曲线与试验曲线的吻合程度相差较大，特别是当蠕变从衰减蠕变至稳定蠕变的过程中，试验值与拟合值差别较大。

(2) 拟合曲线在进入稳定阶段后，剪切位移蠕变速率变为 0，反映在图上为一条水平直线，这与试验结果不相吻合。因此，在某一级剪应力作用下，采用定常参数的 H-K 剪切蠕变模型不能完全反映大理岩硬性结构面的剪切蠕变特性。

鉴于此，对式(4.2.1)中的参数采用非定常参数进行修改，使其更切合实际地反映大理岩硬性结构面的剪切蠕变特性。从式(4.2.1)可以看出，参数 G_1 为弹簧的剪切模量，是瞬时剪切位移的比值，G_2 为 Kelvin 体中的弹簧剪切模量，其值的大小与蠕变最终剪切位移有关。从表 4.2.1 中可以看出，参数 G_1 在同一粗糙度状况下，变化值不大(MY4，剪应力为 1.46MPa 除外，原因可能是开始时粗糙角大的结构面表面表现更加凹凸不平，上下结构面之间要以爬坡或啃断的方式产生相对位移，结构面的镶嵌和摩擦将产生较大的摩擦阻力，而克服这种阻力需要一定的剪应力水平，随着粗糙角的增大，积聚的能量更大，当剪应力大于这一应力水平时，积聚的能量突然得到释放，摩擦阻力将迅速降低，岩样在很短时间内出现较大的剪切位移而造成的现象)，可以将其作为定常数来看待；G_2 和 η_2 在同一粗糙度状况下，变化值较大。

下面讨论 G_2 和 η_2 随时间的变化情况，在大理岩硬性结构面剪切蠕变试验数据中，总的剪切蠕变位移减去瞬时剪切蠕变位移即得 Kelvin 黏弹蠕变位移，可用公式 $u_{ve}=u-u_0$ 表示。由此可得出不同粗糙度状况下大理岩硬性结构面黏弹模量与时间的关系，如图 4.2.3 所示。从图 4.2.3 可以看出，黏弹模量随着时间的增加，起初降低较快，之后逐渐稳定于某一值。黏弹模量与时间之间的关系为幂函数，即

$$G_2(t)=at^b \tag{4.2.2}$$

式中，a 和 b 为大理岩硬性结构面材料参数，拟合情况如图 4.2.3 所示。

在 Kelvin 体中，根据第 2 章中大理岩硬性结构面剪切蠕变速率数据由公式 $\eta_2=\tau/\dot{u}$ 可得出不同粗糙度状况下大理岩硬性结构面黏性系数与时间的关系，如图 4.2.4所示。从图 4.2.4 中可知，黏性系数随着时间的增加而增大，而且随着时间的进一步增加，黏性系数迅速增大，数值趋于∞。黏性系数与时间之间的关系为指数函数：

$$\eta_2(t)=c\mathrm{e}^{dt} \tag{4.2.3}$$

式中，c 和 d 为大理岩硬性结构面材料参数，拟合情况如图 4.2.4 所示。

4.2.3 非定常黏弹性剪切蠕变模型的建立

由以上分析可知，大理岩硬性结构面剪切蠕变模型中瞬时弹性模量 G_1 变化

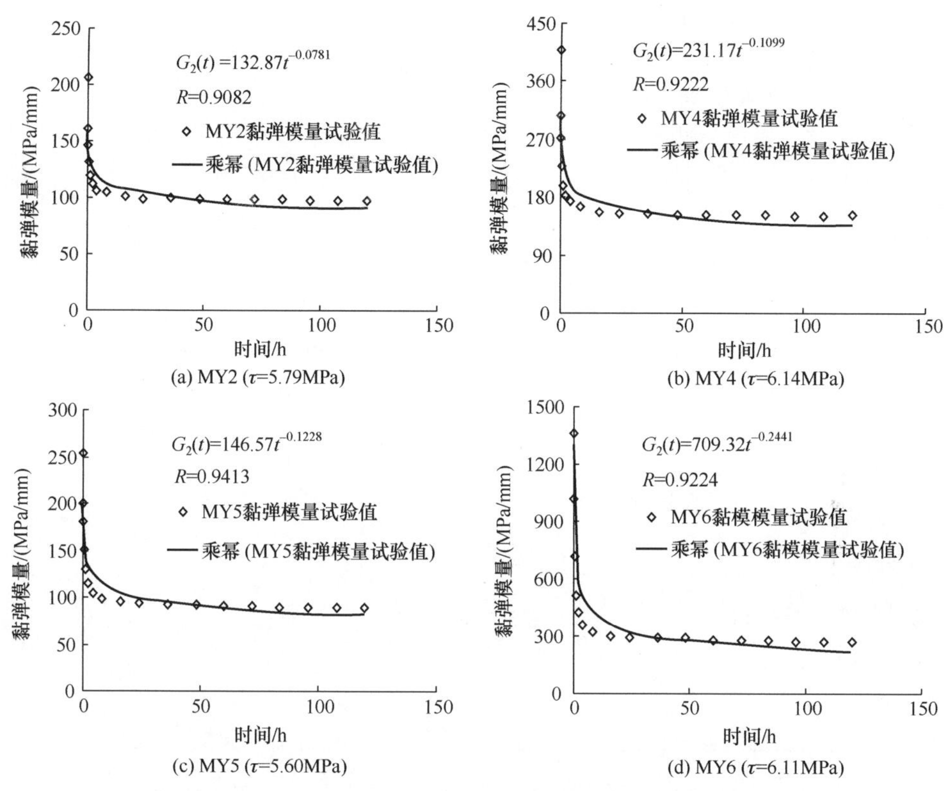

图 4.2.3　大理岩硬性结构面剪切蠕变黏弹模量与时间的关系

不大，黏弹模量 G_2 和 η_2 随着时间的增加分别按幂函数和指数函数变化。因此，可以将黏弹模量 G_2 和 η_2 设为非定常蠕变参数 $G_2(t)$和 $\eta_2(t)$。其非定常黏弹性剪切蠕变模型如图 4.2.5 所示。

将 $G_2(t)$和 $\eta_2(t)$代入大理岩硬性结构面黏弹性定常剪切蠕变模型公式(4.2.1)可得其非定常黏弹性剪切蠕变模型：

$$u(t)=\left[\frac{1}{G_1}+\frac{1}{G_2(t)}\left(1-\mathrm{e}^{-\frac{G_2(t)}{\eta_2(t)}t}\right)\right]\tau \tag{4.2.4}$$

将式(4.2.2)和式(4.2.3)代入式(4.2.4)得到

$$u(t)=\left[\frac{1}{G_1}+\frac{1}{at^b}\left(1-\mathrm{e}^{-\frac{at^b}{c\mathrm{e}^{dt}}t}\right)\right]\tau \tag{4.2.5}$$

整理可得出大理岩硬性结构面非定常黏弹性剪切蠕变模型为

$$u(t)=\left[\frac{1}{G_1}+\frac{1}{at^b}\left(1-\mathrm{e}^{-s\frac{t^{b+1}}{\mathrm{e}^{dt}}}\right)\right]\tau \tag{4.2.6}$$

式中，$u(t)$为岩样蠕变总的剪切位移；a、b、d 和 s 为材料参数；G_1 为瞬时弹性模量；

τ 为剪应力；t 为试验时间。

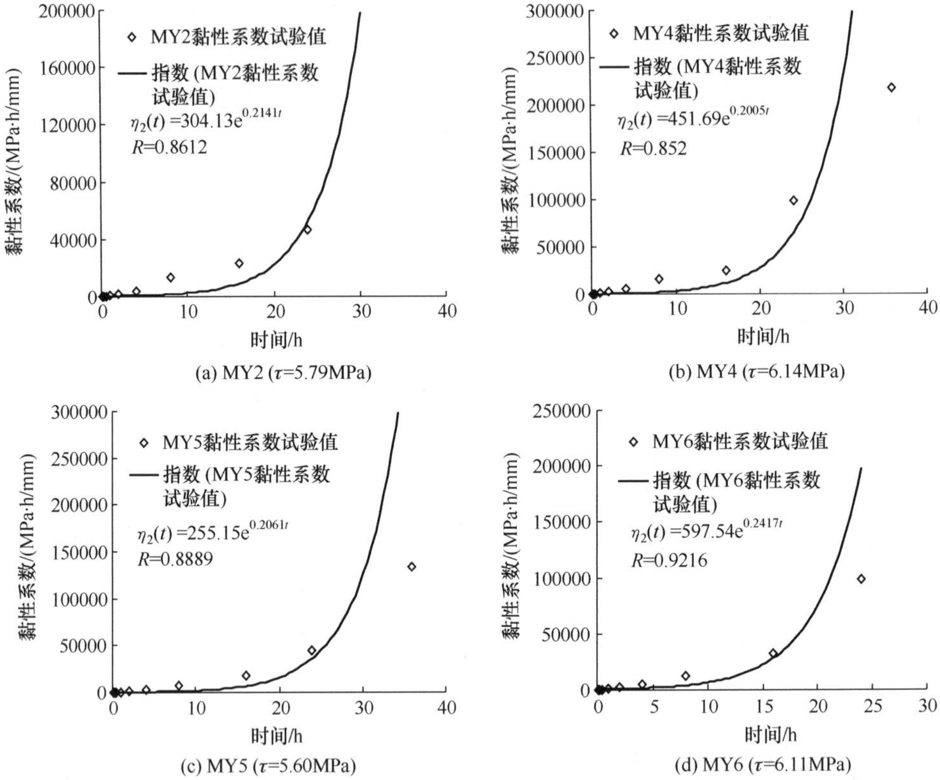

MY2黏性系数试验值
指数 (MY2黏性系数试验值)
$\eta_2(t)=304.13e^{0.2141t}$
$R=0.8612$
黏性系数/(MPa·h/mm)
时间/h

(a) MY2 (τ=5.79MPa)

MY4黏性系数试验值
指数 (MY4黏性系数试验值)
$\eta_2(t)=451.69e^{0.2005t}$
$R=0.852$
黏性系数/(MPa·h/mm)
时间/h

(b) MY4 (τ=6.14MPa)

MY5黏性系数试验值
指数 (MY5黏性系数试验值)
$\eta_2(t)=255.15e^{0.2061t}$
$R=0.8889$
黏性系数/(MPa·h/mm)
时间/h

(c) MY5 (τ=5.60MPa)

MY6黏性系数试验值
指数 (MY6黏性系数试验值)
$\eta_2(t)=597.54e^{0.2417t}$
$R=0.9216$
黏性系数/(MPa·h/mm)
时间/h

(d) MY6 (τ=6.11MPa)

图 4.2.4　大理岩硬性结构面剪切蠕变黏性系数与时间的关系

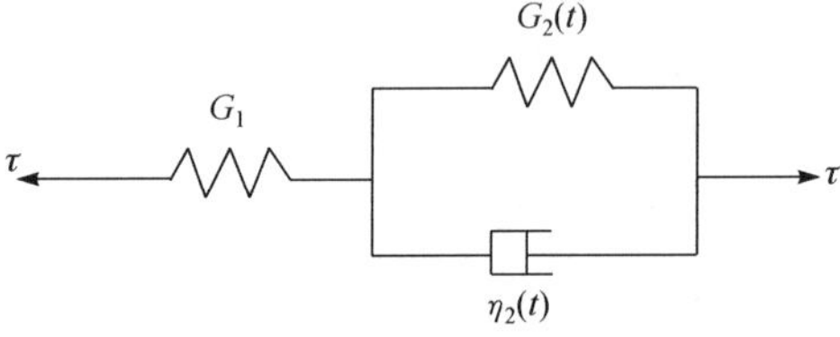

图 4.2.5　岩样非定常黏弹性剪切蠕变模型

4.3　大理岩非定常黏弹塑性剪切蠕变模型

4.3.1　非定常黏弹塑性体

基于大理岩泥夹层结构面的剪切蠕变试验数据，图 4.3.1 给出了大理岩泥夹层典型的剪切蠕变试验曲线，图 4.3.2 给出了相应剪切蠕变速率与时间的变化关系曲线。从图中可以看出以下几点。

(1) 在一恒定的法向应力作用下，当施加的剪应力水平较低时，大理岩泥夹层剪切蠕变表现为衰减蠕变和稳态蠕变两个阶段，剪切蠕变速率出现减小和稳定两个阶段；在衰减蠕变阶段，施加剪应力的瞬时，出现一瞬时剪切位移，随后其蠕变剪切位移随着时间增加而增加，但其蠕变剪切速率逐渐减小；在稳态蠕变阶段，其蠕变剪切位移随着时间的增加，位移增加缓慢，蠕变剪切速率逐渐趋于稳定。

(2) 当施加的剪应力水平较高时，大理岩泥夹层剪切蠕变表现为衰减、稳态和加速蠕变三个阶段，同样，其剪切蠕变速率表现为减小、稳定和增大三个阶段。在衰减和稳态蠕变阶段，表现如前所述，只是衰减阶段和稳态阶段的持续时间明显短于较低剪应力水平时的衰减阶段和稳态阶段的持续时间。之后，随着时间的进一步增加，其蠕变剪切位移迅速增加，蠕变剪切速率迅速增大，直至岩样破坏。

(3) 在较低剪应力水平时，其蠕变剪切位移 u 为瞬时剪切位移 u_0 和黏弹剪切位移 u_{ve} 之和，可表示为 $u=u_0+u_{ve}$；在较高剪应力水平时，其蠕变剪切位移 u 为瞬时剪切位移 u_0、黏弹剪切位移 u_{ve} 与黏塑剪切位移 u_{vp} 之和，可表示为 $u=u_0+u_{ve}+u_{vp}$。

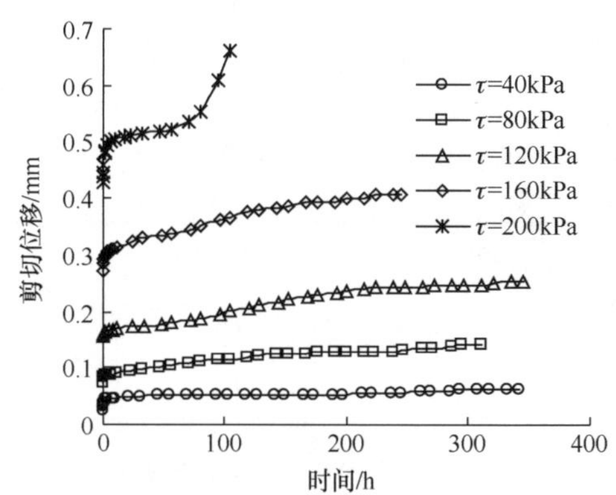

图 4.3.1　大理岩泥层典型剪切位移-时间叠加曲线(MN2，$\sigma=400$kPa)

由上所述，在大理岩泥夹层剪切蠕变试验出现了瞬时弹性剪切位移 u_0、黏弹剪切位移 u_{ve} 与黏塑剪切位移 u_{vp}，因此，在其剪切蠕变模型中应出现能表征这三种剪切位移的相应元件，如黏性元件、弹性元件和塑性元件等。

目前描述材料的加速蠕变特性，大多采用非线性理论来建立材料的非线性蠕变模型。例如，考虑将线性元件用非线性元件代替，通过这些元件的串并联来拟合岩石的非线性特性。宋飞等[94]提出两种非牛顿体黏滞元件(SN 元件、SP 元件)，建立了石膏角砾岩复合流变模型。徐卫亚等[95]提出了一个新的非线性黏性元件，建立了一个新的岩石七元件非线性黏弹塑性流变模型。邓荣贵等[69]提出了一种

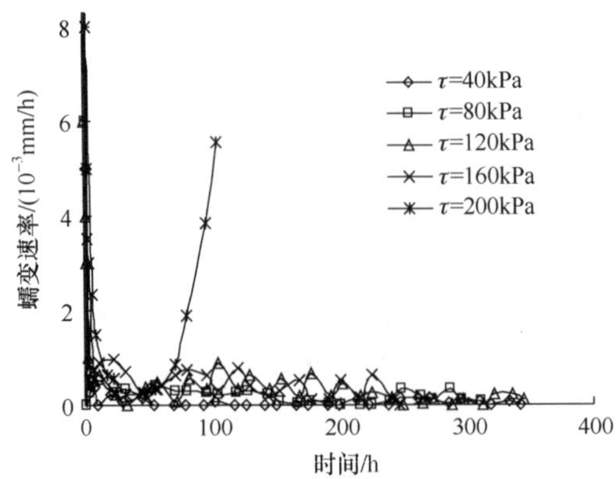

图 4.3.2　大理岩泥夹层典型剪切蠕变速率与时间关系曲线(MN2，σ =400kPa)

非牛顿流体黏滞阻尼元件，将该阻尼元件与描述岩石减速蠕变和等速蠕变特性的传统模型结合，构成了新的综合流变力学模型。陈沅江等[93, 96]提出了两种非线性元件——蠕变体和裂隙塑性体，并将它们和开尔文体及胡克体相结合，得到了一种新的复合流变力学模型。韦立德等[71]根据岩石黏聚力在流变中的作用提出了一个新的 SO 非线性元件模型，建立了新的一维黏弹塑性模型。Boukharov 等[68]提出一个有一定质量和有限阻尼柱长度的黏性阻尼元件来模拟岩石的第三阶段蠕变。曹树刚等[70, 81]采用非牛顿体黏性元件构成五元件的改进西原正夫模型，探讨了与时间有关的软岩一维和三维的本构方程和蠕变方程。余启华[97]、陶振宇[98]提出将西原模型中的塑性元件用一个扩裂元件来代替，扩裂元件在加速蠕变之前与塑性元件作用相同，在进入加速蠕变之后则反映加速蠕变特性，从而形成可以描述流变全过程的模型。

本节将采用 4.2.3 节提出的非定常黏弹性剪切蠕变模型来描述大理岩泥夹层蠕变曲线出现的衰减和稳态阶段，针对出现的加速蠕变阶段，提出一个非定常黏性元件，将其与塑性元件并联起来，可得到一个非定常黏塑性体(non-stationary visco-plastic body，NSVPB)，如图 4.3.3 所示。

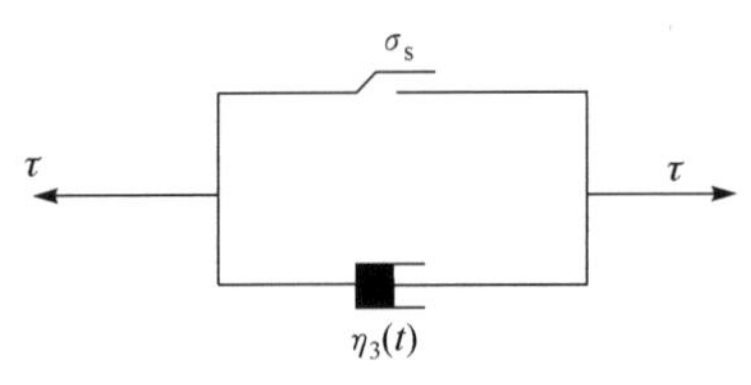

图 4.3.3　非定常黏塑性体

4.3.2　非定常黏塑性体的蠕变方程

下面讨论非定常黏塑性体中的黏性系数 η_3，采用与 4.2.2 节相同的方法，MN2 剪切蠕变加速阶段的黏性系数与时间的关系为指数形式：

$$\eta_3(t)=me^{n(t-t_i)} \tag{4.3.1}$$

式中，t_i 为加速蠕变阶段的起始时间，如图 4.3.4 所示。从图 4.3.4 中可以看出，加速蠕变阶段的黏性系数随着时间的增加，从黏弹性阶段的无穷大开始又逐渐较小，特别是在临近破坏的一段时间内，黏性系数迅速降低。

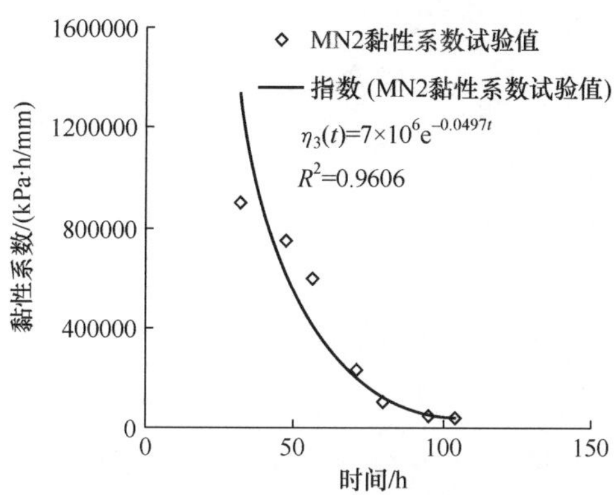

图 4.3.4　大理岩泥夹层剪切蠕变加速阶段黏性系数与时间的关系 MN2(σ=200kPa)

由于黏壶遵循牛顿黏性定律 $\eta_3=\tau/\dot{u}$，可得公式

$$u(t)=\frac{\tau}{\eta_3}(t-t_i) \tag{4.3.2}$$

由前面分析可知，黏性系数 η_3 并非定常数，将式(4.3.1)的表达式代入式(4.3.2)可以得到加速阶段剪切位移公式：

$$u(t)=\frac{\tau}{m e^{n(t-t_i)}}(t-t_i) \tag{4.3.3}$$

因此，图 4.3.3 中的非定常黏塑性体在恒定剪应力 τ 作用下的蠕变剪切位移与时间的关系，即其蠕变方程可表示为

$$u(t)=\langle\tau-\tau_s\rangle\cdot\langle t-t_i\rangle\frac{1}{me^{n\langle t-t_i\rangle}} \tag{4.3.4}$$

式中，m 和 n 为材料参数；τ 为加载剪应力；τ_s 为屈服剪应力；t 为试验时间；t_i 为加速蠕变阶段的起始时间；$\langle\tau-\tau_s\rangle$为开关函数，表示为

$$\langle\tau-\tau_s\rangle=\begin{cases}0, & \tau\leqslant\tau_s\\ \tau-\tau_s, & \tau>\tau_s\end{cases} \tag{4.3.5}$$

同样，$\langle t-t_i\rangle$也为开关函数，表示为

$$\langle t-t_i\rangle=\begin{cases}0, & t\leqslant t_i\\ t-t_i, & t>t_i\end{cases} \tag{4.3.6}$$

4.3.3　岩体非定常黏弹塑性剪切蠕变模型

将此非定常黏塑性体与 4.2.2 节的非定常黏弹性剪切蠕变模型串联，构成一

个新的非定常黏弹塑性剪切蠕变模型（non-stationary visco-elasto-plastic shear creep model，NSVEP），如图 4.3.5 所示。该模型能够充分反映剪切蠕变试验中出现的衰减、稳态和加速蠕变三个阶段。

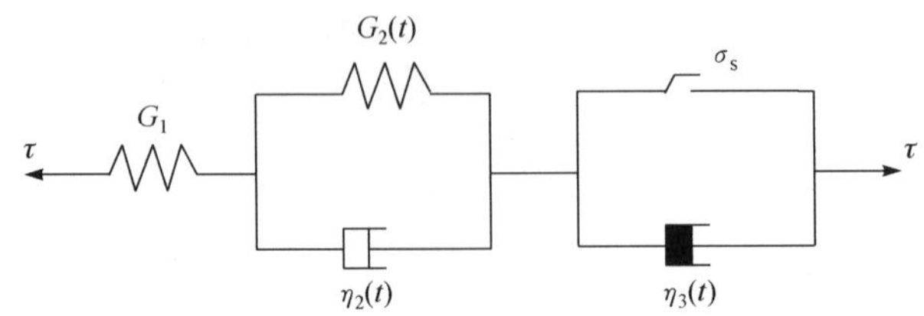

图 4.3.5　岩样非定常黏弹塑性剪切蠕变模型

由图 4.3.5 可知，该非定常黏弹塑性剪切蠕变模型可以描述岩样剪切蠕变试验中出现的瞬时剪切位移 u_0、黏弹剪切位移 u_{ve} 与黏塑剪切位移 u_{vp}；而当 $\tau \leqslant \tau_s$ 或 $\tau > \tau_s$ 且 $t \leqslant t_i$ 时，该模型退化为 4.3.2 节的非定常黏塑性剪切蠕变模型，可以描述岩样剪切蠕变试验中出现的瞬时剪切位移 u_0、黏弹剪切位移 u_{ve}。该非定常黏弹塑性剪切蠕变模型的蠕变方程可以表示为如下形式。

(1) 当 $\tau \leqslant \tau_s$ 或($\tau > \tau_s$ 且 $t \leqslant t_i$)时

$$u(t)=\left[\frac{1}{G_1}+\frac{1}{at^b}\left(1-\mathrm{e}^{-s\frac{t^{b+1}}{\mathrm{e}^{dt}}}\right)\right]\tau \tag{4.3.7}$$

(2) 当 $\tau > \tau_s$ 且 $t > t_i$ 时

$$u(t)=\left[\frac{1}{G_1}+\frac{1}{at^b}\left(1-\mathrm{e}^{-s\frac{t^{b+1}}{\mathrm{e}^{dt}}}\right)\right]\tau+(\tau-\tau_s)\cdot(t-t_i)\frac{1}{m\mathrm{e}^{n(t-t_i)}} \tag{4.3.8}$$

式中，$u(t)$为岩样蠕变总的剪切位移；G_1 为瞬时弹性模量；a、b、d、s、m 和 n 为材料参数；τ 为剪应力；τ_s 为屈服剪应力；t 为蠕变试验时间；t_i 为加速蠕变阶段的起始时间。

式(4.3.7)可以描述剪应力小于屈服剪应力或剪应力大于屈服剪应力且未出现加速阶段时蠕变曲线上的衰减蠕变和稳态蠕变两个阶段，式(4.3.8)可以描述蠕变曲线上的衰减蠕变、稳态蠕变和加速蠕变三个阶段。

采用上述的式(4.3.5)和式(4.3.6)，可以将式(4.3.7)和式(4.3.8)合并成如下形式：

$$u(t)=\left[\frac{1}{G_1}+\frac{1}{at^b}\left(1-\mathrm{e}^{-s\frac{t^{b+1}}{\mathrm{e}^{dt}}}\right)\right]\tau+\langle\tau-\tau_s\rangle\cdot\langle t-t_i\rangle\frac{1}{m\mathrm{e}^{n\langle t-t_i\rangle}} \tag{4.3.9}$$

式(4.3.9)即为岩样的非定常黏弹塑性剪切蠕变模型的蠕变方程，该方程能够很好地描述岩样剪切蠕变试验中出现的衰减蠕变、稳态蠕变和加速蠕变三个阶段。采用大理岩泥夹层及大理岩硬性结构面剪切蠕变试验数据可以对此非定常黏弹塑性剪切蠕变模型中的各材料参数进行辨识。

4.4　基于温度效应的非定常黏弹性剪切蠕变模型的研究

4.4.1　基于温度效应的非定常黏弹性剪切蠕变模型的本构方程

为了便于研究温度对岩体剪切蠕变特性的影响，在这里简要介绍一下由温度引起的温度应力问题。温度应力是物体中由于温度改变而产生的应力，与温度本身无关，是由温度梯度引起的。当物体中的温度发生变化时，由于各个时刻温度的差异，其体内的每一部分都将引起不同的热胀冷缩变形，而这种变形受到物体内部各部分之间的相互约束和边界上的外部约束的制约，并不能自由的发生，由此产生的约束力称为温度应力。温度应力引起的变形一般采用热胀系数与温度乘积来表示。

为了研究方便，在此引入单位阶跃函数 $H(t)$ 来表示突加的应力、应变或温度等。$H(t)$ 的定义可以用式(4.4.1)表示：

$$H(t)=\begin{cases}1, & t>0\\0, & t<0\end{cases} \tag{4.4.1}$$

当施加的剪应力 $\tau(t)=\tau_0 H(t)<\tau_s$ 或 $\tau(t)=\tau_0 H(t)>\tau_s$ 且 $t<t_i$ 时，将弹簧的热膨胀系数 α 引入，即可得到考虑温度影响的岩体定常黏弹性剪切蠕变模型，如图 4.4.1所示。

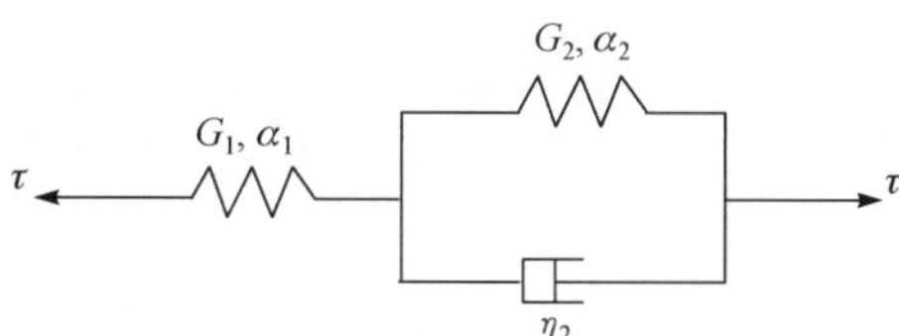

图 4.4.1　考虑温度影响的岩样定常黏弹性剪切蠕变模型

图 4.4.1 中，α_1、α_2 分别为考虑温度影响的两个弹簧的热膨胀系数，其他各元件参数如前面 4.2.2 节所述。为了研究方便，仍按定常参数进行推导，假设 G_2 和 η_2 为定常数，最后再把 4.2.2 节中 G_2 和 η_2 的表达式代入考虑温度影响的定常剪切蠕变模型即可得到考虑温度影响的非定常剪切蠕变模型。

设 τ、u 分别表示模型总的剪应力和总的剪切位移，考虑模型中的温度影响，设 T_0 为参考温度，T_c 为相对于参考温度 T_0 的温度变化量，$T_c=T-T_0$，则由元件模型中串、并联关系知，其应力-应变的关系应满足

$$u=u_1+u_2 \tag{4.4.2}$$

$$\tau=G_2 u_2-G_2\alpha_2 T_c+\eta_2 u_2 \tag{4.4.3}$$

$$\tau=G_1 u_1-G_1\alpha_1 T_c \tag{4.4.4}$$

由于拉普拉斯变换[99, 100]可以把微分方程变换为拉氏空间下的代数方程，这无疑在很大程度上给采用微分型本构方程问题的求解带来了极大的方便。

对式(4.4.2)～式(4.4.4)进行拉普拉斯变换可以得到

$$\tilde{u}=\tilde{u}_1+\tilde{u}_2 \tag{4.4.5}$$

$$\tilde{\tau}=(G_2+\eta_2 s)\tilde{u}_2-G_2\alpha_2\tilde{T}_c \tag{4.4.6}$$

$$\tilde{\tau}=G_1\tilde{u}_1-G_1\alpha_1\tilde{T}_c \tag{4.4.7}$$

在式(4.4.5)～式(4.4.7)中，一个函数的顶部加上"～"表示对这个函数做拉普拉斯变换，s 是拉普拉斯变换中的一个复参量。由式(4.4.5)～式(4.4.7)可以得到

$$\tilde{u}=\frac{\tilde{\tau}+G_1\alpha_1\tilde{T}_c}{G_1}+\frac{\tilde{\tau}+G_2\alpha_2\tilde{T}_c}{G_2+\eta_2 s} \tag{4.4.8}$$

整理可得

$$(G_1+G_2)\tilde{\tau}+\eta_2 s\tilde{\tau}+G_1G_2(\alpha_1+\alpha_2)\tilde{T}_c+G_1\alpha_1\eta_2 s\tilde{T}_c=G_1G_2\tilde{u}+\eta_2G_1 s\tilde{u} \tag{4.4.9}$$

对式(4.4.9)进行拉普拉斯逆变换，可以得到考虑温度影响的定常黏弹性剪切蠕变模型的本构方程为

$$(G_1+G_2)\tau+\eta_2\dot{\tau}+G_1G_2(\alpha_1+\alpha_2)T_c+G_1\alpha_1\eta_2\dot{T}_c=G_1G_2u+\eta_2G_1\dot{u} \tag{4.4.10}$$

两边同除以 G_1+G_2，得

$$\tau+\frac{\eta_2}{G_1+G_2}\dot{\tau}+\frac{G_1G_2(\alpha_1+\alpha_2)}{G_1+G_2}T_c+\frac{G_1\alpha_1\eta_2}{G_1+G_2}\dot{T}_c=\frac{G_1G_2}{G_1+G_2}u+\frac{\eta_2G_1}{G_1+G_2}\dot{u} \tag{4.4.11}$$

将 4.2.2 节中的 G_2 和 η_2 的表达式(4.2.2)和式(4.2.3)代入式(4.4.11)，即可得到考虑温度影响的非定常黏弹性剪切蠕变模型的本构方程：

$$\tau+\frac{p_2}{1+p_1}\dot{\tau}+\frac{G_1(\alpha_1+\alpha_2)}{1+p_1}T_c+\frac{G_1\alpha_1p_2}{1+p_1}\dot{T}_c=\frac{G_1}{1+p_1}u+\frac{p_2G_1}{1+p_1}\dot{u} \tag{4.4.12}$$

式中，$p_1=\dfrac{G_1}{G_2}=\dfrac{G_1}{at^b}$，$p_2=\dfrac{\eta_2}{G_2}=\dfrac{ce^{dt}}{at^b}$。

4.4.2 基于温度效应的非定常黏弹塑性剪切蠕变模型的本构方程

当施加的剪应力 $\tau(t)=\tau_0H(t)>\tau_s$ 且 $t>t_i$ 时，考虑温度影响的黏弹塑性剪切蠕变模型可采用图 4.4.2 来表示。

由元件模型中串、并联关系知，其应力-应变的关系应满足

$$u=u_1+u_2+u_3 \tag{4.4.13}$$

$$\tau=G_1u_1-G_1\alpha_1T_c \tag{4.4.14}$$

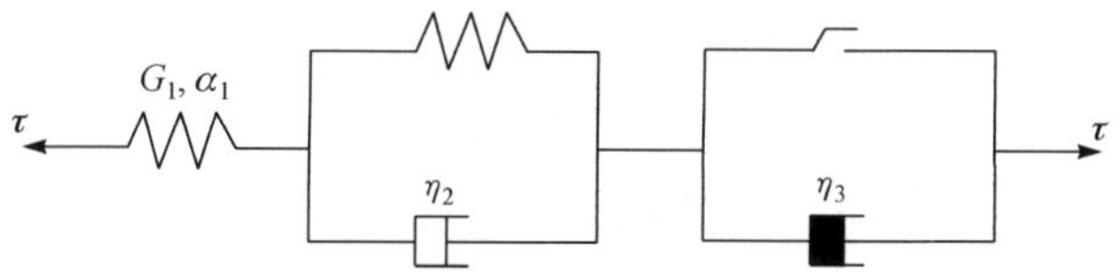

图 4.4.2　考虑温度影响的岩样定常黏弹塑性剪切蠕变模型

$$\tau=G_2u_2-G_2\alpha_2T_c+\eta_2\dot{u}_2 \tag{4.4.15}$$

$$\tau=\tau_s+\eta_3\dot{u}_3 \tag{4.4.16}$$

同样，对式(4.4.13)～式(4.4.16)两边同时进行拉普拉斯变换可以得到

$$\tilde{u}=\tilde{u}_1+\tilde{u}_2+\tilde{u}_3 \tag{4.4.17}$$

$$\tilde{\tau}=G_1\tilde{u}_1-G_1\alpha_1\tilde{T}_c \tag{4.4.18}$$

$$\tilde{\tau}=(G_2+\eta_2s)\tilde{u}_2-G_2\alpha_2\tilde{T}_c \tag{4.4.19}$$

$$\tilde{\tau}=\tilde{\tau}_s+\eta_3s\tilde{u}_3 \tag{4.4.20}$$

同样，在式(4.4.17)～式(4.4.20)中，一个函数的顶部加上"～"表示对这个函数做拉普拉斯变换，s 是拉普拉斯变换中的一个复参量。由式(4.4.17)～式(4.4.20)消去 $\tilde{u}_1$、$\tilde{u}_2$ 和 $\tilde{u}_3$ 可以得到

$$\tilde{u}=\frac{\tilde{\tau}+G_1\alpha_1\tilde{T}_c}{G_1}+\frac{\tilde{\tau}+G_2\alpha_2\tilde{T}_c}{G_2+\eta_2s}+\frac{\tilde{\tau}-\tilde{\tau}_s}{\eta_3s} \tag{4.4.21}$$

整理可得

$$\begin{aligned}&G_1G_2\tilde{\tau}+(\eta_2G_1+\eta_3G_1+\eta_3G_2)s\tilde{\tau}+\eta_2\eta_3s^2\tilde{\tau}-G_1G_2\tilde{\tau}_s-\eta_2G_1s\tilde{\tau}_s\\&+\eta_3G_1G_2(\alpha_1+\alpha_2)s\tilde{T}_c+\eta_2\eta_3G_1\alpha_1s^2\tilde{T}_c=\eta_3G_1G_2s\tilde{u}+\eta_2\eta_3G_1s^2\tilde{u}\end{aligned} \tag{4.4.22}$$

对式(4.4.22)进行拉氏逆变换，可以得到考虑温度影响的定常黏弹塑性剪切蠕变模型的本构方程为

$$\begin{aligned}&G_1G_2\tau+(\eta_2G_1+\eta_3G_1+\eta_3G_2)\dot{\tau}+\eta_2\eta_3\ddot{\tau}-G_1G_2\tau_s-\eta_2G_1\dot{\tau}_s\\&+\eta_3G_1G_2(\alpha_1+\alpha_2)\dot{T}_c+\eta_2\eta_3G_1\alpha_1\ddot{T}_c=\eta_3G_1G_2\dot{u}+\eta_2\eta_3G_1\ddot{u}\end{aligned} \tag{4.4.23}$$

两边同除以 G_1G_2，可得到

$$\begin{aligned}&\tau+\frac{(\eta_2G_1+\eta_3G_1+\eta_3G_2)}{G_1G_2}\dot{\tau}+\frac{\eta_2\eta_3}{G_1G_2}\ddot{\tau}-\tau_s-\frac{\eta_2}{G_2}\dot{\tau}_s+\eta_3(\alpha_1+\alpha_2)\dot{T}_c\\&+\frac{\eta_2\eta_3\alpha_1}{G_2}\ddot{T}_c=\eta_3\dot{u}+\frac{\eta_2\eta_3}{G_2}\ddot{u}\end{aligned} \tag{4.4.24}$$

将 G_2、η_2 和 η_3 的表达式(4.2.2)、式(4.2.3)和式(4.2.7)代入式(4.4.24)，即可得到考虑温度影响的非定常黏弹性剪切蠕变模型的本构方程：

$$\tau+(r_1+r_2+r_3)\dot{\tau}+r_2r_3\ddot{\tau}-\tau_s-r_1\dot{\tau}_s+r_4(\alpha_1+\alpha_2)\dot{T}_c+r_1r_4\alpha_1\ddot{T}_c=r_4\dot{u}+r_1r_4\ddot{u} \tag{4.4.25}$$

式中，$r_1=\dfrac{\eta_2}{G_2}=\dfrac{ce^{dt}}{at^b}$，$r_2=\dfrac{\eta_3}{G_2}=\dfrac{me^{nt}}{at^b}$，$r_3=\dfrac{\eta_3}{G_1}=\dfrac{me^{nt}}{G_1}$，$r_4=\eta_3=me^{nt}$。

4.4.3 基于温度效应的非定常黏弹性剪切蠕变模型的蠕变方程及松弛方程

由考虑温度影响的定常黏弹性剪切蠕变模型的关系式(4.4.8)，可以推得考虑温度影响的定常及非定常黏弹性剪切蠕变模型的蠕变方程及松弛方程。

1. 蠕变方程

在 $t=0$ 时，突加一剪应力 $\tau(t)=\tau H(t)<\tau_s$ 或 $\tau(t)=\tau H(t)>\tau_s$ 且 $t<t_i$，且在温度 $T_c(t)=T_c H(t)$ 恒定的情况下，模型的初始条件为

$$\begin{cases} u_1(0)=\dfrac{\tau_0}{G_1}+\alpha_1 T_c, \quad u_2(0)=0 \\ \tau(0)=\tau \\ T_c(0)=T_c \end{cases} \tag{4.4.26}$$

对式(4.4.8)进行拉普拉斯逆变换，可以得到考虑温度影响的定常黏弹性剪切模型的蠕变方程：

$$u(t)=\left[\frac{1}{G_1}+\frac{1}{G_2}\left(1-e^{-\frac{G_2}{\eta_2}t}\right)\right]\tau+\left[\alpha_1+\alpha_2\left(1-e^{-\frac{G_2}{\eta_2}t}\right)\right]T_c \tag{4.4.27}$$

进一步整理，可以得到如下形式：

$$u(t)=J(t)\tau+\phi(t)T_c \tag{4.4.28}$$

$$J(t)=\frac{1}{G_1}+\frac{1}{G_2}\left(1-e^{-\frac{G_2}{\eta_2}t}\right)$$

$$\phi(t)=\alpha_1+\alpha_2\left(1-e^{-\frac{G_2}{\eta_2}t}\right)$$

从式(4.4.27)和式(4.4.28)可以看出，$J(t)$为考虑温度影响的定常黏弹性剪切模型的蠕变柔量，其值的大小随着时间变化而变化，$\phi(t)$为温度对定常黏弹性剪切模型蠕变行为的影响因子，是时间的函数。当突加一恒定剪应力时，其剪切蠕变位移有一瞬态响应值 $\tau/G_1+\alpha_1 T_c$，当时间 t 趋于无穷大时，蠕变剪切位移逐渐趋于一水平渐近线，渐近值为 $\tau/G_1+\tau/G_2+\alpha_1 T_c+\alpha_2 T_c$。

将 G_2 和 η_2 的表达式(4.2.2)和式(4.2.3)代入式(4.4.27)，即可得到考虑温度影响的非定常黏弹性剪切蠕变模型的蠕变方程：

$$u(t)=\left[\frac{1}{G_1}+\frac{1}{at^b}\left(1-e^{-s\frac{t^{b+1}}{e^{dt}}}\right)\right]\tau+\left[\alpha_1+\alpha_2\left(1-e^{-s\frac{t^{b+1}}{e^{dt}}}\right)\right]T_c \tag{4.4.29}$$

另外，当不考虑温度 T_c 时，式(4.4.29)变为

$$u(t)=\left[\frac{1}{G_1}+\frac{1}{at^b}\left(1-e^{-s\frac{t^{b+1}}{e^{dt}}}\right)\right]\tau \tag{4.4.30}$$

很明显，式(4.4.30)与非定常黏弹性剪切蠕变位移公式(4.2.6)是一致的。

2. 松弛方程

在 $t=0$ 时，突加一剪应变 $u(t)=uH(t)$，保持恒定变形，且在温度 $T_c(t)=T_cH(t)$ 恒定的情况下，模型的初始条件为

$$\begin{cases}u_1(0)=u, & u_2(0)=0\\ T_c(0)=T_c\end{cases} \tag{4.4.31}$$

对式(4.4.8)进行整理，可以得到

$$\tilde{\tau}=\frac{G_1(G_2+\eta_2 s)}{s(G_1+G_2+\eta_2 s)}\tilde{u}-\frac{G_1G_2(\alpha_1+\alpha_2)+\eta_2G_1\alpha_1 s}{s(G_1+G_2+\eta_2 s)}\tilde{T}_c \tag{4.4.32}$$

对式(4.4.32)进行拉普拉斯逆变换，可以得到考虑温度影响的定常黏弹性剪切模型的松弛方程：

$$\tau=\left(\frac{G_1G_2}{G_1+G_2}+\frac{G_1^2}{G_1+G_2}\mathrm{e}^{-\frac{G_1+G_2}{\eta_2}t}\right)u-\left[\frac{G_1G_2(\alpha_1+\alpha_2)}{G_1+G_2}+\frac{G_1(G_1\alpha_1-G_2\alpha_2)}{G_1+G_2}\mathrm{e}^{-\frac{G_1+G_2}{\eta_2}t}\right]T_c \tag{4.4.33}$$

进一步整理成如下简洁形式：

$$\tau=Y(t)u+\varphi(t)T_c \tag{4.4.34}$$

$$Y(t)=\frac{G_1G_2}{G_1+G_2}+\frac{G_1^2}{G_1+G_2}\mathrm{e}^{-\frac{G_1+G_2}{\eta_2}t}$$

$$\varphi(t)=-\left[\frac{G_1G_2(\alpha_1+\alpha_2)}{G_1+G_2}+\frac{G_1(G_1\alpha_1-G_2\alpha_2)}{G_1+G_2}\mathrm{e}^{-\frac{G_1+G_2}{\eta_2}t}\right]$$

从式(4.4.33)和式(4.4.34)可以看出，$Y(t)$ 为考虑温度影响的定常黏弹性剪切模型的松弛柔量，其值的大小随着时间的变化而变化，$\varphi(t)$ 为温度对定常黏弹性剪切模型松弛行为的影响因子，是时间的函数。当突加一恒定剪应变时，其剪应力有一瞬时应力响应值 $G_1u-G_1\alpha_1T_c$，当时间 t 趋于无穷大时，松弛方程为下降的指数曲线，其应力松弛极限为 $\frac{G_1G_2}{G_1+G_2}u-\frac{G_1G_2(\alpha_1+\alpha_2)}{G_1+G_2}T_c$。

将 G_2 和 η_2 的表达式(4.2.2)和式(4.2.3)代入式(4.4.33)，可以得到考虑温度影响的非定常黏弹性剪切蠕变模型的松弛方程：

$$\tau=\left(\frac{G_1}{1+p_1}+\frac{G_1p_1}{1+p_1}\mathrm{e}^{-\frac{1+p_1}{p_2}t}\right)u-\left[\frac{G_1(\alpha_1+\alpha_2)}{1+p_1}+\frac{G_1(p_1\alpha_1-\alpha_2)}{1+p_1}\mathrm{e}^{-\frac{1+p_1}{p_2}t}\right]T_c \tag{4.4.35}$$

式中，$p_1=\frac{G_1}{G_2}=\frac{G_1}{at^b}$，$p_2=\frac{\eta_2}{G_2}=\frac{c\mathrm{e}^{dt}}{at^b}$。

4.4.4　基于温度效应的非定常黏弹塑性剪切蠕变模型的蠕变方程及松弛方程

采用与4.4.3节相同的方法，由考虑温度影响的定常黏弹塑性剪切蠕变模型的关系式(4.4.21)，可以推得考虑温度影响的定常及非定常黏弹性剪切蠕变模型的蠕变方程及松弛方程。

1. 蠕变方程

在$t=0$时，突加一剪应力$\tau(t)=\tau H(t)>\tau_s$且$t>t_i$，在温度$T_c(t)=T_cH(t)$恒定的情况下，模型的初始条件为

$$\begin{cases}u_1(0)=\dfrac{\tau_0}{G_1}+\alpha_1 T_c, \quad u_2(0)=0, \quad u_3(0)=0\\ \tau(0)=\tau\\ T_c(0)=T_c\end{cases} \tag{4.4.36}$$

对式(4.4.21)进行拉普拉斯逆变换，可以得到考虑温度影响的定常黏弹塑性剪切模型的蠕变方程：

$$u(t)=\left[\frac{1}{G_1}+\frac{1}{G_2}\left(1-\mathrm{e}^{-\frac{G_2}{\eta_2}t}\right)\right]\tau+\left[\alpha_1+\alpha_2\left(1-\mathrm{e}^{-\frac{G_2}{\eta_2}t}\right)\right]T_c+\frac{\langle\tau-\tau_s\rangle}{\eta_3}\langle t-t_i\rangle \tag{4.4.37}$$

从式(4.4.37)可以看出，当突加一恒定剪应力时，其剪切蠕变位移有一瞬态响应值$\tau/G_1+\alpha_1 T_c$，当时间t趋于无穷大时，剪切蠕变位移逐渐趋于无穷。

将G_2、η_2和η_3的表达式(4.2.2)、式(4.2.3)和式(4.2.7)代入式(4.4.37)，可以得到考虑温度影响的非定常黏弹塑性剪切蠕变模型的蠕变方程：

$$u(t)=\left[\frac{1}{G_1}+\frac{1}{at^b}\left(1-\mathrm{e}^{-s\frac{t^{b+1}}{\mathrm{e}^{dt}}}\right)\right]\tau+\left[\alpha_1+\alpha_2\left(1-\mathrm{e}^{-s\frac{t^{b+1}}{\mathrm{e}^{dt}}}\right)\right]T_c+\langle\tau-\tau_s\rangle\cdot\langle t-t_i\rangle\frac{1}{m\mathrm{e}^{n\langle t-t_i\rangle}} \tag{4.4.38}$$

当不考虑温度T_c时，式(4.4.38)变为

$$u(t)=\left[\frac{1}{G_1}+\frac{1}{at^b}\left(1-\mathrm{e}^{-s\frac{t^{b+1}}{\mathrm{e}^{dt}}}\right)\right]\tau+\langle\tau-\tau_s\rangle\cdot\langle t-t_i\rangle\frac{1}{m\mathrm{e}^{n\langle t-t_i\rangle}} \tag{4.4.39}$$

式(4.4.39)与非定常黏弹塑性剪切蠕变位移公式(4.3.9)是一致的。

2. 松弛方程

在$t=0$时，突加一剪应变$u(t)=uH(t)$，并保持恒定变形，且在温度$T_c(t)=T_cH(t)$恒定的情况下，模型的初始条件为

$$\begin{cases}u_1(0)=u, \quad u_2(0)=0, \quad u_3=0\\ T_c(0)=T_c\end{cases} \tag{4.4.40}$$

对式(4.4.21)进行整理，可以得到

$$\tilde{\tau}=\frac{\eta_3 G_1(G_2+\eta_2 s)}{\eta_3 s(G_2+\eta_2 s)+\eta_3 G_1 s+G_1(G_2+\eta_2 s)}\tilde{u}-\frac{\eta_3 G_1\alpha_1(G_2+\eta_2 s)+\eta_3 G_1 G_2\alpha_2}{\eta_3 s(G_2+\eta_2 s)+\eta_3 G_1 s+G_1(G_2+\eta_2 s)}\tilde{T}_c$$
$$+\frac{G_1(G_2+\eta_2 s)}{s[\eta_3 s(G_2+\eta_2 s)+\eta_3 G_1 s+G_1(G_2+\eta_2 s)]}$$
$$=\frac{G_1\left(s+\dfrac{G_2}{\eta_2}\right)}{s^2+\left(\dfrac{G_2}{\eta_2}+\dfrac{G_1}{\eta_2}+\dfrac{G_1}{\eta_3}\right)s+\dfrac{G_1G_2}{\eta_2\eta_3}}u-\frac{G_1\alpha_1\left(s+\dfrac{G_2}{\eta_2}+\dfrac{G_2\alpha_2}{\eta_2\alpha_1}\right)}{s^2+\left(\dfrac{G_2}{\eta_2}+\dfrac{G_1}{\eta_2}+\dfrac{G_1}{\eta_3}\right)s+\dfrac{G_1G_2}{\eta_2\eta_3}}T_c$$
$$+\frac{\dfrac{G_1}{\eta_3}\left(s+\dfrac{G_2}{\eta_2}\right)}{s\left[s^2+\left(\dfrac{G_2}{\eta_2}+\dfrac{G_1}{\eta_2}+\dfrac{G_1}{\eta_3}\right)s+\dfrac{G_1G_2}{\eta_2\eta_3}\right]}\tau_s$$
$$=\frac{G_1\left(s+\dfrac{G_2}{\eta_2}\right)}{(s-Y_1)(s-Y_2)}\tilde{u}-\frac{G_1\alpha_1\left(s+\dfrac{G_2}{\eta_2}+\dfrac{G_2\alpha_2}{\eta_2\alpha_1}\right)}{(s-Y_1)(s-Y_2)}\tilde{T}_c+\frac{\dfrac{G_1}{\eta_3}\left(s+\dfrac{G_2}{\eta_2}\right)}{s(s-Y_1)(s-Y_2)}\tilde{\tau}_s \tag{4.4.41}$$

式中

$$\begin{cases}Y_1=\dfrac{-B+\sqrt{B^2-4C}}{2}<0\\[2ex] Y_2=\dfrac{-B-\sqrt{B^2-4C}}{2}<0\\[2ex] Y_1+Y_2=-B=-\left(\dfrac{G_2}{\eta_2}+\dfrac{G_1}{\eta_2}+\dfrac{G_1}{\eta_3}\right)\\[2ex] Y_1Y_2=C=\dfrac{G_1G_2}{\eta_2\eta_3}\end{cases} \tag{4.4.42}$$

设 $a=\dfrac{G_2}{\eta_2}$，$b=\dfrac{G_1}{\eta_2}$，$c=\dfrac{G_1}{\eta_3}$，则 $B=a+b+c$，$C=ac$，由 $a>0$，$b>0$，$c>0$，不难验证 $B^2-4C>0$，因此，式(4.4.41)、式(4.4.42)中的 $Y_1\neq Y_2$。

对式(4.4.41)中的各项进行拉普拉斯逆变换，可以得到

$$L^{-1}\left[\frac{G_1\left(s+\dfrac{G_2}{\eta_2}\right)}{(s-Y_1)(s-Y_2)}\tilde{u}\right]=\frac{G_1\left[\left(Y_1+\dfrac{G_2}{\eta_2}\right)e^{Y_1t}-\left(Y_2+\dfrac{G_2}{\eta_2}\right)e^{Y_2t}\right]}{Y_1-Y_2}u \tag{4.4.43}$$

$$L^{-1}\left[\frac{G_1\alpha_1\left(s+\frac{G_2}{\eta_2}+\frac{G_2\alpha_2}{\eta_2\alpha_1}\right)}{(s-Y_1)(s-Y_2)}\widetilde{T}_c\right]=\frac{G_1\alpha_1\left[\left(Y_1+\frac{G_2}{\eta_2}+\frac{G_2\alpha_2}{\eta_2\alpha_1}\right)e^{Y_1t}-\left(Y_2+\frac{G_2}{\eta_2}+\frac{G_2\alpha_2}{\eta_2\alpha_1}\right)e^{Y_2t}\right]}{Y_1-Y_2}T_c \tag{4.4.44}$$

$$L^{-1}\left[\frac{\frac{G_1}{\eta_3}\left(s+\frac{G_2}{\eta_2}\right)}{s(s-Y_1)(s-Y_2)}\widetilde{\tau}_s\right]=\frac{\frac{G_1}{\eta_3}\left[\frac{G_2}{\eta_2}(Y_1-Y_2)+Y_2\left(Y_1+\frac{G_2}{\eta_2}\right)e^{Y_1t}-Y_1\left(Y_2+\frac{G_2}{\eta_2}\right)e^{Y_2t}\right]}{Y_1Y_2(Y_1-Y_2)}\tau_s \tag{4.4.45}$$

由式(4.4.43)～式(4.4.45)可以得到考虑温度影响的定常黏弹塑性剪切蠕变模型的松弛方程：

$$\begin{aligned}\tau=&\frac{G_1\left[\left(Y_1+\frac{G_2}{\eta_2}\right)e^{Y_1t}-\left(Y_2+\frac{G_2}{\eta_2}\right)e^{Y_2t}\right]}{Y_1-Y_2}u\\&-\frac{G_1\alpha_1\left[\left(Y_1+\frac{G_2}{\eta_2}+\frac{G_2\alpha_2}{\eta_2\alpha_1}\right)e^{Y_1t}-\left(Y_2+\frac{G_2}{\eta_2}+\frac{G_2\alpha_2}{\eta_2\alpha_1}\right)e^{Y_2t}\right]}{Y_1-Y_2}T_c\\&+\frac{\frac{G_1}{\eta_3}\left[\frac{G_2}{\eta_2}(Y_1-Y_2)+Y_2\left(Y_1+\frac{G_2}{\eta_2}\right)e^{Y_1t}-Y_1\left(Y_2+\frac{G_2}{\eta_2}\right)e^{Y_2t}\right]}{Y_1Y_2(Y_1-Y_2)}\tau_s\end{aligned} \tag{4.4.46}$$

进一步整理成如下简洁形式：

$$\tau=Y(t)u+\varphi(t)T_c+\xi(t)\tau_s \tag{4.4.47}$$

式中

$$\begin{cases}Y(t)=\dfrac{G_1\left[\left(Y_1+\frac{G_2}{\eta_2}\right)e^{Y_1t}-\left(Y_2+\frac{G_2}{\eta_2}\right)e^{Y_2t}\right]}{Y_1-Y_2}\\\varphi(t)=-\dfrac{G_1\alpha_1\left[\left(Y_1+\frac{G_2}{\eta_2}+\frac{G_2\alpha_2}{\eta_2\alpha_1}\right)e^{Y_1t}-\left(Y_2+\frac{G_2}{\eta_2}+\frac{G_2\alpha_2}{\eta_2\alpha_1}\right)e^{Y_2t}\right]}{Y_1-Y_2}\\\xi(t)=\dfrac{\frac{G_1}{\eta_3}\left[\frac{G_2}{\eta_2}(Y_1-Y_2)+Y_2\left(Y_1+\frac{G_2}{\eta_2}\right)e^{Y_1t}-Y_1\left(Y_2+\frac{G_2}{\eta_2}\right)e^{Y_2t}\right]}{Y_1Y_2(Y_1-Y_2)}\end{cases} \tag{4.4.48}$$

从式(4.4.47)和式(4.4.48)可以看出，$Y(t)$为考虑温度影响的定常黏弹塑性剪切模型的松弛柔量，其值的大小随着时间的变化而变化，$\varphi(t)$为温度对定常黏弹塑性剪切模型松弛行为的影响因子，是时间的函数；$\xi(t)$为长期剪切强度对定常黏弹塑性剪切模型松弛行为的影响因子，也为时间的函数。当突加一恒定剪应变时，其剪应力有一瞬时应力响应值 $G_1 u - G_1 \alpha_1 T_c$，与黏弹性剪切模型的瞬时应力响应值相同。当时间 t 趋于无穷大时，松弛方程为下降的指数曲线，其应力松弛极限为 τ_s，即剪应力松弛到岩样的长期强度。

将 G_2、η_2 和 η_3 的表达式(4.2.2)、式(4.2.3)和式(4.2.7)代入式(4.4.46)，即可得到考虑温度影响的非定常黏弹塑性剪切蠕变模型的松弛方程：

$$\begin{aligned}\tau=&\frac{G_1\left[(Y_1(t)+q_1)\mathrm{e}^{Y_1(t)t}-(Y_2(t)+q_1)\mathrm{e}^{Y_2(t)t}\right]}{Y_1(t)-Y_2(t)}u\\&-\frac{G_1\alpha_1\left[\left(Y_1(t)+q_1+q_1\dfrac{\alpha_2}{\alpha_1}\right)\mathrm{e}^{Y_1(t)t}-\left(Y_2(t)+q_1+q_1\dfrac{\alpha_2}{\alpha_1}\right)\mathrm{e}^{Y_2(t)t}\right]}{Y_1(t)-Y_2(t)}T_c\\&+\frac{q_3\{q_1[Y_1(t)-Y_2(t)]+Y_2(t)[Y_1(t)+q_1]\mathrm{e}^{Y_1(t)t}-Y_1(t)[Y_2(t)+q_1]\mathrm{e}^{Y_2(t)t}\}}{Y_1(t)Y_2(t)[Y_1(t)-Y_2(t)]}\tau_s\end{aligned} \tag{4.4.49}$$

式中

$$\begin{cases}q_1=\dfrac{G_2}{\eta_2}=\dfrac{at^b}{c\mathrm{e}^{dt}}\\q_2=\dfrac{G_1}{\eta_2}=\dfrac{G_1}{c\mathrm{e}^{dt}}\\q_3=\dfrac{G_1}{\eta_2}=\dfrac{G_1}{m\mathrm{e}^{nt}}\\Y_1(t)=\dfrac{-(q_1+q_2+q_3)+\sqrt{(q_1+q_2+q_3)^2-4q_1q_3}}{2}\\Y_2(t)=\dfrac{-(q_1+q_2+q_3)-\sqrt{(q_1+q_2+q_3)^2-4q_1q_3}}{2}\end{cases} \tag{4.4.50}$$

4.4.5 基于温度效应的岩体非定常蠕变模型的三维形式

由于要编制岩体蠕变非定常参数数值程序，需要将建立的一维岩体剪切非定常参数蠕变模型扩展到三维岩体非定常参数蠕变模型。

三维形式下的应力与应变的关系可以采用应力张量和应变张量来表示，应力和应变张量是二阶对称张量，因此，由张量理论[101, 102]可知，应力张量 σ_{ij} 可以用球应力张量 σ_0 和偏应力张量 S_{ij} 之和来表示，即

$$\sigma_{ij}=S_{ij}+\sigma_0\delta_{ij} \tag{4.4.51}$$

式中，δ_{ij} 为克罗内克(Kronecker)符号。

$$\sigma_0\delta_{ij}=\begin{bmatrix}\sigma_0 & 0 & 0\\ 0 & \sigma_0 & 0\\ 0 & 0 & \sigma_0\end{bmatrix}$$

$$S_{ij}=\begin{bmatrix}\sigma_x-\sigma_0 & \tau_{yx} & \tau_{zx}\\ \tau_{xy} & \sigma_y-\sigma_0 & \tau_{zy}\\ \tau_{xz} & \tau_{yz} & \sigma_z-\sigma_0\end{bmatrix}$$

同样,应变张量 ε_{ij} 可以用球应变张量 ε_0 和偏应变张量 e_{ij} 之和来表示,即

$$\varepsilon_{ij}=e_{ij}+\varepsilon_0\delta_{ij} \tag{4.4.52}$$

式中

$$\varepsilon_0\delta_{ij}=\begin{bmatrix}\varepsilon_0 & 0 & 0\\ 0 & \varepsilon_0 & 0\\ 0 & 0 & \varepsilon_0\end{bmatrix}$$

$$e_{ij}=\begin{bmatrix}\varepsilon_x-\varepsilon_0 & \frac{1}{2}\gamma_{yx} & \frac{1}{2}\gamma_{zx}\\ \frac{1}{2}\gamma_{xy} & \varepsilon_y-\varepsilon_0 & \frac{1}{2}\gamma_{zy}\\ \frac{1}{2}\gamma_{xz} & \frac{1}{2}\gamma_{yz} & \varepsilon_z-\varepsilon_0\end{bmatrix}$$

在通常的弹塑性力学中,球应变张量表示物体的体积变化,而偏应变张量表示物体的形状变化。

对于弹性体(Hooke 体),有

$$\begin{cases}\sigma_0=3K^{\mathrm{H}}\varepsilon_0^{\mathrm{H}}\\ S_{ij}=2G^{\mathrm{H}}e_{ij}^{\mathrm{H}}\end{cases} \tag{4.4.53}$$

式中,K^{H} 为胡克体的体积模量;G^{H} 为胡克体的剪切模量;$i=1,2,3$;$j=1,2,3$。

对于黏弹性体(Kelvin 体),有

$$\begin{cases}\sigma_0=3K^{\mathrm{K}}\varepsilon_0^{\mathrm{K}}\\ S_{ij}=2G^{\mathrm{K}}e_{ij}^{\mathrm{K}}+2\eta^{\mathrm{K}}\dot{e}_{ij}^{\mathrm{K}}\end{cases} \tag{4.4.54}$$

式中,K^{K} 为 Kelvin 体的体积模量;G^{K} 为 Kelvin 体的剪切模量;η^{K} 为 Kelvin 体的黏性系数。

通常塑性应变对球应力不产生影响,因此对于三维黏塑性体(NSVPB 体),有[1]

$$e_{ij}^{\mathrm{VP}}=\frac{\langle F\rangle}{2\eta^{\mathrm{VP}}}\frac{\partial g}{\partial\sigma_{ij}}t \tag{4.4.55}$$

式中,η^{VP}为黏塑性体的黏性系数;$\langle F\rangle$为一开关函数,其表达式为

$$\langle F\rangle=\begin{cases}0, & F\leqslant 0\\ F, & F>0\end{cases}$$

其中，F 为岩体材料的屈服函数；g 为塑性势函数。

对于由温度引起的应变，由于温度只产生岩体体积的变化，对岩体形状的改变没有影响，所以，温度在弹性体及黏弹性体产生的应变表示为

$$\varepsilon_0^{\mathrm{T}}=\left[\alpha^{\mathrm{H}}+\alpha^{\mathrm{K}}\left(1-\mathrm{e}^{-\frac{G_2}{\eta_2}t}\right)\right]T \tag{4.4.56}$$

式中，α^{H} 和 α^{K} 分别为弹性体和黏弹性体的热膨胀系数；T 为岩体的温度，为一恒定值。

岩体的总的应变由弹性体应变 ε^{H}、黏弹性体的应变 ε^{K} 及黏塑性体的应变 $\varepsilon^{\mathrm{VP}}$ 三部分组成，即

$$\varepsilon=\varepsilon^{\mathrm{H}}+\varepsilon^{\mathrm{K}}+\varepsilon^{\mathrm{VP}} \tag{4.4.57}$$

将其写成球应力和偏应力的形式为

$$\varepsilon_0=\varepsilon_0^{\mathrm{H}}+\varepsilon_0^{\mathrm{K}} \tag{4.4.58}$$

$$e_{ij}=e_{ij}^{\mathrm{H}}+e_{ij}^{\mathrm{K}}+e_{ij}^{\mathrm{VP}} \tag{4.4.59}$$

考虑恒定的温度作用下岩体的总的应变由弹性体应变 ε^{H}、黏弹性体的应变 ε^{K}、黏塑性体的应变 $\varepsilon^{\mathrm{VP}}$及温度应变 ε^{T} 四部分组成，即

$$\varepsilon=\varepsilon^{\mathrm{H}}+\varepsilon^{\mathrm{K}}+\varepsilon^{\mathrm{VP}}+\varepsilon^{\mathrm{T}} \tag{4.4.60}$$

将其写成球应力和偏应力的形式为

$$\varepsilon_0=\varepsilon_0^{\mathrm{H}}+\varepsilon_0^{\mathrm{K}}+\varepsilon_0^{\mathrm{T}} \tag{4.4.61}$$

$$e_{ij}=e_{ij}^{\mathrm{H}}+e_{ij}^{\mathrm{K}}+e_{ij}^{\mathrm{VP}} \tag{4.4.62}$$

根据对前面弹性体、黏弹性及黏塑性体的球应力及偏应力表达式，可以得到岩体黏弹性及黏弹塑性非定常参数蠕变方程的三维偏应变和球应变形式，如式(4.4.63)和式(4.4.65)所示。

$$\begin{cases}e_{ij}=\dfrac{S_{ij}}{2G^{\mathrm{H}}}+\dfrac{S_{ij}}{2G^{\mathrm{K}}(t)}\left[1-\mathrm{e}^{-\frac{G^{\mathrm{K}}(t)}{\eta^{\mathrm{K}}(t)}t}\right], & S_{ij}\leqslant\sigma_{\mathrm{s}}\\ e_{ij}=\dfrac{S_{ij}}{2G^{\mathrm{H}}}+\dfrac{S_{ij}}{2G^{\mathrm{K}}(t)}\left[1-\mathrm{e}^{-\frac{G^{\mathrm{K}}(t)}{\eta^{\mathrm{K}}(t)}t}\right]+\dfrac{\langle F\rangle}{2\eta^{\mathrm{VP}}}\dfrac{\partial g}{\partial\sigma_{ij}}t, & S_{ij}>\sigma_{\mathrm{s}}\end{cases} \tag{4.4.63}$$

式中

$$\begin{cases}G^{\mathrm{H}}=\dfrac{G_1}{3(1-2\mu)}\\ G^{\mathrm{K}}(t)=\dfrac{at^b}{3(1-2\mu)}\\ \eta^{\mathrm{K}}(t)=c\mathrm{e}^{dt}\\ \eta^{\mathrm{VP}}(t)=m\mathrm{e}^{nt}\end{cases} \tag{4.4.64}$$

其中，G_1 为弹性体的弹性模量；a、b、c、d、m、n 为岩体的材料参数；μ 为岩体的泊松比。

$$\varepsilon_0=\frac{\sigma_0}{3K^{\mathrm{H}}}+\frac{\sigma_0}{3K^{\mathrm{K}}(t)} \tag{4.4.65}$$

式中

$$\begin{cases}K^{\mathrm{H}}=\dfrac{G_1}{2(1+\mu)}\\[2ex]K^{\mathrm{K}}=\dfrac{at^b}{2(1+\mu)}\end{cases} \tag{4.4.66}$$

考虑恒定的温度作用下岩体黏弹性及黏弹塑性非定常参数蠕变方程的三维偏应变的形式不变，如式(4.4.63)，而球应变形式如式(4.4.67)所示。

$$\varepsilon_0=\frac{\sigma_0}{3K^{\mathrm{H}}}+\frac{\sigma_0}{3K^{\mathrm{K}}(t)}+\left\{\alpha^{\mathrm{H}}+\alpha^{\mathrm{K}}\left[1-\mathrm{e}^{-\frac{G^{\mathrm{K}}(t)}{\eta^{\mathrm{K}}(t)}t}\right]\right\}T \tag{4.4.67}$$

第 5 章　岩石非线性损伤流变模型研究

5.1 引　　言

随着国内外岩体工程迅猛发展，越来越多的水利、交通、能源和国防工程建筑在岩石地区，其工程设计、施工、运营、稳定性和加固等都直接依赖于节理岩体的强度、变形、渗透性及破坏等特征，而且这些特性常常具有显著的时间相关性。工程实践表明[66,103~109]，几乎所有工程岩体破坏失稳都不是最初就出现，而是在岩体工程建设和运营过程中，由于工程作用引起应力重分布，使得岩体某些结构面或其间的薄弱部位变形随时间增长发展；或因水文地质、工程地质条件逐渐恶化致使岩体中裂纹(裂隙)随时间不断蠕变、演化，进而产生宏观裂纹扩展，最终导致岩体由局部破坏发展到整体失稳。所以说，岩体的失稳破坏是一种渐进破坏过程，并与时间相关。

某些工程按岩体的瞬时力学性能设计当时认为是安全的，但是在长期的施工和运营过程中，由于持续荷载作用而出现失稳破坏，这说明岩体的力学性能随时间逐渐劣化。此外，现场量测结果表明[1]，地下洞室、岩石地基以及岩石边坡等各种工程岩体的变形均具有随时间增长发展的特征，即通常所说的岩体蠕变特性。无论时效渐近破坏还是岩体的蠕变变形，从本质上讲都是岩体内部组构调整及损伤累积的结果。因此，研究岩石蠕变时效损伤对岩体工程具有重要的理论指导意义。

5.2 岩石蠕变损伤破坏机理研究

5.2.1 岩石损伤破坏机理

岩石是一种复杂的天然地质体，内部存在着各种各样的缺陷，如微裂纹、孔洞、节理等。在各种边界荷载和环境的长期作用下，必然会引起缺陷的进一步扩展或新裂纹的萌生、扩展，这种微观缺陷的出现和扩展称为损伤。蠕变损伤[103,110~113]是岩石在蠕变变形过程中发生的不可逆损伤，损伤变量是随着时间逐渐变化的。很多学者认为，只有在蠕变的加速阶段才有蠕变损伤的产生[49,114~116]，或者说只有发生蠕变损伤，才会产生蠕变加速阶段，鉴于此，建立了考虑蠕变损伤的流变本构模型，这些模型能较好地描述岩石蠕变的加速阶段，但蠕变损伤的判别条件难以确定，一般只能根据具体的试验结果来确定，很难用数学公式来表达，致使流变模型难以推广。研究结果表明[117]，在岩石蠕变的第一、第二阶段，裂纹都有一定程度的扩展，这说明在这两阶段损伤是存在的，只是其量值太小，蠕变速率更小，一般忽略不计。

岩石材料具有两个基本特征：非均质性和不连续性。正是这两种基本特征造成了岩石受力变形过程中其内部应力状态的极端复杂性，其主要表现形式有强化和弱化。本节引入两个变量来描述它们[72,118,119]：用弱化变量（损伤变量）来宏观地描述岩石微观缺陷（微裂纹）的萌生和发展所导致的岩石力学性质的软化；用硬化变量来宏观地描述岩石微观结构的变化所导致的岩石力学性质的硬化。

岩石在荷载作用下发生破坏，主要与裂纹的产生、扩展及断裂过程有关。裂纹形成或扩展时，造成应力松弛，储存的部分能量以弹性应力波的形式突然释放出来，这种现象就是声发射现象。对于岩石材料，其宏观破坏现象是许多微观破坏的综合表现。因此声发射的活动反映了微观破坏的活动性，它直接与岩石内部的细观损伤演化发展有关。因此通过对声发射信息进行处理分析和研究，可以直接推断岩石内部的性态变化，反映岩石的破坏机制。

众所周知，岩石是由多种矿物组成的非均质地质材料，由于成岩环境过程的复杂性以及矿物本身的差异，形成了岩石内部结构的复杂性、差异性。岩石在外荷载作用下，微观结构将发生显著变化。因此岩石在蠕变过程中内部组织结构不断发生变化和调整并伴随着损伤，这一过程必将带来能量的耗散，并由此导致系统熵的增加，故岩石蠕变过程是一个不可逆过程。岩石蠕变的宏观表现是其微细观结构发展变化的结果：岩石破坏过程中的累积性破坏现象和裂纹的扩展由随机、分散分布向最终破裂面集中。造成这一现象的根本原因是岩石材料本身的不均质性和其内部微裂纹的存在引起的不连续性，导致了岩石变形破坏过程中弱化作用和强化作用相互竞争。岩石的蠕变破坏过程就是这种弱化作用、强化作用不断竞争的结果。图 5.2.1 展示了岩石瞬时变形与蠕变变形过程中典型声发射（acoustic emission，AE），从图 5.2.1(a)中可以看出，在 OA、AB 段，声发射很弱，岩石中存在的裂隙被压密，表明岩石中基本没有新裂纹产生、扩展；在 BC、CD 段，声发射急剧增加，岩石出现大面积随机、分散分布的裂纹，这表明存在于岩石材料内部的微裂隙、微孔隙及孔洞不断扩展，细观主裂纹迅速扩展；在 DE 段，声发射急剧降低，岩石出现宏观断裂面，这表明岩石已经破坏，不能承受更大的荷载。从图 5.2.1(b)中可以看出，在加载瞬间，存在于岩石材料内部的微裂隙、微孔隙及孔洞被压密发生闭合，基本上没有新裂纹产生、扩展，对应蠕变曲线为瞬时应变和初始蠕变。在蠕变Ⅰ阶段，即蠕变衰减阶段，声发射逐渐减少，这表明外载使岩石内部结构重新组构，其整体受力结构逐渐形成，这一阶段存在弱化作用，但比较小，总体来说是强化作用占支配地位，这说明该阶段岩石损伤增量在减小，损伤不明显。在蠕变Ⅱ阶段，即等速蠕变阶段，声发射一直保持在一个较低的水平，近乎常数，这表明岩石组构随时间继续不断变化，导致岩石与周围介质变形不协调，在这一阶段有大量细观裂纹产生与扩展,逐步形成细观主裂面。如果岩石重组后能承载当前的应力水平,岩石内部将不会发生新的受力破坏,于是岩石在经历衰减蠕变阶段后将稳定下来,它不会导致岩石的最终破坏。如果外载大于岩石的长期强度,岩石在经历衰减蠕变阶段后,随时间增长的弱化作用逐渐累积并增强,当弱化作用和强化作用基本达到平衡时,表现形式为岩石蠕变速率基本保持恒定。在蠕变Ⅲ阶段,即蠕变加速阶段,声发射明显呈增大的趋势,这表明随着变形的累积和岩石内部较脆弱部位的不断破裂,弱化作用最终将超过强化作用使岩石内部受力破坏,当弱化作用超过强化作用时,蠕变损伤累积和细观主裂纹迅速扩展演化,岩石出现加速蠕变破坏阶段,最终形成宏观主裂面。如果岩石所受的应力水平很高,即远大于岩石的长期强度,初始蠕变虽然是强化作用占支配地位的衰减蠕变,但弱化作用将很快累积并超过强化作用,表现为岩石的蠕变从第一阶段直接进入加速蠕变破坏阶段,不经过稳态蠕变阶段。综合以上分析,岩石蠕变损伤机制刚好对应着岩石蠕变全程曲线的瞬时变形、初期蠕变、稳态蠕变以及加速蠕变阶段。

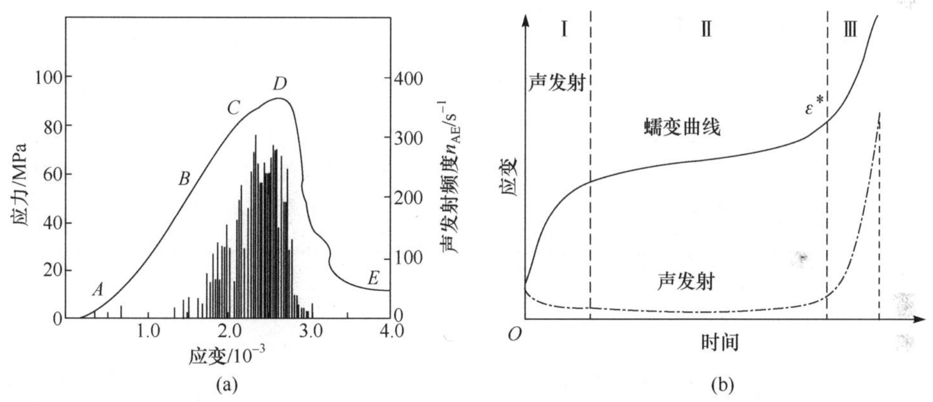

图 5.2.1　岩石瞬时变形与蠕变变形过程中典型声发射[120]

从图 5.2.2 蠕变应变率曲线可以直观了解岩石破坏的过程,即弱化、硬化机制竞争的过程,它是岩石非均质性和裂隙性共存而产生的相互关联和制约的过程。蠕变第一阶段,岩石经历了一个瞬时变形,岩石内部的天然缺陷(微裂纹、微孔洞、微空隙等)在外加荷载作用下逐渐闭合,这一阶段硬化机制占主导地位,蠕变速率随时间迅速衰减,对应蠕变过程为衰减蠕变阶段;蠕变第二阶段,岩石内的原生裂纹端部以及岩石内部微缺陷等引起局部应力集中或裂隙面的剪切运动而促使裂纹稳定扩展,这一阶段两种机制基本达到平衡,应变率趋于平缓,但并不是恒定不变,而是在缓慢变化,在应变率急剧增大之前,其变化是很小的,可以忽略不计,故认为该阶段为等速蠕变阶段;蠕变第三阶段,蠕变速率呈非线性增长,岩石内大量新微裂纹产生、扩展、汇合而导致岩石完全破坏,这一阶段弱化机制占主导地位,应变率急剧增大。

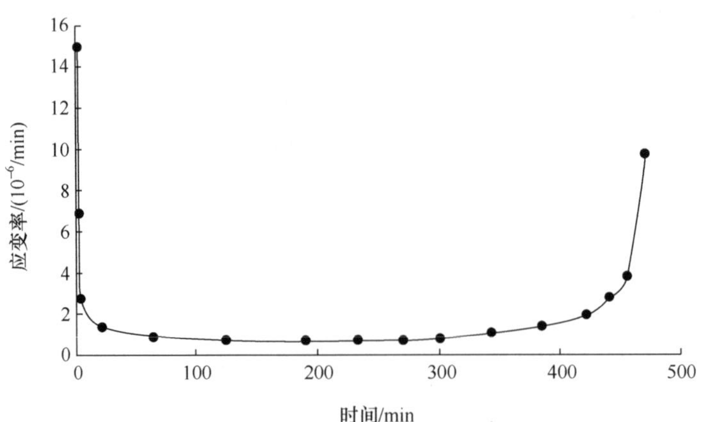

图 5.2.2　岩石蠕变破坏过程中应变率随时间的变化曲线

5.2.2　蠕变损伤基本理论

岩石是一种天然地质体，具有明显的非均质性。在各种边界荷载和环境的长期作用下，必然会引起缺陷的进一步扩展，损伤力学正是从这一点出发，研究这些缺陷的产生、扩展及汇合的过程对力学特性的影响规律。由于损伤力学的研究是从金属材料的蠕变损伤理论开始的，这里将介绍金属蠕变损伤，并将这一理论应用到岩石蠕变损伤中。

1. 一维蠕变损伤方程

Kachanov 提出的损伤模型最初是为了分析金属棒在单向拉伸条件下蠕变脆性问题，在不考虑蠕变条件下($\varepsilon\equiv 0$)，其损伤扩展方程[121]为

$$\dot{D}=B\left(\frac{\sigma}{1-D}\right)^{\nu} \tag{5.2.1}$$

式中，B、ν 为材料常数，由常应力蠕变试验确定。损伤变量 D 介于 0(无损状态)和 1(破坏状态)之间，将式(5.2.1)积分即得到蠕变变形断裂时间 t_c。

$$t_c=[B(\nu+1)\sigma^{\nu}]^{-1} \tag{5.2.2}$$

由式(5.2.1)、式(5.2.2)求出 D 的演化规律，即

$$D=1-[1-B(\nu+1)\sigma^{\nu}t]^{\frac{1}{\nu+1}} \tag{5.2.3a}$$

$$D=1-\left(1-\frac{t}{t_c}\right)^{\frac{1}{\nu+1}} \tag{5.2.3b}$$

Kachanov 和其他一些学者的试验表明，蠕变应变 ε^c 对损伤累积有明显的影响，通过对试验数据拟合，得出一维恒定拉应力 σ_0 情形下的损伤演化公式，即

$$D=A\sigma_0^{\alpha}\ (\varepsilon^{c})^{\gamma}t^{\delta} \tag{5.2.4}$$

式中,A、α、γ、δ 为材料损伤常数。如果忽略瞬态蠕变,则蠕变应变 ε^c 服从 Norton 幂律方程,即

$$\varepsilon^{c}=P_{c}\sigma_0^{n}t \tag{5.2.5}$$

式中,P_c、n 为材料常数。引入有效应力概念后,把式(5.2.5)中 σ_0 看成有效应力,很容易求得蠕变第三阶段的应变速率方程,即

$$\dot{\varepsilon}=P_{c}\left(\frac{\sigma_0}{1-D}\right)^{n} \tag{5.2.6}$$

考虑到初始损伤状态,以及一维可变拉伸应力(或阶跃拉应力)的情形,将式(5.2.4)、式(5.2.5)推广为

$$D^{*}=\left\{\int_0^t A\ (\tau,T^{*})^{1/\delta}\ [\sigma(\tau)]^{\alpha/\delta}U[\sigma(\tau)]\mathrm{d}\tau\right\}^{\delta} \cdot\left\{\int_0^t P_{c}(\tau,T^{*})[\sigma(\tau)]^{n}U[\sigma(\tau)]\mathrm{d}\tau\right\}^{\gamma}+D_0^{*} \tag{5.2.7}$$

$$\varepsilon^{c}=P_{c}\int_0^t[\sigma(\tau)]^{n}\mathrm{d}\tau \tag{5.2.8}$$

式中,$U(\sigma)$为单位阶跃函数;D_0^* 为初始损伤变量。

若令 $\alpha=n\delta$,则式(5.2.7)变为

$$D^{*\,1/(\delta+\gamma)}=(AP_c^{\gamma})^{1/(\delta+\gamma)}\int_0^t[\sigma(\tau)]^{n}\mathrm{d}\tau \tag{5.2.9}$$

若令 $\nu=n$,且式(5.2.1)中的应力 $\sigma=\sigma(\tau)$,则 Kachanov 损伤演化方程为

$$1-(1-D)^{n+1}=B(n+1)\int_0^t[\sigma(\tau)]^{n}\mathrm{d}\tau \tag{5.2.10}$$

比较式(5.2.9)与式(5.2.10)可见,当 $D^{*\,1/(\delta+\gamma)}=1-(1-D)^{n+1}$,$(AP_c^{\gamma})^{1/(\delta+\gamma)}=B(n+1)$时,两者为同一公式。

如果考虑温度的影响,参数 B 和 P_c 均依赖于时间 t 和温度增量。

$$T^{*}=T(t)-T_0 \tag{5.2.11}$$

其一维蠕变损伤方程为

$$D^{*}=\left\{\int_0^t A\ (\tau,T^{*})^{1/\delta}\ [\sigma_1(\tau)]^{\alpha/\delta}U[\sigma_1(\tau)]\mathrm{d}\tau\right\}^{\delta} \cdot\left\{\int_0^t\dot{\varepsilon}_1^{c}(\tau)[\sigma_1(\tau)]^{n}U[\sigma_1(\tau)]\mathrm{d}\tau\right\}^{\gamma}+D_0 \tag{5.2.12}$$

$$\varepsilon^{c}=\int_0^t P_{c}(\tau,T^{*})[\sigma(\tau)]^{n}\mathrm{d}\tau \tag{5.2.13}$$

2. 三维蠕变损伤方程

三维蠕变损伤演化方程一般通过一维形式转化而来,即用 $\sigma_{\alpha q}$ 代替式中的 σ。

$\sigma_{\alpha q}$有多种选择形式，即最大主应力、八面体剪应力、静水应力等应力不变量相关的某种形式，也可以是这些应力不变量的线性组合。其中，Hayhurst 给出一个更为一般的有效应力表达式：

$$\sigma_{\alpha q}=\alpha\sigma_1+\beta\sigma_{\mathrm{m}}+\gamma J_2 \tag{5.2.14}$$

式中，α、β、γ 为材料系数。

用 $\sigma_{\alpha q}$代替式(5.2.1)中的 σ，得一简单的三维幂律蠕变损伤方程：

$$\dot{D}=B\left(\frac{\sigma_{\alpha q}}{1-D}\right)^{\nu} \tag{5.2.15}$$

对于金属材料，$\sigma_{\alpha q}=\left(\frac{3}{2}S_{ij}S_{ij}\right)^{\frac{1}{2}}$；对于岩石材料，王贵君[122]采用如下公式：

$$\sigma_{\alpha q}=\sigma\left[\frac{2}{3}(1+\mu_0)+3(1-2\mu_0)\left(\frac{\sigma_{\mathrm{m}}}{\sigma}\right)^2\right]^{\frac{1}{2}}$$

式中，$\sigma_{\mathrm{m}}=\frac{1}{3}(\sigma_1+\sigma_2+\sigma_3)$；$\mu_0$ 为初始泊松比。

对三维蠕变损伤情形，也可以由式(5.2.12)、式(5.2.13)进行推广。当蠕变律采用各向同性不可压缩定常蠕变时，有

$$\varepsilon_{ij}^{\mathrm{c}}=\int_0^t C(\tau,T^*)J_2^m S_{ij}\mathrm{d}\tau \tag{5.2.16}$$

式中，S_{ij}、J_2 为应力偏张量及其第二不变量，$S_{ij}=\sigma_{ij}-\frac{\sigma_{kk}}{3}\delta_{ij}\,(i,j=1,2,3)$，$J_2=\frac{1}{2}S_{ij}S_{ij}$；$m=(n-1)/2$；$C(\tau,T^*)=3^{(n-1)/2}P_{\mathrm{c}}/2$。

在选择损伤率时，假设三维损伤由最大主应力 σ_1 控制，那么，式(5.2.12)推广为

$$D^*=\left\{\int_0^t A(\tau,T^*)^{1/\delta}[\sigma_1(\tau)]^{\alpha/\delta}U[\sigma_1(\tau)]\mathrm{d}\tau\right\}^{\delta}\cdot\left\{\int_0^t\dot{\varepsilon}_1^{\mathrm{c}}(\tau)U[\sigma_1(\tau)]\mathrm{d}\tau\right\}^{\gamma}+D_0 \tag{5.2.17}$$

式中，$\dot{\varepsilon}_1^{\mathrm{c}}$ 为 σ_1 方向的蠕变应变率：

$$\dot{\varepsilon}_1^{\mathrm{c}}=\frac{1}{3}C(\tau,T^*)J_2^m(2\sigma_1-\sigma_2-\sigma_3) \tag{5.2.18}$$

3. 单轴和多轴条件下的岩石蠕变损伤分析

1) 岩石蠕变试验[1]

图 5.2.3 为单轴压缩条件下红砂岩蠕变试验，从图中可以看出，蠕变第一阶段末期出现初裂，第三阶段初期出现裂纹扩展，这说明岩石蠕变损伤具有明显的时效性，而不是一般认为的只有加速蠕变才有裂纹扩展。图 5.2.4 和图 5.2.5 为三轴压缩条件下红砂岩与青砂岩蠕变试验。三轴压缩条件下岩石蠕变的基本特征与单

轴情况相似,但由于侧限和围压的作用,使得侧向应变和体积应变在量级上与单轴情形有所不同。从图中可以看到,无论单轴还是三轴,岩石裂纹初裂出现在蠕变第一、第二阶段,裂纹加速扩展出现在蠕变加速阶段。

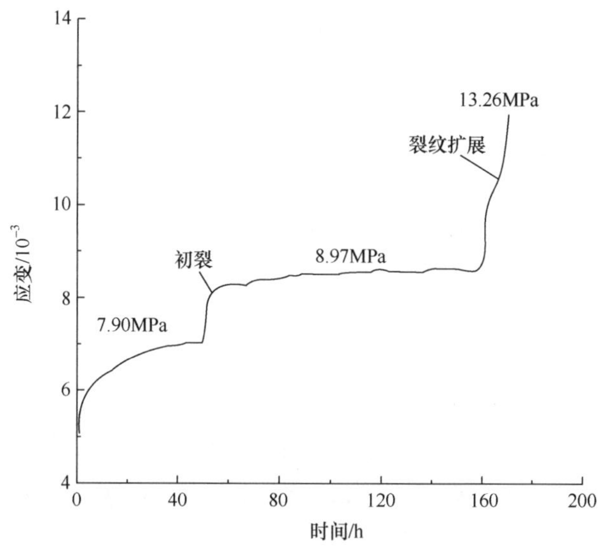

图 5.2.3　单轴压缩条件下红砂岩 RSO 的 ε_1-t 关系曲线(分级加载)

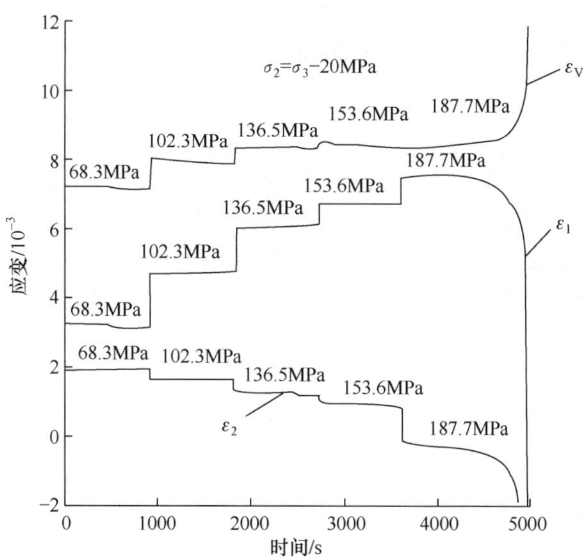

图 5.2.4　三轴压缩条件下青砂岩 G_3 的 ε_1-t、ε_2-t 和 ε_V-t 关系曲线(轴向 σ_1 分级加载)

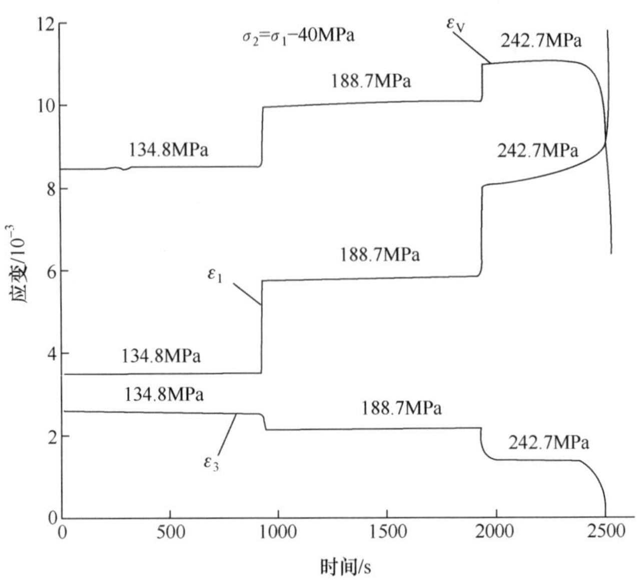

图 5.2.5　三轴压缩条件下青砂岩 G_4 的 ε_1-t、ε_3-t 和 ε_V-t 关系曲线(轴向 σ_1 分级加载)

2) 岩石蠕变本构关系

如果不考虑岩石的塑性变形,其应变率由两部分组成,即弹性和黏性应变率:

$$\dot{\varepsilon}_{ij}=\dot{\varepsilon}_{ij}^{e}+\dot{\varepsilon}_{ij}^{v} \tag{5.2.19}$$

式中,弹性部分由 Hooke 定律得,式(5.2.19)可写成

$$\dot{\varepsilon}_{ij}=\dot{\varepsilon}_{ij}^{e}+\dot{\varepsilon}_{ij}^{0}=\frac{1}{2G}\dot{S}_{ij}+\frac{1}{9K}\dot{\sigma}_{kk}\delta_{ij} \tag{5.2.20}$$

式中,G、K 分别为剪切模量和体积模量。而黏性部分 $\dot{\varepsilon}_{ij}^{v}$ 需要针对具体情况予以描述,对于岩石蠕变问题,主要是对准稳态蠕变或瞬态蠕变的表述。

根据理论分析以及岩石蠕变试验结果,并借用 Haupt 岩石松弛试验结果,提出以下率相关本构关系:

$$\frac{1}{C(\bar{\sigma},\varepsilon)}\dot{\varepsilon}_{ij}=\frac{1}{\sigma_0}S_{ij}+\frac{1}{R(\bar{\sigma},\varepsilon)}\dot{S}_{ij} \tag{5.2.21}$$

式中,$C(*)$、$R(*)$分别称为蠕变函数和松弛函数,其中 $C(\bar{\sigma},\varepsilon)=(3/2)\alpha_1\bar{\varepsilon}^{-\gamma}(\bar{\sigma}/\sigma_0)^{\delta-1}$;$\alpha_1$、$\gamma$、$\delta$ 为材料常数,由试验确定;σ_0 为参考应力,可取 $\sigma_0=1\text{MPa}$;$\bar{\sigma}$ 为应力强度,$\bar{\varepsilon}$ 为应变强度,即

$$\bar{\sigma}=\frac{1}{2}\left[2\ (\sigma_1-\sigma_2)^2+(\sigma_2-\sigma_3)^2+(\sigma_3-\sigma_1)^2\right]^{\frac{1}{2}}$$

$$\bar{\varepsilon}=\frac{1}{3}\left[2\ (\varepsilon_1-\varepsilon_2)^2+(\varepsilon_2-\varepsilon_3)^2+(\varepsilon_3-\varepsilon_1)^2\right]^{\frac{1}{2}}$$

式(5.2.21)对蠕变和松弛都适用,此处仅讨论岩石的蠕变行为。对蠕变而言,有 $S_{ij}=0$,$\bar{\sigma}=$定值,代入式(5.5.21)即得岩石三轴应力条件下的蠕变本构关系:

$$\dot{\varepsilon}_{ij}=\frac{3}{2}\alpha_1\bar{\varepsilon}^{-\gamma}(\bar{\sigma}/\sigma_0')^{\delta-1}(S_{ij}/\sigma_0) \tag{5.2.22}$$

3) 单轴蠕变条件下岩石细观裂纹损伤分析

单轴应力作用下,$\bar{\sigma}=\sigma_1$,$S_1=\frac{2}{3}\sigma_1$,$\bar{\varepsilon}=\varepsilon_1$(令 $\mu=0.5$),于是式(5.2.22)即可写成

$$\dot{\varepsilon}_1=\alpha_1\bar{\varepsilon}^{-\gamma}(\sigma_1/\sigma_0)^{\delta} \tag{5.2.23}$$

初始条件为

$$\varepsilon_1\big|_{t=t_0}=\varepsilon_\alpha \tag{5.2.24}$$

求得蠕变断裂时间

$$t_c=\alpha_1^{-1}(\gamma+1)^{-1}\varepsilon_\alpha^{\gamma+1}(\sigma_1/\sigma_0)^{\delta} \tag{5.2.25}$$

对式(5.2.23)进行积分,得

$$\varepsilon_1=\varepsilon_\alpha\left[\left(\frac{t-t_0}{t_c}\right)+1\right]^{\frac{1}{\gamma+1}} \tag{5.2.26}$$

岩石的蠕变损伤与其中细观裂纹的产生、扩展相关,其细观裂纹损伤模型为

$$D=C_d\varepsilon_1^{\xi-6} \tag{5.2.27}$$

由于式(5.2.27)将损伤变量直接与全应变联系在一起,该模型不仅可用于岩石的脆弹性损伤或弹塑性损伤,还适用于与时间相关的细观裂纹损伤分析。将式(5.2.26)代入式(5.2.27),有

$$D=D_\alpha\left[\left(\frac{t-t_0}{t_c}\right)+1\right]^{\frac{\xi-6}{\gamma+1}} \tag{5.2.28}$$

式中,$D_\alpha=D\big|_{t=t_0}=C_d\varepsilon_\alpha^{\xi-6}$(或由试验得到)。即时泊松比 μ_r 随时间的变化

$$Q_d=\frac{1-\mu_r}{2-\mu_r}\left[D_\alpha\left(\frac{t-t_0}{t_c}\right)+1\right]^{\frac{\xi-6}{\gamma+1}} \tag{5.2.29}$$

并可根据 μ_r 的物理意义分析体积应变的蠕变特征:

$$\varepsilon_V=[1-2\mu_r(t)]\dot{\varepsilon}_1 \tag{5.2.30}$$

5.2.3　岩石时效损伤机制的研究

岩石的蠕变破坏从性质上可以分为两种破坏形式:一种是应力水平一定时(大于岩石的长期强度),蠕变从衰减蠕变过渡到等速蠕变,蠕变变形等速发展,当变形累加到一定程度时,出现加速蠕变阶段,这时岩石才开始破坏,这种破坏可以称为渐进性破坏;另一种是当应力水平很高时(远大于岩石的长期强度),变形急剧增加,衰减蠕变、等速蠕变阶段较短,很快过渡到加速蠕变阶段,时间从加载到破坏历时很短,这种破坏可以称为突变性破坏。渐进性破坏时应力水平相对较小,破坏前

等速蠕变有较长的稳定阶段，在此阶段蠕变损伤较小，可以忽略其损伤，认为蠕变损伤起始于蠕变第二阶段末期，发生于加速蠕变阶段。突变性破坏时应力相对较高，蠕变损伤在蠕变的每个阶段都有发生。实际上，蠕变的渐进性破坏是岩石变形累加到一定程度的结果，理论上，只要应力水平大于岩石的长期强度，随着时间的无限发展，岩石最终会发生破坏。鉴于此，这里只讨论渐进性时效损伤蠕变破坏。

岩石蠕变过程中的总损伤 $D(\sigma,t)$ 由两部分组成：

$$D(\sigma,t)=D(\sigma,0)+D^{c}(\sigma,t) \tag{5.2.31}$$

式中，$D(\sigma,0)$ 为施加应力所产生的瞬时损伤；$D^{c}(\sigma,t)$ 为时效蠕变损伤。

其损伤演化率为

$$\dot{D}(\sigma,t)=\dot{D}(\sigma,0)+\dot{D}^{c}(\sigma,t)=\dot{D}^{c}(\sigma,t) \tag{5.2.32}$$

对于岩石时效损伤的应力阈值问题，可把它当成岩石的长期强度来对待。岩石的长期强度就是使岩石在无限长时间内因蠕变达到破坏的应力最低值。这就是说，当岩石所承受应力大于长期强度时，由于时效作用总可以使岩石在有限的时间内发生破坏；而当岩石所承受应力小于长期强度时，永远不可能使之发生蠕变破坏。对一种特定的岩石，长期强度 σ_{∞} 与其单轴抗压强度 σ_{c} 比值定义为

$$\sigma_{\infty}/\sigma_{c}=\lambda \tag{5.2.33}$$

因此，在 $\sigma/\sigma_{c}<\lambda$ 的情况下，第三阶段的加速蠕变不存在；在 $\sigma/\sigma_{c}\geqslant\lambda$ 的情况下，总有加速蠕变阶段。这样，在进行岩石的蠕变损伤分析时可根据不同情况分别处理。

(1) 当 $\sigma/\sigma_{c}<\lambda$ 时，很明显岩石的损伤率与应力及损伤状态有关，且蠕变损伤量最后趋于一定值，于是给出以下蠕变演化方程。

对于单轴应力状态，Kachanov 根据金属棒的一维拉伸试验，提出蠕变条件下的损伤演化方程为

$$\dot{D}^{c}(\sigma,t)=\left[\frac{\sigma}{B(1-D(\sigma,t)-D(\sigma,0))}\right]^{\nu} \tag{5.2.34}$$

式中，B、ν 为依赖于温度的材料常数，由常应力蠕变试验确定；D_0 为初始状态。从第 2 章板岩的蠕变曲线来看，当应力小于一定值时，发生等速蠕变，当应力大于一定值时，发生蠕变破坏，因此，存在一过渡应力 σ_{c}，只有应力水平大于此应力，岩石才发生蠕变破坏。由此，考虑瞬时损伤 $D(\sigma,0)$ 和应力 σ_{c} 的影响，并参考式(5.2.34)的形式，$D(\sigma,t)$ 可表达为

$$\dot{D}^{c}(\sigma,t)=\left[\frac{\sigma^{*}}{B(1-D(\sigma,t)-D(\sigma,0))}\right]^{\nu} \tag{5.2.35}$$

这里，$\sigma^{*}=\sigma-\sigma_{c}$。

由边界条件

$$\begin{cases}D^{c}(\sigma,0)=0\\ D^{c}(\sigma,t)=D_{m}(\sigma)-D(\sigma,0)\end{cases} \tag{5.2.36}$$

得

$$D^c(\sigma,t)=[D_m(\sigma,t)-D(\sigma,0)]\left\{1-D(\sigma,0)-\left[1-D_0(\sigma,0)^{\nu+1}-(\nu+1)\left(\frac{\sigma^*}{B}\right)^\nu t\right]^{\frac{1}{\nu+1}}\right\} \tag{5.2.37}$$

式中，$D_m(\sigma)$表示一定应力水平下的最大损伤量。

(2) 当$\sigma/\sigma_c \geqslant \lambda$时，需要考虑与第三阶段蠕变相对应的蠕变损伤演化。设第二阶段蠕变结束的时间是t_{II}，对应的岩石损伤量为D_{II}，于是提出蠕变损伤演化方程如下。

① 当$t<t_{\text{II}}$时，边界条件

$$\begin{cases} D^c(\sigma,0)=0 \\ D^c(\sigma,t_{\text{II}})=D_{\text{II}}(\sigma)-D(\sigma,0) \end{cases} \tag{5.2.38}$$

求解得

$$D^c(\sigma,t)=[D_{\text{II}}(\sigma,t)-D(\sigma,0)]\left\{1-D(\sigma,0)-\left[1-D_0(\sigma,0)^{\nu+1}-(\nu+1)\left(\frac{\sigma^*}{B}\right)^\nu t\right]^{\frac{1}{\nu+1}}\right\} \tag{5.2.39}$$

② 当$t>t_{\text{II}}$时，蠕变损伤迅速增长，在此基础上边界条件为

$$D^c(\sigma,t)=D_R(\sigma)-D(\sigma,0) \tag{5.2.40}$$

得

$$\dot{D}^c(\sigma,t)=\left[\frac{\sigma^*}{B(1-D(\sigma,t)-D(\sigma,0))(1-D(\sigma,0)-D(\sigma,t)-D_\alpha)}\right]^\nu \tag{5.2.41}$$

式中，$D_R(\sigma)$、D_α分别为蠕变破坏损伤临界值及损伤加速阶段临界值。由于解析解不易求出，下面可以采用数值计算方法。

综合上述分析，可以得出蠕变损伤演化方程统一形式：

$$\dot{D}^c(\sigma,t)=\left[\frac{\sigma^*}{B(1-D(\sigma,t)-D(\sigma,0))(1-D(\sigma,0)-\langle D(\sigma,t)-D_\alpha\rangle)}\right]^\nu \tag{5.2.42}$$

式中，$\langle\rangle$为开关函数，$\langle x\rangle=\begin{cases}0, & x\leqslant 0\\ x, & x>0\end{cases}$。以上分析模型中所有参量和系数均可由试验求取。

5.3　岩石非线性黏弹塑性损伤流变模型研究

5.3.1　岩石非线性损伤流变机制

岩石是一种复杂的天然地质体，由不同形状与不同尺度的矿物颗粒组合而成，经历了亿万年的地质演变和多期复杂的构造运动，内部存在各种各样的缺陷(如微

裂纹、孔洞、节理等)。在各种边界荷载和环境的长期作用下,必然会引起缺陷的进一步扩展或新裂纹的产生、发展。

图 5.3.1 为锦屏二级水电站引水隧洞中板岩扫描电镜及裂隙识别图。在低应力水平作用下,存在于岩石材料内部的微裂隙、微孔隙及孔洞发生闭合,随着时间的延长,几乎没有任何新的细观裂纹产生[图 5.3.1(a)、(b)];在较高应力水平作用下,岩石组构开始随时间不断变化,导致岩石与周围介质变形不协调,在蠕变过程中有大量细观裂纹产生与扩展[图 5.3.1(c)、(d)],逐步形成细观主裂面;在高于长期强度的应力水平作用下,岩石进入加速蠕变阶段,最终形成宏观主裂面。蠕变损伤累积和细观主裂纹迅速扩展演化,岩石出现不同的蠕变破坏机制,蠕变裂纹具有突变性和分叉特点[图 5.3.1(e)、(f)]。综合以上分析,岩石非线性蠕变损伤机制刚好对应着岩石非线性流变全程曲线的瞬时变形、初期蠕变、稳态蠕变以及加速蠕变阶段。

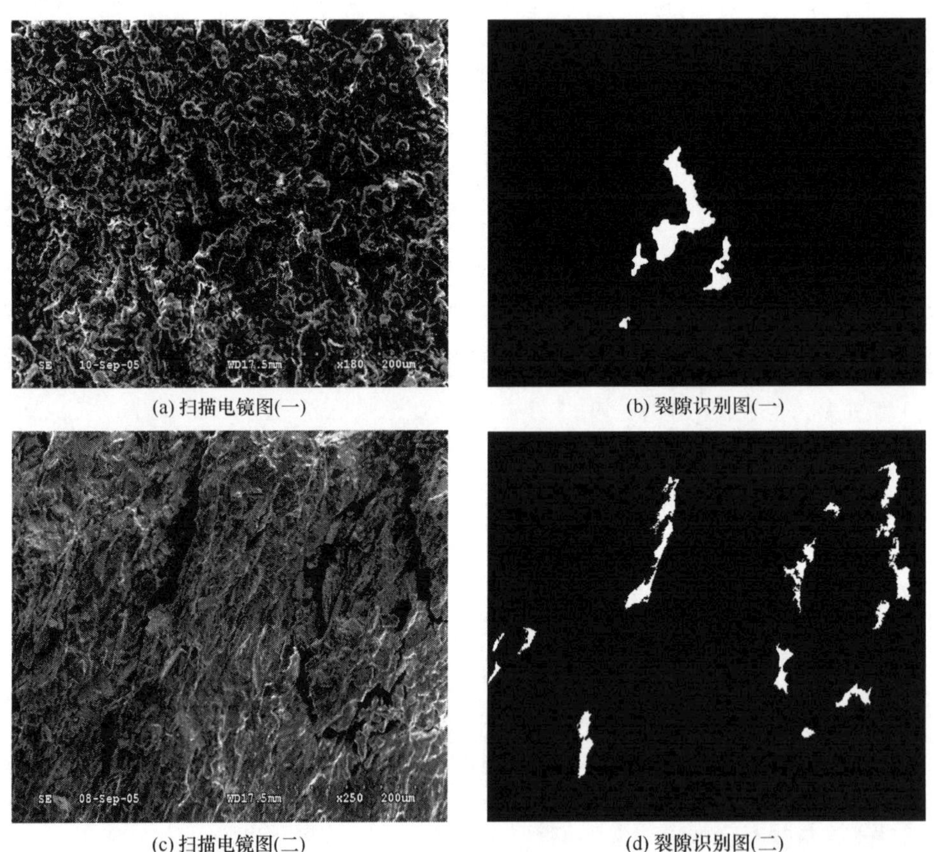

(a) 扫描电镜图(一)　(b) 裂隙识别图(一)

(c) 扫描电镜图(二)　(d) 裂隙识别图(二)

(e) 扫描电镜图(三)

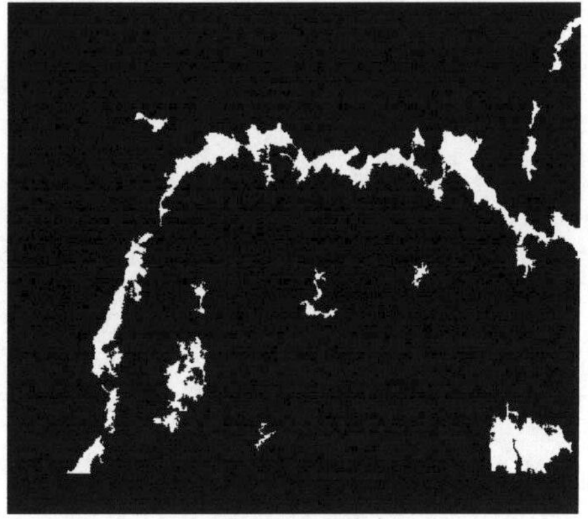

(f) 裂隙识别图(三)

图 5.3.1　板岩电镜扫描及裂隙识别图

5.3.2　岩石非线性蠕变损伤模型

岩石蠕变过程中损伤包括加载时的瞬时损伤和随着蠕变变形的发展而产生的蠕变损伤。这里只考虑蠕变损伤，不考虑瞬时损伤。

根据第 2 章板岩蠕变试验结果，利用元件模型理论，提出一个新的元件模型，如图 5.3.2 所示，反映岩石的加速流变特性，相应的蠕变方程如式(5.3.1)所示。

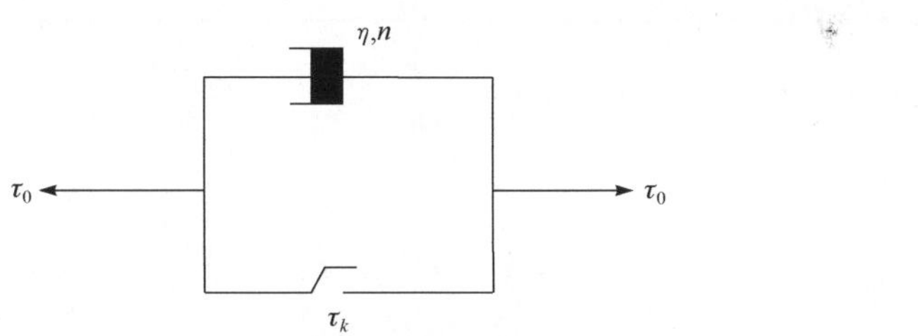

图 5.3.2　非线性黏塑性元件

$$\gamma(t)=\frac{H(\tau_0-\tau_k)}{\eta}\frac{t^n}{t_0^{n-1}}=\frac{H(\tau-\tau_k)}{\eta}t^n \tag{5.3.1}$$

式中，n 定义为流变指数，反映岩石加速流变速率的快慢程度；t_0 为参考时间，这里设定为 1；而 τ_k 为裂纹加速扩展临界剪应力；H 为开关函数，其表达式为

$$H(\tau_0-\tau_k)=\begin{cases}0, & \tau_0\leqslant\tau_k\\ \tau_0-\tau_k, & \tau_0>\tau_k\end{cases} \tag{5.3.2}$$

由此建立板岩的流变组合模型，如图 5.3.3 所示。

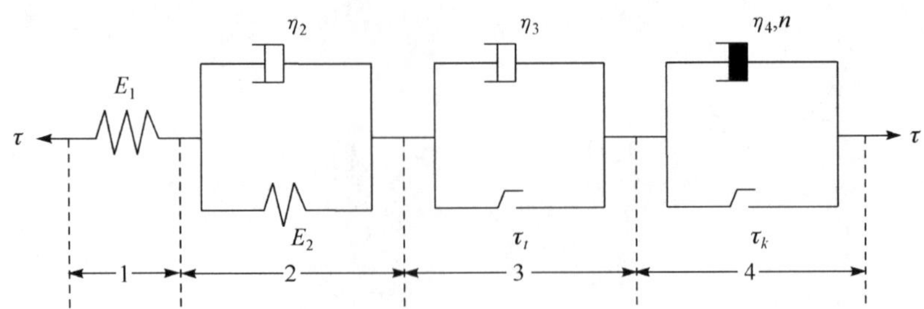

图 5.3.3　岩石非线性黏弹塑性流变模型示意图

模型满足以下条件：

$$\tau=\tau_1=\tau_2=\tau_3=\tau_4 \tag{5.3.3}$$

$$\gamma=\gamma_1+\gamma_2+\gamma_3+\gamma_4 \tag{5.3.4}$$

$$\tau_1=E_1\gamma_1 \tag{5.3.5}$$

$$\tau_2=\eta_2\dot{\gamma}_2+E_2\gamma_2 \tag{5.3.6}$$

$$\tau_3=\eta_3\dot{\gamma}_3+\tau_t \tag{5.3.7}$$

$$\tau_4=\eta_4\dot{\gamma}_4/(nt^{n-1})+\tau_k \tag{5.3.8}$$

式中，E_1、E_2 为弹性模量；η_2、η_3、η_4 为黏滞系数；τ_t 为裂纹起裂初始值；τ_k 为裂纹加速扩展临界值。由式(5.3.3)～式(5.3.8)可推出的流变模型的本构关系如下。

(1)当 $\tau\leqslant\tau_t$ 时，有

$$\eta_2\dot{\gamma}+E_2\gamma=\eta_2\frac{\dot{\tau}}{E_1}+\frac{E_1+E_2}{E_1}\tau \tag{5.3.9}$$

(2)当 $\tau_t<\tau\leqslant\tau_k$ 时，有

$$\ddot{\gamma}+\frac{E_2}{\eta_2}\dot{\gamma}=\frac{\ddot{\tau}}{E_1}+\left(\frac{1}{\eta_1}+\frac{E_2}{E_1\eta_2}+\frac{1}{\eta_3}\right)\dot{\tau}+\frac{E_2}{\eta_2}\frac{\tau-\tau_t}{\eta_3} \tag{5.3.10}$$

(3)当 $\tau>\tau_k$ 时，有

$$\begin{aligned}\ddot{\gamma}+\frac{E_2}{\eta_2}\dot{\gamma}=&\frac{\ddot{\tau}}{E_1}+\left(\frac{1}{\eta_1}+\frac{E_2}{E_1\eta_2}+\frac{1}{\eta_3}\right)\dot{\tau}+\frac{E_2}{\eta_2}\frac{\tau-\tau_t}{\eta_3}+\frac{nt^{n-1}}{\eta_4}\dot{\tau}\\&+\frac{n(n-1)t^{n-2}(\tau-\tau_k)}{\eta_4}+\frac{E_2}{\eta_2}\frac{nt^{n-1}(\tau-\tau_k)}{\eta_4}+\frac{E_2}{\eta_2}\int\frac{nt^{n-1}(\tau-\tau_k)}{\eta_4}\mathrm{d}t\end{aligned} \tag{5.3.11}$$

考虑初始条件 $t=0,\gamma=\tau_0/E_1$，应力 $\tau=\tau_0$ 为常数的蠕变情况时，由流变本构关系式可推得蠕变方程如下：

$$\gamma=\begin{cases}\dfrac{\tau_0}{E_1}+\dfrac{\tau_0}{E_2}\left[1-\exp\left(-\dfrac{E_2}{\eta_2}t\right)\right], & \tau<\tau_t\\ \dfrac{\tau_0}{E_1}+\dfrac{\tau_0}{E_2}\left[1-\exp\left(-\dfrac{E_2}{\eta_2}t\right)\right]+\left(\dfrac{\tau_0-\tau_t}{\eta_3}\right)t, & \tau_t<\tau\leqslant\tau_k\\ \dfrac{\tau_0}{E_1}+\dfrac{\tau_0}{E_2}\left[1-\exp\left(-\dfrac{E_2}{\eta_2}t\right)\right]+\left(\dfrac{\tau_0-\tau_t}{\eta_3}\right)t+\left(\dfrac{\tau_0-\tau_k}{\eta_4}\right)t^n, & \tau>\tau_k\end{cases} \tag{5.3.12}$$

式中，E_1、E_2、η_2、η_3、η_4、τ_t、τ_k 为不考虑损伤的岩石流变模型各参数值。

基于上面提出的岩石非线性黏弹塑性流变模型，采用损伤力学理论，通过将损伤变量引入所建非线性黏弹塑性流变本构模型中，建立岩石非线性黏弹塑性流变损伤本构模型。

考虑损伤后可以认为是流变模型的材料参数发生劣化。设无损伤的岩石弹性模量为 $E_i\ (i=1,2)$、黏滞系数为 $\eta_i\ (i=2,3,4)$，有损伤的岩石弹性模量为 $E_i^*\ (i=1,2)$、黏滞系数为 $\eta_i^*\ (i=2,3,4)$。有效参数可表示为

$$\begin{cases}E_1^*=E_1[1-D(\sigma,t)]\\ E_2^*=E_2[1-D(\sigma,t)]\\ \eta_2^*=\eta_2[1-D(\sigma,t)]\\ \eta_3^*=\eta_3[1-D(\sigma,t)]\\ \eta_4^*=\eta_4[1-D(\sigma,t)]\end{cases} \tag{5.3.13}$$

将式(5.3.13)分别代入非线性黏弹塑性流变模型，可以得到如下的非线性黏弹塑性流变损伤模型，其相应的状态方程为

$$\begin{cases}\tau=\tau_1=\tau_2=\tau_3=\tau_4\\ \gamma=\gamma_1=\gamma_2=\gamma_3=\gamma_4\\ \tau_1=E_1[1-D(\sigma,t)]\gamma_1\\ \tau_2=\eta_2[1-D(\sigma,t)]\dot{\gamma}_2+E_2[1-D(\sigma,t)]\gamma_2\\ \tau_3=\eta_3[1-D(\sigma,t)]\dot{\gamma}_3+\tau_t\\ \tau_4=\eta_4[1-D(\sigma,t)]\dot{\gamma}_4/(nt^{n-1})+\tau_k\end{cases} \tag{5.3.14}$$

式中，τ 和 γ 分别为模型总的应力和应变；τ_1、τ_2、τ_3、τ_4 分别为 1、2、3、4 部分的剪应力；γ_1、γ_2、γ_3、γ_4 分别为 1、2、3、4 部分的剪应变；E_1、E_2、η_2、η_3、η_4 分别为材料的弹性、黏性参数；n 为流变指数；τ_t 和 τ_k 分别为裂纹起裂初始值和裂纹加速扩展临界值；D 由式(5.2.42)求出。

根据式(5.3.14)可以得到非线性黏弹塑性损伤流变的本构方程为

$$\ddot{\gamma}+\frac{E_2[1-D(\sigma,t)]}{\eta_2[1-D(\sigma,t)]}\dot{\gamma}=\frac{1}{E_1[1-D(\sigma,t)]}\ddot{\tau}$$

$$+\left\{\frac{1}{\eta_2[1-D(\sigma,t)]}+\frac{E_2[1-D(\sigma,t)]}{E_1[1-D(\sigma,t)]\eta_2[1-D(\sigma,t)]}\right\}\dot{\tau}$$
$$+\frac{E_2[1-D(\sigma,t)](\tau-\tau_t)}{\eta_2[1-D(\sigma,t)]\eta_3[1-D(\sigma,t)]}+\frac{nt^{n-1}}{\eta_4[1-D(\sigma,t)]}\dot{\tau}$$
$$+\frac{n(n-1)t^{n-2}(\tau-\tau_k)}{\eta_4[1-D(\sigma,t)]}+\frac{E_2[1-D(\sigma,t)]t^{n-1}(\tau-\tau_k)}{\eta_2[1-D(\sigma,t)]\eta_4[1-D(\sigma,t)]} \tag{5.3.15}$$

简化为

$$\ddot{\gamma}+\frac{E_2}{\eta_2}\dot{\gamma}=\frac{1}{E_1[1-D(\sigma,t)]}\ddot{\tau}+\left\{\frac{1}{\eta_2[1-D(\sigma,t)]}+\frac{E_2}{E_1\eta_2[1-D(\sigma,t)]}\right\}\dot{\tau}$$
$$+\frac{E_2(\tau-\tau_t)}{\eta_2\eta_3[1-D(\sigma,t)]}+\frac{nt^{n-1}}{\eta_4[1-D(\sigma,t)]}\dot{\tau}$$
$$+\frac{n(n-1)t^{n-2}(\tau-\tau_k)}{\eta_4[1-D(\sigma,t)]}+\frac{E_2t^{n-1}(\tau-\tau_k)}{\eta_2\eta_4[1-D(\sigma,t)]}$$
$$+\frac{E_2}{\eta_2}\int\frac{t^{n-1}(\tau-\tau_k)}{\eta_2}\mathrm{d}t \tag{5.3.16}$$

考虑初始条件 $t=0,\gamma=\tau_0/E_1$，应力 $\tau=\tau_0$ 为常数的蠕变情况时，由流变本构关系式可推得蠕变方程如下。

(1) 当 $\tau\leqslant\tau_t$ 时，有

$$\gamma=\frac{\tau_0}{E_1[1-D(\sigma,t)]}+\frac{\tau_0}{E_2[1-D(\sigma,t)]}\left[1-\exp\left(-\frac{E_2}{\eta_2}t\right)\right] \tag{5.3.17}$$

(2) 当 $\tau_t<\tau\leqslant\tau_k$ 时，有

$$\gamma=\frac{\tau_0}{E_1[1-D(\sigma,t)]}+\frac{\tau_0}{E_2[1-D(\sigma,t)]}\left[1-\exp\left(-\frac{E_2}{\eta_2}t\right)\right]+\left\{\frac{\tau_0-\tau_t}{\eta_3[1-D(\sigma,t)]}\right\}t \tag{5.3.18}$$

(3) 当 $\tau>\tau_k$ 时，有

$$\gamma=\frac{\tau_0}{E_1[1-D(\sigma,t)]}+\frac{\tau_0}{E_2[1-D(\sigma,t)]}\left[1-\exp\left(-\frac{E_2}{\eta_2}t\right)\right]$$
$$+\frac{\tau_0-\tau_t}{\eta_3[1-D(\sigma,t)]}t+\frac{\tau_0-\tau_k}{\eta_4[1-D(\sigma,t)]}t^n \tag{5.3.19}$$

考虑初始条件 $t=0,\tau_0=E_1\gamma_0$，应力 $\gamma=\gamma_0$ 为常数的松弛情况时，由流变本构关系式可推得松弛方程如下。

(1) 当 $\tau\leqslant\tau_t$ 时，有

$$\tau=\left\{\frac{E_1^*E_2^*}{E_1^*+E_2^*}+\frac{E_1^*E_2^*}{E_1^*+E_2^*}\exp\left[-\frac{(E_1^*+E_2^*)t}{\eta_2^*}\right]\right\}\gamma_0 \tag{5.3.20}$$

(2) 当 $\tau_t<\tau\leqslant\tau_k$ 时，利用拉普拉斯变换求解松弛方程，有

$$\tau=\frac{1}{A+B}(B\mathrm{e}^{-Bt}-A\mathrm{e}^{-At})+\frac{1}{B-A}(\mathrm{e}^{-Bt}-A\mathrm{e}^{-At})\frac{E_1^*E_2^*}{\eta_2^*}\gamma_0+\frac{1}{B-A}(\mathrm{e}^{-Bt}-\mathrm{e}^{-At})\frac{E_1^*\tau_t}{\eta_3^*}$$
$$+\left[\frac{1}{AB}+\frac{1}{B-A}\left(\frac{1}{B}\mathrm{e}^{-Bt}-\frac{1}{A}\mathrm{e}^{-At}\right)\frac{E_1^*E_2^*\tau_t}{\eta_2^*\eta_3^*}\right] \tag{5.3.21}$$

式中

$$\begin{cases}A+B=\left(\dfrac{E_2^*}{\eta_2^*}+\dfrac{E_1^*}{\eta_2^*}+\dfrac{E_1^*}{\eta_3^*}\right)\\ AB=\dfrac{E_1^*E_2^*}{\eta_2^*\eta_3^*}\end{cases}$$

(3) 当 $\tau>\tau_k$ 时，利用拉普拉斯变换求解松弛方程，有

$$\tau=\frac{1}{D-C}(D\mathrm{e}^{-Dt}-C\mathrm{e}^{-Ct})E_1^*\gamma_0+\frac{1}{D-C}(\mathrm{e}^{-Dt}-\mathrm{e}^{-Ct})\frac{E_1^*E_2^*}{\eta_2^*}\gamma_0$$
$$+\frac{E_1^*}{D-C}(\mathrm{e}^{-Dt}-\mathrm{e}^{-Ct})\left(\frac{\tau_t}{\eta_3^*}+\frac{\tau_k}{\eta_4^*}\right)$$
$$+\left[\frac{1}{CD}+\frac{1}{D-C}\left(\frac{1}{D}\mathrm{e}^{-Dt}-\frac{1}{C}\mathrm{e}^{-Ct}\right)\right]\frac{E_1^*E_2^*}{\eta_2^*}\left(\frac{\tau_t}{\eta_3^*}+\frac{\tau_k}{\eta_4^*}\right) \tag{5.3.22}$$

式中

$$\begin{cases}C+D=\dfrac{E_1^*+E_2^*}{\eta_2^*}+\dfrac{E_1^*}{\eta_3^*}+\dfrac{E_1^*}{\eta_4^*}\\ CD=\dfrac{E_1^*E_2^*(\eta_3^*+\eta_4^*)}{\eta_2^*\eta_3^*\eta_4^*}\end{cases}$$

利用类比法，由一维模型可直接推出如下三维蠕变方程。

(1)当 $F_1\leqslant0$ 时，有

$$\gamma_{ij}=\frac{S_{ij}}{2G_1^*}+\frac{\tau_{\mathrm{m}}}{3K}\delta_{ij}+\frac{1}{2G_2^*}\left[1-\exp\left(-\frac{G_2^*}{H_1}t\right)\right]\Phi(F_1)\frac{\partial\Phi}{\partial\tau_{ij}} \tag{5.3.23}$$

(2) 当 $F_1>0$ 且 $F_2\leqslant0$ 时，有

$$\gamma_{ij}=\frac{S_{ij}}{2G_1^*}+\frac{\tau_{\mathrm{m}}}{3K}\delta_{ij}+\frac{1}{2G_2^*}\left[1-\exp\left(-\frac{G_2^*}{H_1}t\right)\right]\Phi(F_1)\frac{\partial\Phi}{\partial\tau_{ij}}+\frac{t}{2H_2}\Phi(F_2)\frac{\partial Q_2}{\partial\tau_{ij}} \tag{5.3.24}$$

(3) 当 $F_2>0$ 时，有

$$\gamma_{ij}=\frac{S_{ij}}{2G_1^*}+\frac{\tau_{\mathrm{m}}}{3K}\delta_{ij}+\frac{1}{2G_2^*}\left[1-\exp\left(-\frac{G_2^*}{H_1}t\right)\right]$$
$$\cdot\Phi(F_1)\frac{\partial\Phi}{\partial\tau_{ij}}+\frac{t}{2H_2}\Phi(F_2)\frac{\partial Q_2}{\partial\tau_{ij}}+\frac{t^n}{2H_3}\Phi(F_3)\frac{\partial Q_3}{\partial\tau_{ij}} \tag{5.3.25}$$

5.3.3　模型验证

针对锦屏二级水电站引水隧洞板岩的剪切流变试验曲线进行参数反演，以法向应力 $\sigma=2\text{MPa}$ 为例，利用本节提出的非线性黏弹塑性损伤流变模型对该试验数据进行参数识别。辨识结果见表 5.3.1 和表 5.3.2。表 5.3.2 中列出不同剪应力下的最小二乘法误差，最大的误差只有 0.233%，最小误差为 0.103%。图 5.3.4 为 $\sigma=2\text{MPa}$ 的板岩拟合曲线。图 5.3.5 为时效损伤因子变化图，参数如下：$D_0=1.0\times10^{-5}$，$\nu=2$，$D_\alpha=0.368$，$B=463$，$\mu_0=0.42$。

表 5.3.1　板岩剪切流变模型参数

正应力/MPa	剪应力/MPa	E_1/GPa	E_2/GPa	η_2/(GPa · d)	η_3/(GPa · d)	η_4/(GPa · d)	n
2	2	67.8	69.2	5208	95000	—	—
	4	78.3	78.2	5208	180000	—	—
	6	74.8	78.2	6458	178571	—	—
	8	81.0	71.9	6458	238000	—	—
	10	84.5	78.0	6458	238000	—	—
		87.5	81.0	6458	416665	138888	1.03

表 5.3.2　流变参数迭代结果($\sigma=2\text{MPa}$)

剪应力/MPa	迭代次数	初始值	最终值	最小二乘误差/10^{-3}
0.9	234	(25,15,1000,300000,0,0)	(26,15.9,937.5,208333,0,0)	1.56
1.8	316	(20,30,120,300000,0,0)	(20,30.9,125,250000,0,0)	2.33
2.7	218	(20,30,125,25000,0,0)	(20.5,30.9,125,25000,0,0)	1.14
3.6	189	(20,30,125,25000,0,0)	(22.7,30.9,125,25000,0,0)	1.47
4.5	150	(25,30,125,25000,0,0)	(25,30.9,125,25000,0,0)	1.03
4.5	195	(25,30,125,25000,0,0)	(25,30.9,125,25000,83333,1.5)	2.24

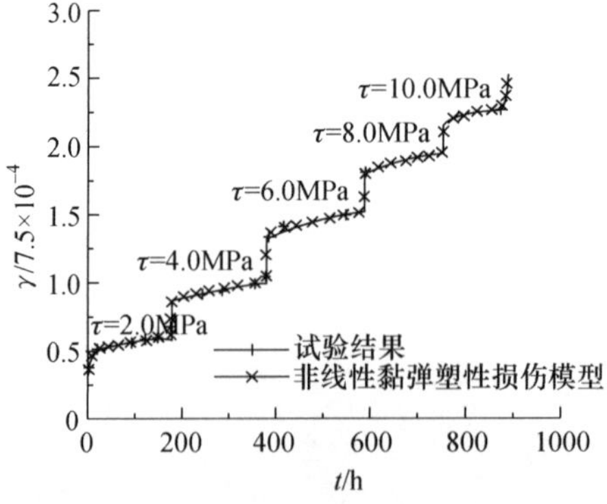

图 5.3.4　板岩拟合曲线($\sigma=2\text{MPa}$)

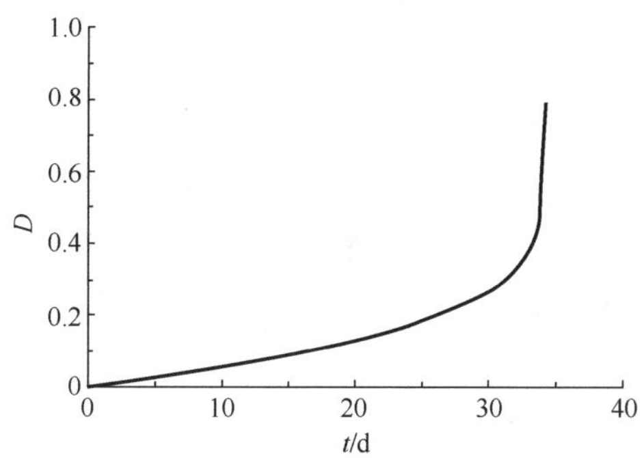

图5.3.5 损伤变量全程变化曲线

通过对拟合结果进行分析,可以发现非线性黏弹塑性损伤流变模型最小二乘误差比较小,可以很好地拟合板岩的蠕变曲线,损伤变量随着蠕变过程逐渐演化,起初损伤率比较小,进入蠕变加速阶段后,损伤率急剧增加。

5.4 基于内时理论的软岩损伤模型研究

岩石是一种典型的耗散型材料,其黏弹性、塑性、弹-黏塑性以及损伤变形等过程都是一种能量耗散的不可逆熵增过程[57,123~126],沿用传统的流变理论去分析,就难以从物理本质上建立实用的模型,这就要求岩石力学工作者寻找其他以不可逆热力学为基础的理论对岩石流变本构模型进行研究。把具有不可逆热力学内变量引入黏弹塑性本构方程中,这就是内时理论的特点[127~129]。

近年来,随着内时理论迅速发展,已成为固体力学和工程技术界的一个研究热点。它有深广的理论基础,模型接近于实际,方法上又特别注重具体材料在特定条件下的响应特性,因而具有理论研究价值。它不采用屈服面概念,不必判断单元是否进入屈服状态,此外,本构方程形式不变,便于编写适于各种材料通用的程序。内时理论的观点立意较高,是一条有效的研究软岩流变本构的研究途径,当前这方面的研究在岩石力学方面仍处在初期,有待进一步探索。

利用内时时间理论来解决耗散材料的黏塑性(具有流变性,属不可逆热力学过程)问题是通过以下几个基本步骤来实现的:①根据研究系统的特性及研究要求的精确程度来确定应采用的内变量的个数;②选择恰当的内时时间;③根据演化方程对具体问题进行求解。这一研究思路可为软岩流变的内时本构理论研究所借鉴。

本章基于一种简单的机械模型,通过在不可逆应变和牛顿时间所构成的空间中合理定义广义时间、引入各向同性损伤变量,建立软岩损伤本构方程。

5.4.1　建立流变本构方程的基本思想

对于岩石材料，不仅颗粒内部原子间产生不可恢复的错动，而且颗粒之间、微裂隙、孔隙的变化也对不可逆变形作出不可忽略的贡献。内时理论是在热力学基础上，从能量耗散的角度统一地描述材料的不可逆变形，使理论概念与物理实际能紧密结合起来，从而对岩石材料的物理力学性质加以深入研究。建立内时流变本构方程的基本思想如下。

(1) 在遵循不可逆热力学基本理论的前提下，在本构方程中选用恰当的内变量组来表征岩石在外界影响下其内部组织结构状态的改变。由于软岩材料内部组织结构的变化具有显著的时间效应(或应变率效应)、交错效应等，内变量的具体形式中最好含有与这些效应相关的变量。由此出发，基于状态空间的概念，把软岩流变的不可逆热力学过程定义为跨越不同 ε_T 子空间，不断克服广义内摩擦力以改变岩石材料内部组织结构状态，并不断耗散能量的变化过程。岩石在受力过程中某一时刻的热力学状态由那一时刻坐落的子空间来定义，从而避开了把定义空间与内变量实际演变路径混淆起来的观点。

(2) 建立岩石流变本构关系时应满足连续介质力学的公理化条件和不可逆热力学的基本定律。此外，内变量的引入应注意能反映岩石在某一时刻的内部结构状态的唯一性和不可逆性，同时它的演变也不能违反衰减记忆原理。

(3) 本构方程应能够反映软岩流变的一些基本特性与强度特性。

(4) 本构方程中参数不宜太多，其基本的参数应易于测定。

(5) 结合具体问题，从物理本质上分析，这正是内时本构方程的立足点，只有这样，才能进一步完善该理论。

5.4.2　软岩内时损伤模型的建立

1. 内时理论简介

内时理论最初是由 Valanis 提出的，是用来描述耗散材料的黏塑性(不可逆热力学)过程的理论，它摒弃了传统塑性理论所采用的单纯用应力或应变空间的点来描述物体所处的应力应变状态的方法，而在内时空间中对物体的应力应变状态进行描述。内时理论的基本思想：在材料的变形破坏过程中，材料内部发生了不可逆的能量转换，宏观上表现为不可逆变形和温度的变化，实际上材料的变形破坏过程是一个不可逆热力学过程。经典塑性理论最大障碍在于对材料屈服面的界定，为了解决这一难题(如材料在硬化或软化阶段屈服面的移动和变形等)，Valanis 提出不以传统塑性理论引用的屈服面的概念为前提的内时理论，但它并不排斥屈服面的存在，利用它甚至可以求得传统塑性理论中屈服面的解析式。实际上，Valanis 提出的内蕴时间与牛顿时间类似，以应变(或应力)增量的欧几里得模(应变或应力空间中弧长的增量)作为内蕴时间的度量。所谓内时是以应变(或应力)增量的欧几里得模(应变或应力空间中弧长的增量)作为内蕴时间的度量。由于内蕴时间是单调递增的,所以完全可以用它来唯一地确定应力与应变状态。从不可逆热力学的角度看,内时理论把材料的塑性或黏塑性变形问题看成是一个不可逆热力学过程,通过引入内变量来描述系统在不可逆热力学过程中所处的状态。它把热力学中描述系统状态的变量(如温度、应力、应变和内能等)称为基本状态变量,并用由这些基本状态变量和有限个互相独立的内变量所组成的完整集合的现实值来唯一确定系统当前所处的热力学状态。具体对黏塑性研究来说,完全可以用应力(或应变)、温度和有限个互相独立的内变量来唯一确定耗散材料在黏塑性变形(流变)过程(不可逆热力学过程)中所处的状态。至于每个系统应该用多少个相互独立的内变量来描述,这是由系统的复杂程度及研究的层次来确定的。

自内时理论提出以来,在研究金属复合材料、岩土等工程材料的疲劳、蠕变、损伤、断裂、有限弹塑性变形等问题中取得了可喜的进展,反映了内时理论广阔的工程应用前景。在解决一些工程材料复杂加载条件下的非弹性响应特性有许多优点,如单调加载及循环加载下各种工程结构的弹塑性响应特性、耗散材料宏观表象与微观机制的综合分析、蠕变与松弛等方面。由于岩石类材料内部结构的复杂性和多向性,使其在复杂应力状态下的响应常常表现出与金属材料不同的特点。在建立本构模型时要充分考虑岩土材料的力学行为、强度和寿命与微缺陷(主要是微裂纹)的萌生、扩展和连接密切相关。

2. 建立软岩内时损伤模型时应遵循的公理

内时理论是基于内变量的不可逆热力学理论,不考虑但也不排除屈服面的存在,是一种更为合理、现实的材料本构理论,在建立软岩内时损伤流变模型时,应遵循连续介质力学、不可逆热力学定律,即以下 5 个公理[130]。

(1) 确定性原理。物体在 t 时刻的状态和行为由物体在该时刻以前的变形历史和温度史所唯一决定。

(2) 局部性原理。物体中任一点在 t 时刻的状态和行为只由该点任意小邻域内的变形历史和温度史所确定。

(3) 客观性原理。物质的本构方程不随时空参考标架的变换而改变或本构方程不依赖于物体作为一个整体在空间所作的刚体运动。

(4) 衰减记忆原理。随时间的推移,物体的现时行为或状态受过去某一时刻作用的影响越来越弱。衰减记忆原理对本构模型的形式给予了限制,若构建以牛顿时间 t 作为基本变量的本构模型,以 $J(\eta)$ 作为蠕变柔量,则衰减记忆原理要求:

$$\left|\frac{\mathrm{d}J(\eta)}{\mathrm{d}\eta}\right|_{\eta=\eta_2}\leqslant\left|\frac{\mathrm{d}J(\eta)}{\mathrm{d}\eta}\right|_{\eta=\eta_1}$$

式中，η 为材料状态参数，有 $\eta_1=\eta_{t=t_1}$，$\eta_1=\eta_{t=t_2}(t_2>t_1)$。

(5) 等存在性原理。在某个物质本构方程中呈现的一个独立变量应该假设它在所有的本构方程中都存在，一直到它的存在被证明与物质的对称性、物质的客观性原理或其他热力学定律矛盾为止才加以排除。

3. ε_{TqD} 空间中损伤弹塑性不可逆过程的热力学描述

对于岩石材料，其内部存在的各种微缺陷在外荷载的作用下不断演化，如微裂纹扩展，孔洞、空穴扩张，颗粒边界滑移等。下面就从连续介质不可逆热力学角度去分析岩石损伤演化，其中内变量定义为：与基本状态变量一起构成一个集合来唯一确定不可逆系统状态的独立变量，一般不能直接观察到，记为 $q^{(\alpha)}(\alpha=1,2,\cdots,m)$。内变量的具体物理含义是非常广泛的，它取决于具体材料在特定条件下的内部组织和结构状态。总的来说，它可能代表材料内部的某种运动或内部结构的重新排列，如岩石的不可逆变形过程，其内部发展着各种微结构动力学变形，如位错滑移、颗粒边界滑移、空穴扩张和微裂纹扩展等[131]。故内变量的变化表征着材料内部组织结构的变化。这里应注意的是，从广义的内变量的概念来看，它们之间可能不独立，但这并不会影响本节的研究。事实上，如果在 n 个内变量中有 $(n-m)$ 个关系式相关联，则总可以得到 m 个独立的内变量，它们的变化表征着材料内部的变化，它的完整集合就足以描述材料内部的结构和组织状况。基于内变量的基本概念，可以写出以下公理：一个基本状态变量和内变量的完整集合总是存在的，这一集合的现时值将唯一地决定系统当前的不可逆热力学状态。上述完整集合的选择并不唯一，它取决于力学模型的层次、实际系统的复杂程度和需要在哪种精度和变形范围内去描述该系统的热力学状态等。虽然对不同的耗散机制引入相应的内变量可更深入地描述它们之间的区别，但对便于在工程中应用的现象学模型来说，重要的是注意如何用尽量少的内变量去宏观平均地表征内部结构变化对应力应变关系的影响[123]，并由试验去确定所引入的宏观参数。如果把宏观和微观结合起来研究岩石蠕变损伤机制，那对内变量及其演化规律的研究无疑是重要的。

根据有关的试验资料分析，位错及滑移等的发展与空洞裂纹的演化有着不同的规律。因而将内变量区分成与这两大类微结构动力学变形对应的 $q^{(\alpha)}(\alpha=1,2,\cdots,m)$ 和 $D^{(\beta)}(\beta=1,2,\cdots,n)$ 是合理的，前者可称为非弹性内变量，后者则称为损伤内变量。

根据内变量理论，内变量的变化表征着材料内部的不可逆变化，则 $q^{(\alpha)}$ 和 $D^{(\beta)}$ 的完整集合就足以宏观平均地描述材料组织结构和损伤状况对材料热力学响应特性的影响。因此，由应变 ε_{ij} 和温度 T，m 个 $q^{(\alpha)}$ 和 n 个 $D^{(\beta)}$ 内变量组成的，$(m+n+7)$ 维空间内的任一点 P 就将唯一地决定材料内任一微系统 ω_x 在该时刻的不可逆热力学状态，而这一空间将称为 ε_{TqD} 状态空间，如图 5.4.1 所示。当状态点 P 跨过一系列子空间 ε_T，即沿 P_0PP' 的热力学路径变化时，材料内部组织结构及损伤状态将产生不可逆变化并耗散能量。

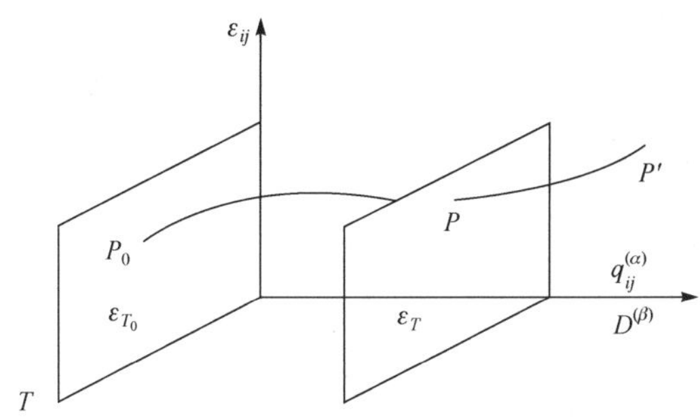

图 5.4.1　空间及其子空间

4. *岩石损伤演化方程*

岩石的损伤和破坏是指它在外荷载作用下，内部大量微损伤（微裂纹或孔洞）的萌生、扩展和连接，导致材料宏观力学性能的劣化乃至最终失效。岩石的细观损伤机制有多种，比较典型的有微孔洞、微裂纹、微滑移带、晶界滑移等。

在研究岩石损伤演化方程时，最应该注意损伤变量与损伤耗散力 $Y^{(\beta)}$ 紧密相关[132]：

$$\frac{\mathrm{d}D^{(\beta)}}{\mathrm{d}\varphi}=F_\beta(Y^{(\beta)}),\quad \beta=1,2,\cdots,n \tag{5.4.1}$$

式中，φ 为待定的损伤内时标度。

为了确切地定义损伤内时标度，从两方面分析可得损伤内时标度定义：首先要考虑塑性变形对损伤发展的重要影响。对于岩石材料，不仅颗粒内部两排原子间产生不可逆恢复的错动，即所谓屈服引起的不可逆变化，而且颗粒之间、微裂隙、孔隙的变化也对不可逆变形作出了不可忽略的贡献。所以说，累积的塑性变形越大（ζ_d 越大），则在晶界与晶内出现损伤的可能性也越大，因此，损伤变化率 $\dot{D}^{(\beta)}$（或该内时标度 φ）的定义应与 ζ_d 的某种函数 $g(\zeta_d)$ 密切相关。其次给出的 $\mathrm{d}\zeta_d$ 要表征塑性变形增量的大小，故 $\mathrm{d}D^{(\beta)}/\mathrm{d}\zeta_d$ 越大意味着同样损伤量的发展（即 $\mathrm{d}D^{(\beta)}$ 保持不变）是在塑性变形增量 $\mathrm{d}\zeta_d$ 较小的情况下进行的。从物理机制上看，在小的塑性变形增量下的损伤发展比大的塑性变形增量下的损伤发展遇到的抗力更大，因而，$\mathrm{d}D^{(\beta)}/\mathrm{d}\zeta_d$ 越大，$Y^{(\beta)}$ 应随之增大。

假设 F_β 是 $Y^{(\beta)}$ 的幂函数，岩石损伤演化方程为

$$\mathrm{d}\varphi=g(\zeta_d)\mathrm{d}\zeta_d \tag{5.4.2a}$$

$$dD^{(\beta)}=(Y^{(\beta)})^m g(\zeta_d)d\zeta_d \tag{5.4.2b}$$

式中，m 为材料参数；$Y^{(\beta)}=-\frac{\partial\bar{\phi}}{\partial D^{(\beta)}}=-\left(\frac{\bar{\phi}}{1-D}\right)$。

利用 D 作为损伤变量，则由式(5.4.2b)得

$$dD=\left(\frac{\bar{\phi}}{1-D}\right)^m d\varphi \tag{5.4.3}$$

式(5.4.3)可以表示为

$$dD=\left(\frac{\bar{\phi}}{1-D}\right)^m g(\zeta_d)d\zeta_d \tag{5.4.4}$$

式(5.4.4)表明损伤增量是当时的损伤状态 D、自由能 $\bar{\phi}$(与应力及应变状态密切相关)及塑性应变史的函数。

5. 内时流变损伤模型的研究

软岩是一种复杂天然地质材料，内部含有大量的孔隙和微裂隙，具有软、弱、松、散及变形大的特点。由于内时理论属于连续介质力学的范畴，所以对软岩做如下理想化的基本假定。

(1) 软岩材料是连续的。

(2) 软岩材料是由非均质材料所构成。

(3) 材料是各向同性的。

(4) 变形在小范围内。

(5) 加载过程是等温的。

在这些理想化假设的基础上，便可建立软岩流变的内时本构方程，它能反映软岩中广泛存在的不可逆非线性流变变形、剪胀(扩容)效应等复杂的物理力学现象。

本章利用由弹性元件和塑性滑块组成的简单机械模型[133,134]研究锦屏二级水电站引水隧洞含软弱夹层板岩剪切流变变形，以耗散材料的塑性本构方程为基础，根据材料的不可逆热力学特性，建立可以描述软岩流变损伤等特性的黏弹塑性损伤本构方程。

为了便于分析，在这里假设材料满足(1)、(2)、(3)假设，忽略岩石内部存在的不均匀、各向异性以及天然裂隙、孔洞。采用图 5.4.2 所示的由塑性滑块和弹簧组成的简单机械模型。弹性元件 E(其宏观剪切平均弹性模量 $\bar{E}$)描述该系统宏观弹性性质，塑性滑块 B_r 和弹簧 E_r 共同描述第 r 个不可逆变形机制，其中塑性滑块 B_r(其阻尼系数为 $\bar{B}_r$)表示第 r 种耗散机制，弹性元件 E_r(其宏观平均弹性模量为 $\bar{E}_r$)与该不可逆变形机制对应的随机的内部结构相联系，不影响宏观弹性模量 E，储存于 E_r 中的能量对应于储存在由于内部组织结构、界面和微裂纹等微缺陷及其变形不协调等引起的残余微应力场中的能量。$P^{(r)}$ 和 $Q^{(r)}$ 分别为第 r 个内变量及

其对应的广义力，由热力学基础理论可知，能量耗散是系统内部不可逆变化造成的，内变量的任何变化必然会导致能量耗散，由于塑性滑块的任何运动都会导致能量耗散，$Q^{(r)}$ 和 $P^{(r)}$ 的变化应满足如下不等式：

$$Q^{(r)}:\mathrm{d}P^{(r)}\geqslant 0,\quad r=1,2,\cdots,n \tag{5.4.5}$$

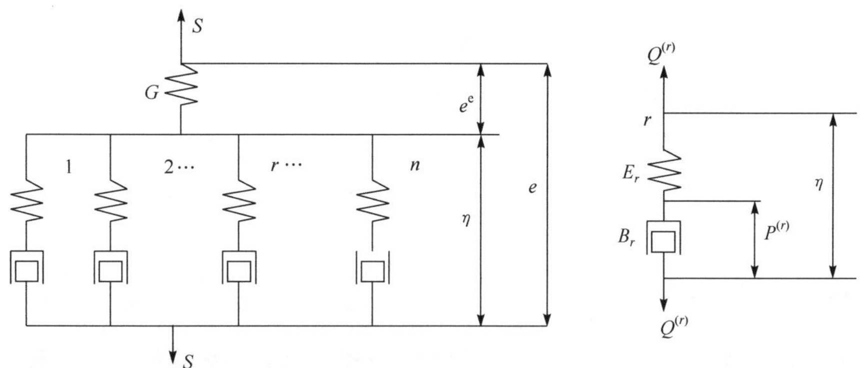

图 5.4.2　损伤本构描述的机械模量

随着损伤的演化，模型中 $\bar{E}$、$\bar{E}_r$、$\bar{B}_r$ 不再是固定不变的，而是逐渐减小，这些都与损伤因子 D 有关[如 $\bar{E}=E(1-D)$，$\bar{E}_r=E_r(1-D)$，$\bar{B}_r=B_r(1-D)$]，E_r、B_r、E 为材料初始值。

对于初始各向同性和塑性不可压缩材料，在小变形、等温条件下，由图 5.4.2 可得下面平衡方程：

$$S=\sum_{r=1}^{n}Q^{(r)} \tag{5.4.6}$$

式中，S 为宏观应力响应。

式(5.4.6)中 $Q^{(r)}$ 表达式为

$$Q^{(r)}=\bar{E}_r(\eta-P^{(r)}),\quad r=1,2,\cdots,n \tag{5.4.7}$$

其中，$\eta=e-e^e$，e、e^e 分别为应变张量、弹性应变张量。

在这里，要引入内蕴时间这个概念，所谓内蕴时间就是一个取决于变形中材料性能的时间刻度来描述不可逆变形过程中应力响应对变形历史的依赖关系，这里时间并不是传统意义上的牛顿时间，而是取决于变形材料内在性质的基本变量。内时理论中变形的历史过程与材料在外荷载作用下应力与应变的非弹性响应是密切相关的。采用不同状态在材料变形历史的“距离”来定义广义时间 ζ，就能描述由变形引起的材料性质及其内部微结构的变化对本构关系的重要影响，即

$$\mathrm{d}\zeta=\|\mathrm{d}\eta\| \tag{5.4.8}$$

式中，ζ 为广义时间；$\| \ \|$ 表示欧几里得模；η 由在非弹性应变空间中两相邻状态间的距离决定。

式(5.4.5)中 $Q^{(r)}$ 与 $P^{(r)}$ 满足以下关系，即

$$Q^{(r)}=B_r^{(0)}\ \frac{\mathrm{d}P^{(r)}}{\mathrm{d}\zeta} \tag{5.4.9}$$

式中，$B_r^{(0)}$ 为初始塑性阻尼系数。

为了描述蠕变-塑性交互作用过程中材料的本构行为，引入广义时间标度 z_D，其表达式为[135]

$$\mathrm{d}z_D=\frac{(k(\dot{\zeta})\mathrm{d}\zeta)^2}{f(\zeta)^2}+\frac{\mathrm{d}t^2}{g(\zeta,\dot{\zeta})^2} \tag{5.4.10}$$

式中，$k(\dot{\zeta})$ 为率敏感系数，$k(\dot{\zeta})=1-k_s\ln\dfrac{\zeta^0}{\zeta_0^0}$，$k_s$ 为材料常数，ζ_0^0 为与塑性变形相应的参考应变率；$g(\zeta,\dot{\zeta})$ 为非弹性应变史对流变变形的影响函数；$\mathrm{d}t\to 0$ 时，材料变形在短时间内完成，则 $\mathrm{d}z_D^2=\left(\dfrac{k}{f}\mathrm{d}\zeta\right)^2$；$f(\zeta)$ 为强化函数，它表征材料在变形过程中的强化，与材料在不可逆变形过程中的内部结构及其变化密切相关。这里强化函数 f 主要由两部分构成，即不可逆变形导致的强化 f_1 和蠕变变形导致的附加强化 f_c，f 采用

$$f=f_1\cdot f_c \tag{5.4.11a}$$

$$\frac{\mathrm{d}f_1}{\mathrm{d}z_D}=\beta_1(d_1-f_1) \tag{5.4.11b}$$

$$\frac{\mathrm{d}f_c}{\mathrm{d}\zeta_c}=\beta_c(d_c-f_c) \tag{5.4.11c}$$

其中，$d_1=d_1(\rho)=1+\gamma_1\rho^{\gamma_2}$，$d_c=d_c(\sigma)$。$g(\zeta,\dot{\zeta})$ 为用于描述率相关变形的标量函数，它取决于材料的非弹性变形史和当前的应力状态，这里取

$$\frac{1}{g(\zeta,\dot{\zeta})}=\left(1-k^2\ \frac{\| B \|^2}{f(\zeta)^2A^2}\right)^{1/2}\cdot\frac{d}{f(\zeta)}\left(\frac{\| B \|}{f(\zeta)A}\right)^{m'-1}\exp(n'\| s \|) \tag{5.4.12}$$

式中，B、m'、n' 为材料常数。可见蠕变发展的方向与 Q 的方向一致。在瞬时蠕变过程中，构成 Q 的各个 $Q^{(r)}$ $(r=1,2,\cdots,n)$ 不断调整来适应外加应力水平，并伴随蠕变过程的稳定而趋于稳定。

在外荷载作用下，岩石内部微裂纹或孔洞的萌生、扩展和连接直接导致材料宏观力学性能的劣化，式(5.4.7)的另一种表达式为

$$Q^{(r)}=E_r(1-D)(\eta-P^{(r)}),\quad r=1,2,\cdots,n \tag{5.4.13}$$

其微分形式为

$$\mathrm{d}Q^{(r)}=-E_r\mathrm{d}D(\eta-P^{(r)})+E_r(1-D)(\mathrm{d}\eta-\mathrm{d}P^{(r)}) \tag{5.4.14}$$

$$\mathrm{d}P^{(r)}=\frac{\mathrm{d}\zeta}{H}B_r^{-1}\ (1-D)^{-1}Q^{(r)}=\mathrm{d}z_D B_r^{-1}\ (1-D)^{-1}Q^{(r)} \tag{5.4.15}$$

$$\mathrm{d}Q^{(r)}=-\frac{\mathrm{d}D}{1-D}Q^{(r)}+E_r(1-D)\mathrm{d}\eta-\alpha_r\mathrm{d}z_D Q^{(r)} \tag{5.4.16}$$

式中，$\alpha_r=\dfrac{E_r}{B_r}$为材料参数。

简化式(5.4.16)，得

$$\mathrm{d}Q^{(r)}=E_r(1-D)\mathrm{d}\eta-\mathrm{d}zQ_{ij}^{(r)} \tag{5.4.17}$$

式中，$\mathrm{d}z=\alpha_r\mathrm{d}z_D+\dfrac{\mathrm{d}D}{1-D}$。

在对塑性应变控制加载的数值分析中，通常使用如下递推形式：

$$Q^{(r)}(z)=\int_0^z\left[E_r(1-D)\mathrm{e}^{-(z-z')}\frac{\mathrm{d}\eta}{\mathrm{d}z'}\right]\mathrm{d}z'=\mathrm{e}^{-\Delta z}Q^{(r)}(z_n)+\frac{\Delta\eta}{\Delta z'}E_r(1-D)(1-\mathrm{e}^{-\Delta z}) \tag{5.4.18}$$

式中，$\Delta z=z-z_n$。

式(5.4.18)的增量形式为

$$\Delta Q^{(r)}=Q^{(r)}(z)-Q^{(r)}(z_n)=k_rE_r(1-D)\Delta\eta-k_r\alpha_rQ^{(r)}(z_{Dn})\Delta z_D-Q^{(r)}(z_{Dn})\frac{\Delta D}{1-D} \tag{5.4.19}$$

式中，$\Delta z_D=z_D-z_{Dn}$，$\Delta z_D^2=\dfrac{\Delta\theta^2}{f^2}+\dfrac{\Delta t^2}{g^2}$，$k_r=\dfrac{1-\mathrm{e}^{-\Delta z}}{\Delta z}=\dfrac{1-\mathrm{e}^{\left(\alpha_r\Delta z_D+\frac{\Delta D}{1-D}\right)}}{\alpha_r\Delta z_D+\dfrac{\Delta D}{1-D}}$，$z_{Dn}$与$Q^{(r)}(z_{Dn})$表示材料已经历的某种加载历史，$Q^{(r)}(z_D)$可由递推公式求出，即

$$Q^{(r)}(z_D)==Q^{(r)}(z_{Dn})\mathrm{e}^{-\Delta z}+\frac{\Delta\eta}{\Delta z}E_r(1-D)(1-\mathrm{e}^{-\Delta z}) \tag{5.4.20}$$

将式(5.4.20)代入式(5.4.6)，可以得到增量形式本构方程，其简化形式为

$$\Delta S=\sum_{r=1}^{n}\Delta Q^{(r)}=a\Delta\eta-b\Delta z_D \tag{5.4.21}$$

式中

$$a=\sum_{r=1}^{n}k_rE_r(1-D),\quad b=\sum_{r=1}^{n}k_rQ^{(r)}(z_{Dn})\left[\alpha_r+\left(\frac{\bar{\phi}}{1-D}\right)^m f(\zeta_\mathrm{d})H\right]$$

$$\mathrm{d}D=\left(\frac{\bar{\phi}}{1-D}\right)^m f(\zeta_\mathrm{d})\mathrm{d}\zeta_\mathrm{d}$$

在塑性-蠕变交互作用的过程中，如果给定两个控制参数，即应力 S_{ij} 和时间 t，则由式(5.4.22)确定：

$$(\Delta S+b\Delta z_D)^2=(a\Delta\zeta)^2 \tag{5.4.22}$$

利用式(5.4.22)、式(5.4.10)求出 Δz_D，将 Δz_D 代入式(5.4.21)，可求出非弹性应变增量：

$$\Delta\eta=\frac{1}{a}(\Delta S+b\Delta z_D) \tag{5.4.23}$$

材料的弹性响应及体积响应的增量形式为

$$\Delta S=2G(1-D)(\Delta e-\Delta\eta)-\frac{\Delta D}{1-D}S \tag{5.4.24}$$

$$\Delta\sigma_{kk}=3K(1-D)\Delta\varepsilon_{kk}-\frac{\Delta D}{1-D}\sigma_{kk} \tag{5.4.25}$$

由以上公式便可确定材料的应变响应。

5.4.3　试验验证

为了研究需要，本章考虑锦屏二级水电站的板岩软弱夹层剪切流变试验中的三种曲线，即图 5.4.3($\sigma=200$kPa，$\tau=115$kPa)、图 5.4.5($\sigma=400$kPa，$\tau=200$kPa)、图 5.4.7($\sigma=600$kPa，$\tau=300$kPa)。

1. 材料参数的确定

在本构方程中，注意到当 α_1 足够大时，可描述非弹性变形刚开始时，应力随非弹性变形发展而剧烈上升的现象。当非弹性变形发展到一定范围后，其他对进一步产生变形抗力承担主要作用的机制的影响将变得明显起来，设该机制以内变量 $q^{(2)}$ 及其有关因数来表征，当变形很大时还可以有 $q^{(3)}$ 等[136,137]。从试验结果发现，当取系数首项 E_1 和 α_1 足够大时，三个内变量就足以描述在通常感兴趣的变形范围内的弹性及非弹性响应特性，因此可取 $n=3$。本构方程中的一部分材料参数见表 5.4.1。

表 5.4.1　材料参数

参数	应力		
	$\sigma=200$kPa，$\tau=115$kPa	$\sigma=400$kPa，$\tau=200$kPa	$\sigma=600$kPa，$\tau=300$kPa
m'	46	56	60
n'	−70	−50	−59
b_0	−5.8	−5.0	−2.0
m	3.61	3.66	3.63
k	1.5	1.5	1.0

另一部分材料参数如下：

$E_1=1200\text{MPa}, E_2=800\text{MPa}, E_3=300\text{MPa}$。

$\alpha_1=0.4, \alpha_2=0.3, \alpha_3=0.1; f=1.03$。

2. 计算结果

从图 5.4.3、图 5.4.5、图 5.4.7 中可以看出，该模型可以很好地描述蠕变三个阶段。图 5.4.4、图 5.4.6、图 5.4.8 为损伤因子 D 随时间变化规律，很显然，在衰减蠕变阶段，损伤因子很小，且变化不大；在等速蠕变阶段，损伤因子变化保持恒定；在加速蠕变阶段，损伤因子剧增，材料破坏。这些符合材料破坏规律。因此本节建立的模型是合理的。

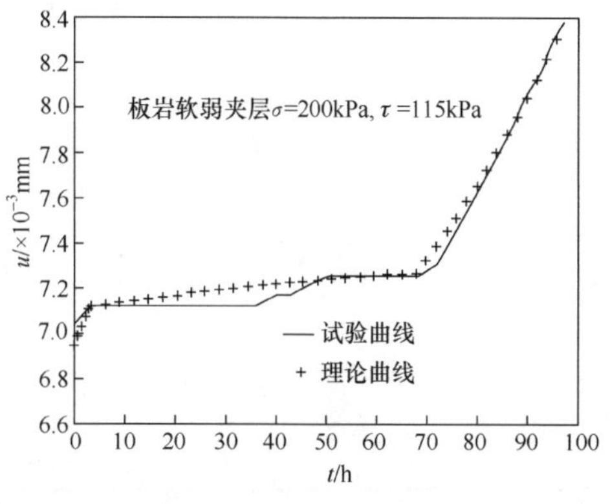

图 5.4.3　剪应变叠加曲线($\sigma=200\text{kPa}$)

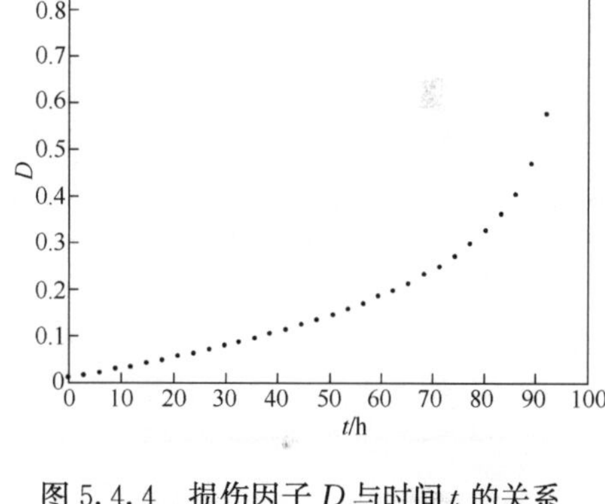

图 5.4.4　损伤因子 D 与时间 t 的关系

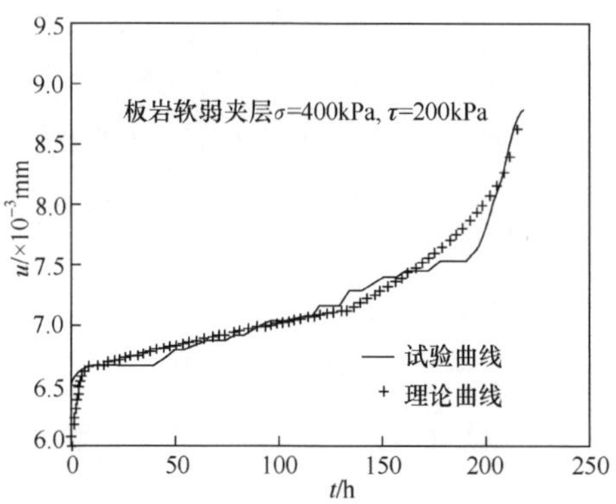

图 5.4.5　剪应变叠加曲线($\sigma=400\text{kPa}$)

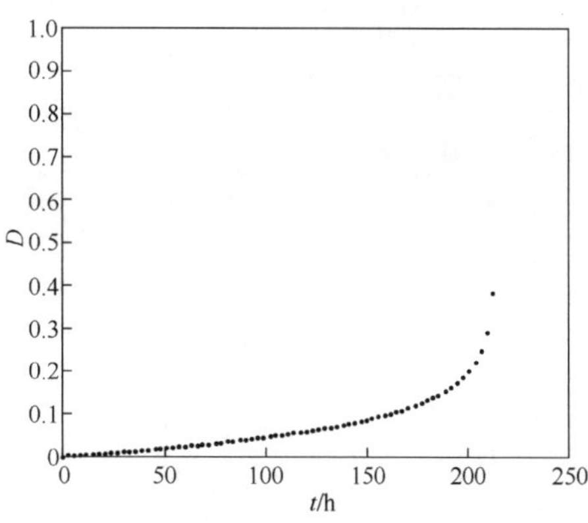

图 5.4.6　损伤因子 D 与时间 t 的关系

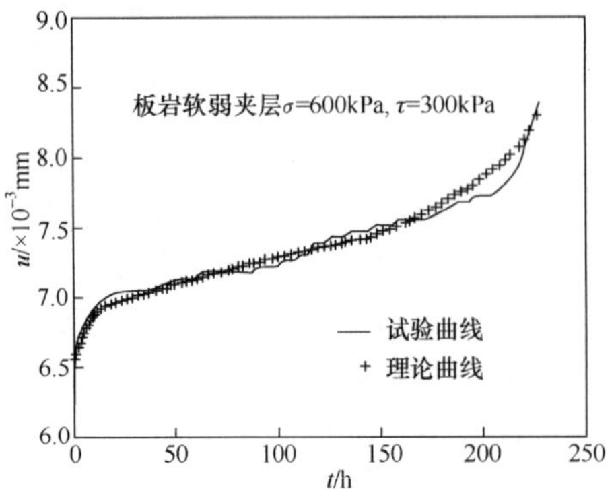

图 5.4.7　剪应变叠加曲线(σ=600kPa)

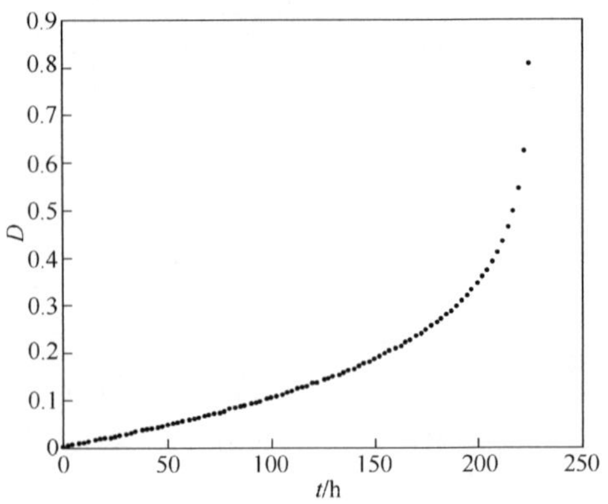

图 5.4.8　损伤因子 D 与时间 t 的关系

第 6 章　岩石流变本构模型参数辨识方法研究

6.1　引　　言

从唯象的观点来看，岩体属各向异性流变介质。许多巨型岩体工程，服务年限都在几十年甚至几百年的时间，因此，现代岩体工程项目不仅要考虑施工期间的安全，而且要考虑在运营期间的安全，即在投入运营后，是否会随着时间的增长而产生破裂、失稳，这便是岩石流变学的任务，但如同其他岩石力学分支一样，为提高分析的可靠性，同样存在选择合适的模型和正确的输入参数问题。

大多数的岩体材料都具有非均质性、各向异性、不连续性等特点，因此岩体本身是一个高度复杂的不确定和不确知系统，由多种因素相互作用、相互影响。在岩石蠕变分析中，岩石蠕变模型确立后，如何确定相应蠕变模型的参数是近些年来蠕变研究领域的重要课题之一。传统确定蠕变模型的参数大多采用最小二乘法、多项式回归分析法、摄动法等，近些年来，随着计算机技术的发展，智能优化的方法越来越受到学者的重视。许多学者采用智能优化的方法，如人工神经网络、遗传算法等方法反演了岩体蠕变本构模型的参数，取得了不错的效果。

本章主要是基于粒子群优化算法，对岩石蠕变参数进行反演。根据粒子群优化算法全局寻优能力强，但粒子本身信息和个体极值信息占优时，往往会陷入局部最优解，且随机初始化的解群个体质量不高的特点，对传统的粒子群优化算法进行改进和扩展。一种方法是将粒子群算法与最小二乘法结合，提出粒子群最小二乘法；另一种方法是将遗传算法的交叉和变异策略引入粒子群优化算法中，将粒子群优化算法加以改进，提出一种改进的粒子群优化算法——遗传-粒子群优化算法。根据前面章节的蠕变试验数据及建立的非定常黏弹性蠕变模型和非定常黏弹塑性蠕变模型，采用改进的粒子群优化算法对其蠕变模型的非定常参数进行反演分析。

6.2　传统的参数辨识方法

传统常用的参数辨识方法有最小二乘法、LM 算法、流变曲线分解法等。下面对其简单介绍。

6.2.1　最小二乘法

最小二乘法的基本原理可以简述如下：设有 n 组试验数据$(X_k, Y_k)$$(k=1$,

2,…,n),因变量Y是自变量X和待定系数A的已知函数,$Y=f(X,A)$,其中有p个自变量,即$X=\{x_1,x_2,\cdots,x_p\}$,有q个待定系数,$A=\{a_1,a_2,\cdots,a_q\}$;要求出q个待定系数的拟合值,就是要使得相应的残差平方和Q(最小二乘法的目标函数)达到最小值,则应满足以下条件:

$$Q=\sum_{k=1}^{n}\left[Y_k-f(X_k,A)\right]^2 \tag{6.2.1}$$

$$\frac{\partial Q}{\partial a_i}=0,\quad i=1,2,\cdots,q \tag{6.2.2}$$

在求待定系数时,需要设定初始值$A^{(0)}$,然后通过反复迭代来逼近精确值。对于非线性表达式$Y=f(T,B)$,式(6.2.1)不可能直接求解,只能通过逐次线性化,使求得的$B^{(0)}$逐次逼近真值B。首先假定一组初始近似值$B^{(0)}$,并记$B^{(0)}$与B之差为Δ,则$B=B^{(0)}+\Delta$,即$b_i=b_i^{(0)}+\Delta_i$,从而使确定Δ_i的问题转化为确定b_i,进而进行求解[79]。

最小二乘法对于非线性问题,解决的效果并不理想,若迭代的初始值选取不合理,则会导致最终结果不收敛,或者收敛于局部极小值,且收敛速度比较慢。目前常用LM算法求解非线性的最小二乘问题,它比最小二乘法在解决非线性问题时更有优势,其迭代收敛速度快,不易收敛到局部极小值,并且对迭代初始值的依赖性不强,能够快速准确地识别出蠕变模型中的参数。

6.2.2 LM算法

LM算法[138,139]是一种利用标准的数值优化技术的快速算法,它是梯度下降法与高斯-牛顿法的结合,也可以说成是高斯-牛顿法的改进形式,它既有高斯-牛顿法的局部收敛性,又具有梯度下降法的全局特性。由于LM算法利用了近似的二阶导数信息,它比梯度法快得多。下面对LM算法进行简要说明。

设$x^{(k)}$表示第k次迭代的权值和阈值所组成的向量,新的权值和阈值组成的向量$x^{(k+1)}$可以根据下面的规则求得:

$$x^{(k+1)}=x^{(k)}+\Delta x \tag{6.2.3}$$

对于牛顿法则,有

$$\Delta x=-\left[\nabla^2 E(x)\right]^{-1}\nabla E(x) \tag{6.2.4}$$

式中,$\nabla^2 E(x)$表示误差指标$E(x)$的Hessian矩阵;$\nabla E(x)$表示梯度。

设误差指标函数为

$$E(x)=\frac{1}{2}\sum_{i=1}^{n}e_i^2(x) \tag{6.2.5}$$

式中,$e(x)$为误差,那么

$$\nabla E(x)=J^{\mathrm{T}}(x)e(x) \tag{6.2.6}$$

$$\nabla^2 E(x)=J^{\mathrm{T}}(x)e(x)+S(x) \tag{6.2.7}$$

式中，$S(x)=\sum_{i=1}^{n} e_i(x)\nabla^2 e_i(x)$；$J(x)$为 Jacobian 矩阵，即

$$J(x)=\begin{vmatrix} \frac{\partial e_1(x)}{\partial x_1} & \frac{\partial e_1(x)}{\partial x_2} & \cdots & \frac{\partial e_1(x)}{\partial x_n} \\ \frac{\partial e_2(x)}{\partial x_1} & \frac{\partial e_2(x)}{\partial x_2} & \cdots & \frac{\partial e_2(x)}{\partial x_n} \\ \vdots & \vdots & & \vdots \\ \frac{\partial e_n(x)}{\partial x_1} & \frac{\partial e_n(x)}{\partial x_2} & \cdots & \frac{\partial e_n(x)}{\partial x_n} \end{vmatrix} \tag{6.2.8}$$

对于高斯-牛顿法的计算法则，有

$$\Delta x=-[J^{\mathrm{T}}(x)J(x)]^{-1}J(x)e(x) \tag{6.2.9}$$

LM 算法是一种改进的高斯-牛顿法，它的形式为

$$\Delta x=-[J^{\mathrm{T}}(x)J(x)+\mu I]^{-1}J(x)e(x) \tag{6.2.10}$$

式中，比例系数 $\mu>0$，为常数；I 为单位矩阵。

从式(6.2.10)可看出，若比例系数 $\mu=0$，则为高斯-牛顿法；若 μ 取值很大，则 LM 算法接近梯度下降法，每迭代成功一步，则 μ 减小一些，这样在接近误差目标时，逐渐与高斯-牛顿法相似。高斯-牛顿法在接近误差的最小值时，计算速度更快，精度也更高。由于 LM 算法利用了近似的二阶导数信息，它比梯度下降法快得多，实践证明，采用 LM 算法可以比原来的梯度下降法提高速度几十甚至上百倍。另外由于$[J^{\mathrm{T}}(x)J(x)+\mu I]$是正定的，所以式(6.2.10)的解总是存在的，从这个意义上说，LM 算法也优于高斯-牛顿法，因为对高斯-牛顿法来说，$J^{\mathrm{T}}J$ 是否满秩还是个潜在的问题。在实际的操作中，μ 是一个试探性的参数，对于给定的 μ，如果求得的 Δx 能使误差指标函数 $E(x)$降低，则 μ 降低；反之，则 μ 增加。用式(6.2.10)修改一次权值和阈值时需要求 n 阶的代数方程（n 为网络中权值数目）。LM 算法的计算复杂度为 $O(n^3/6)$，若 n 很大，则计算量和存储量都非常大。然而，每次迭代效率的显著提高，可大大改善其整体性能，特别是在精度要求高的时候。

6.2.3　流变曲线分解法

流变曲线分解法是根据流变所处的状态，分阶段拟合流变曲线、反演参数的方法。通常是以发生加速蠕变的启动时间作为分界点，将应变-时间全程曲线分为两个阶段。用最小二乘法计算第一阶段的参数，并且把求出的参数作为已知参数，拟合第二阶段的曲线，求出其他的参数。这种方法在流变研究中应用较多，也可以同上面的方法相结合，取得更好的拟合效果[140,141]。

6.3　智能辨识方法

粒子群算法(particle swarm optimization,PSO)是最早由 Kennedy 博士与 Eberhart 博士于 1995 年提出的一种智能优化方法。它具有简单易实现且收敛快、易与其他算法结合等优点,可用于求解大量非线性、不可微和多峰值的复杂优化问题,在岩土工程中得到了一定的研究与应用。例如,陈云敏等[142]运用粒子群算法搜索非圆弧临界滑动面及确定其最小安全系数;高玮[143]通过研究认为粒子群算法可以有效地应用于工程反分析中;田明俊等[144]将粒子群算法引入工程参数反演中,并对其进行改进;杨素珍等[145]采用粒子群算法与 BP 神经网络结合对深基坑岩土力学参数进行反分析;Feng 等[146]运用粒子群算法对流变模型进行识别;苏国韶等[147]运用粒子群优化算法对高地应力条件下硬岩本构模型参数进行识别。这些研究都取得了很好的效果。本节对粒子群算法原理进行介绍,并研究其在岩石蠕变模型参数识别以及岩体初始地应力反演中的应用。

6.3.1　粒子群优化算法

1. 粒子群算法基本原理

设想这样一个场景:一群鸟在随机搜索食物。在这个区域里只有一块食物,所有的鸟都不知道食物在哪里,但是它们知道当前的位置离食物还有多远,那么找到食物的最优策略是什么呢?最简单有效的就是搜寻目前离食物最近的鸟的周围区域。

PSO 算法从这种模型中得到启示并用于解决优化问题。PSO 算法中,每个优化问题的解都是搜索空间中的一只鸟,我们称之为“粒子”。所有的粒子都有一个被优化的函数决定的适应值(fitness value),每个粒子还有一个速度决定它们飞行的方向和距离。然后粒子就追随当前的最优粒子在解空间中搜索。

PSO 算法初始化为一群随机粒子(随机解),如随机产生 m 个粒子(particle)组成的群体(swarm)在 D 维搜索空间中以一定的速度飞行,每个粒子在搜索时通过跟踪两个极值来更新自己。第一个就是每个粒子在搜索时,考虑自己搜索到的最好点即粒子本身找到的最优解,称为个体极值 p;第二个是整个群体内的粒子搜索到的最好点即整个群体找到的最优解,称为全局极值 g。在找到这两个最优解之后,通常粒子根据如下的式(6.3.1)和式(6.3.2)来更新自己的速度和新的位置。

设第 i 个粒子的位置表示为 $x_i=(x_{i1},x_{i2},\cdots,x_{iD})$,$1\leqslant i\leqslant m$,第 i 个粒子的速度表示为 $v_i=(v_{i1},v_{i2},\cdots,v_{iD})$,第 i 个粒子历史最优解表示为 $p_i=(p_{i1},p_{i2},\cdots,p_{iD})$,整个群体的最优解表示为 $g=(g_1,g_2,\cdots,g_D)$,则

$$v_{iD,k+1}=\omega v_{iD,k}+c_1\xi(p_{iD,k}-x_{iD,k})+c_2\eta(g_{D,k}-x_{iD,k}) \tag{6.3.1}$$

$$x_{iD,k+1}=x_{iD,k}+v_{iD,k+1} \tag{6.3.2}$$

式中，$v_{iD,k}$为粒子当前的速度；$x_{iD,k}$为当前粒子的位置；ω为惯性权重，其大小决定了对粒子当前速度继承的多少，合适的选择可以使粒子具有均衡的探索能力（即广域搜索能力）和开发能力（即局部搜索能力）；c_1、c_2为学习因子（learning factor）或加速系数（acceleration coefficient），一般为正常数；ξ、η为在[0,1]内均匀分布的随机数。粒子的速度通常被限制在 $0\sim v_{\max}$。

粒子群优化算法流程如图 6.3.1 所示。

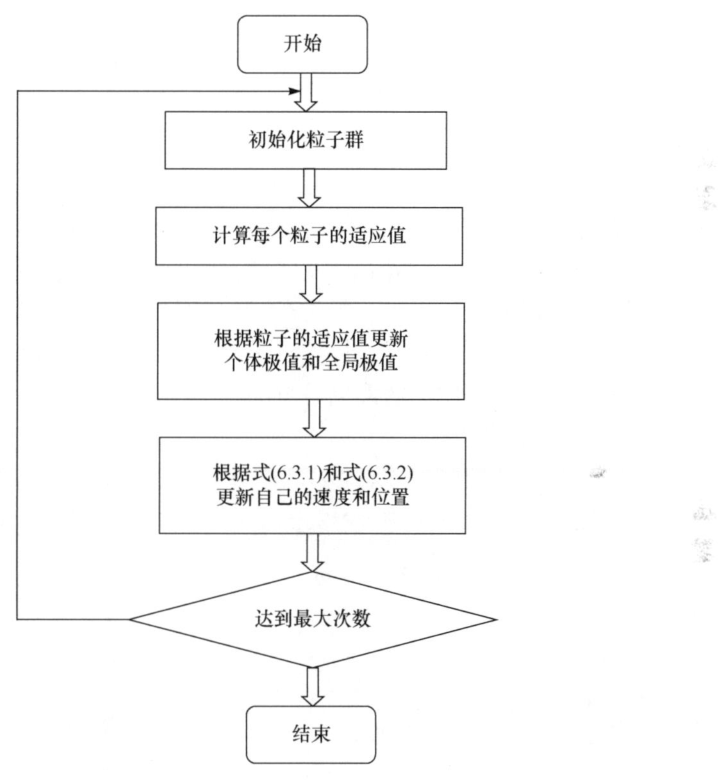

图 6.3.1　粒子群优化算法流程

2. 粒子群优化算法中参数的讨论

由于粒子群优化算法涉及相关参数，如群体大小、学习因子、最大速度、惯性权重、邻域拓扑结构、粒子空间的初始化和停止准则等。在这里有必要对这些参数进行讨论[148]，以期能对粒子群优化算法有更加清晰的了解。

1) 群体大小 m

m 是粒子数量的多少。当 m 很小时，陷入局优的可能性很大。m 过大将导致计算时间大幅增加。并且当 m 增长至一定水平时，再增长将不再有显著的作用。当 $m=1$ 时，PSO 算法变为基于个体搜索的技术，一旦陷入局优，将不可能跳出。当 m 很大时，算法的收敛速度将非常慢。

2）学习因子 c_1 和 c_2

学习因子使粒子具有自我总结和向群体中优秀个体学习的能力，从而向自己的历史最优解及群体最优解靠近。c_1 和 c_2 通常为(0,2)之间的随机数。具体原因见 6.3.2 节粒子群优化算法的收敛性分析。

3）最大速度 $v_{\max}$

最大速度决定粒子在一次迭代中最大的移动距离。当 $v_{\max}$ 较大时，探索能力增强，但是粒子容易飞过最好解。当 $v_{\max}$ 较小时，开发能力增强，但是容易陷入局优。设定 $v_{\max}$ 的作用可以通过惯性权重的调整来实现。

4）惯性权重 ω

较大的惯性权重 ω 使粒子在自己原来的方向上具有更大的速度，从而在原方向上飞行更远，具有更好的探索能力；较小的惯性权重 ω 使粒子继承了较少的原方向的速度，从而飞行较近，具有更好的开发能力。通过调节惯性权重能够调节粒子群的搜索能力。惯性权重 ω 一般为(0,1)之间的随机数。具体原因见 6.3.2 节粒子群优化算法的收敛性分析。惯性权重可以按固定权重、时变权重、模糊权重和随机权重等进行设置。详细的设置可查阅相关文献。

5）邻域拓扑结构

如何定义粒子的领域组成，即邻域的拓扑结构，是算法实现中的一个基本问题。通常拓扑结构有环形结构、轮形结构和星形结构等，如图 6.3.2 所示。

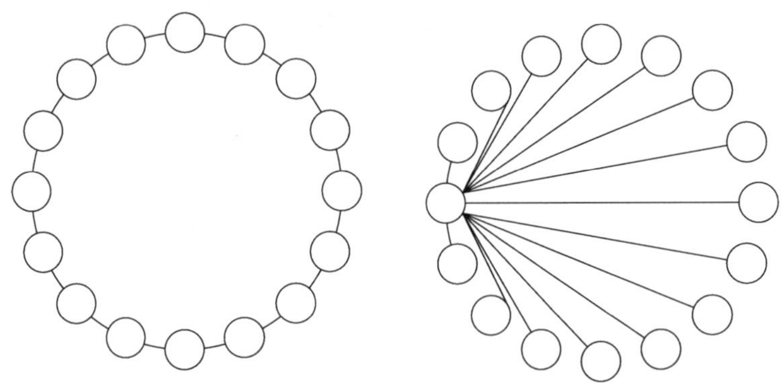

图 6.3.2　环形拓扑结构和轮形拓扑结构

环形结构是基本粒子群优化算法中使用的一种邻域拓扑结构，环形结构中每个粒子只与其邻居相连，因此种群的一部分可以聚集于一个局优，而另外一部分可能聚集于不同的局优，或者再继续搜索，避免过早陷入局优。邻居间的影响一个一个地传递，直到最优点被种群的任何一个部分找到，然后整个种群收敛。

轮形结构是令一个粒子作为焦点，其他粒子都与该焦点粒子相连，而其他粒子之间并不相连。这样所有的粒子都能与焦点粒子进行信息交流，有效地实现了粒子之间的分离。焦点粒子比较其领域中所有粒子的表现，然后调节其本身飞行轨迹向最好点靠近。这种改进再通过焦点粒子扩散到其他粒子。焦点粒子的功能在这里类似一个缓冲器，减慢了较好的解在种群中的扩散速度。

星形结构是每个粒子都与种群中的其他所有粒子相连，即将整个种群作为自己的领域。这种结构下，所有粒子共享的信息是种群中表现最好的粒子的信息。

另外还有随机拓扑结构，它是在 m 个粒子的种群中间，随机地建立 m 个对称的两两连接。

6）停止准则

一般使用最大迭代次数或可以接受的满意解作为停止准则。

7）粒子空间的初始化

较好地选择粒子的初始化空间，将大大缩短收敛时间。

3. 粒子群优化算法的收敛性分析

起初，粒子群优化算法只想对动物行为进行模拟，并未对算法 S_{ij} 收敛性进行详细分析，参数选取也是基于经验。实际上算法参数选取和收敛性是影响算法性能和效率 σ_0 关键因素，并且二者有紧密的联系。因此，为了在理论上说明粒子群优化算法的可靠性，很有必要对粒子群优化算法的收敛性进行一下阐述[149,150]。

从式(6.3.1)和式(6.3.2)可以看出，尽管速度变量 v_k 和位置变量 x_k 是多维变量，但搜索空间每维相互独立，故对粒子群优化算法分析可以简化到一维进行。并设种群除第 i 粒子外其余粒子保持不动，则可对单个粒子的行为进行研究，故可省略多维变量下标 i。为简化计算，再假设粒子本身所找到的最优解的位置和整个种群目前找到的最优解的位置不变，记为 p_b 和 g_b，并令 $\varphi_1=c_1\xi,\varphi_2=c_2\eta$。这样，式(6.3.1)和式(6.3.2)可简化为

$$v(k+1)=\omega v(k)+\varphi_1(p_b-x(k))+\varphi_2(g_b-x(k)) \tag{6.3.3}$$

$$x(k+1)=x(k)+v(k+1) \tag{6.3.4}$$

由式(6.3.3)和式(6.3.4)可以得到

$$v(k+2)=\omega v(k+1)+\varphi_1(p_b-x(k+1))+\varphi_2(g_b-x(k+1)) \tag{6.3.5}$$

$$x(k+2)=x(k+1)+v(k+2) \tag{6.3.6}$$

把式(6.3.4)和式(6.3.5)代入式(6.3.6)得到

$$\begin{aligned}x(k+2)&=x(k+1)+v(k+2)\\&=x(k+1)+\omega v(k+1)+\varphi_1(p_b-x(k+1))+\varphi_2(g_b-x(k+1))\\&=x(k+1)+\omega(x(k+1)-x(k))+\varphi_1(p_b-x(k+1))\end{aligned}$$

$$+\varphi_2(g_b-x(k+1))$$
$$=(\omega-\varphi_1-\varphi_2+1)x(k+1)-\omega x(k)+\varphi_1 p_b+\varphi_2 g_b \tag{6.3.7}$$

把式(6.3.7)移项得

$$x(k+2)+(-\omega+\varphi_1+\varphi_2-1)x(k+1)+\omega x(k)=\varphi_1 p_b+\varphi_2 g_b \tag{6.3.8}$$

这是二阶常系数非齐次差分方程,用特征方程对式(6.3.8)进行分析。

式(6.3.8)的特征方程为

$$\lambda^2+(-\omega+\varphi_1+\varphi_2-1)\lambda+\omega=0 \tag{6.3.9}$$

根据一元二次方程根的判别式Δ的情况,式(6.3.9)的解可以分为3种情况。

(1) 当$\Delta=(-\omega+\varphi_1+\varphi_2-1)^2-4\omega=0$时

$$\lambda=\lambda_1=\lambda_2=-(-\omega+\varphi_1+\varphi_2-1)/2$$

则式(6.3.8)的解为

$$x(k)=(A_0+A_1 k)\lambda^k \tag{6.3.10}$$

式中,A_0、A_1为待定系数,由$v(0)$和$x(0)$确定,经计算可以得到

$$\begin{cases}A_0=x(0)\\ A_1=\dfrac{(1-\varphi_1-\varphi_2)x(0)+\omega v(0)+\varphi_1 p_b+\varphi_2 g_b}{\lambda}-x(0)\end{cases}$$

(2) 当$\Delta=(-\omega+\varphi_1+\varphi_2-1)^2-4\omega>0$时

$$\lambda_{1,2}=\frac{-(-\omega+\varphi_1+\varphi_2-1)\pm\sqrt{\Delta}}{2}$$

则式(6.3.8)的解为

$$x(k)=A_0+A_1\lambda_1^k+A_2\lambda_2^k \tag{6.3.11}$$

式中,A_0、A_1、A_2为待定系数。令

$$b_1=x(0)-A_0$$
$$b_2=(1-\varphi_1-\varphi_2)x(0)+\omega v(0)+\varphi_1 p_b+\varphi_2 g_b-A_0$$

经计算可以得到

$$\begin{cases}A_0=\dfrac{\varphi_1 p_b+\varphi_2 g_b}{\varphi_1+\varphi_2}\\ A_1=\dfrac{\lambda_2 b_1-b_2}{\lambda_2-\lambda_1}\\ A_2=\dfrac{b_2-\lambda_1 b_1}{\lambda_2-\lambda_1}\end{cases}$$

(3) 当$\Delta=(-\omega+\varphi_1+\varphi_2-1)^2-4\omega<0$时

$$\lambda_{1,2}=\frac{-(-\omega+\varphi_1+\varphi_2-1)\pm i\sqrt{\Delta}}{2}$$

则式(6.3.8)的解为

$$x(k)=A_0+A_1\lambda_1^k+A_2\lambda_2^k \tag{6.3.12}$$

式中，A_0、A_1、A_2 为待定系数，同样经过可以得到

$$\begin{cases} A_0=\dfrac{\varphi_1 p_b+\varphi_2 g_b}{\varphi_1+\varphi_2} \\ A_1=\dfrac{\lambda_2 b_1-b_2}{\lambda_2-\lambda_1} \\ A_2=\dfrac{b_2-\lambda_1 b_1}{\lambda_2-\lambda_1} \end{cases}$$

要使式(6.3.10)、式(6.3.11)和式(6.3.12)中的 $x(k)$ 当 $k\to\infty$ 时有解，即粒子群优化算法收敛，要求 $\|\lambda_1\|<1$ 且 $\|\lambda_2\|<1$。当 $\Delta\geqslant 0$ 时，$\|\lambda_1\|$ 和 $\|\lambda_2\|$ 表示实数 λ_1 和 λ_2 的绝对值；当 $\Delta<0$ 时，$\|\lambda_1\|$ 和 $\|\lambda_2\|$ 表示复数 λ_1 和 λ_2 的模。

综合上面 3 种情况，若令 $\varphi=\varphi_1+\varphi_2$，则收敛区域为 $\omega<1,\varphi>0$ 和 $2\omega-\varphi+2>0$ 所围成的区域，如图 6.3.3 所示。

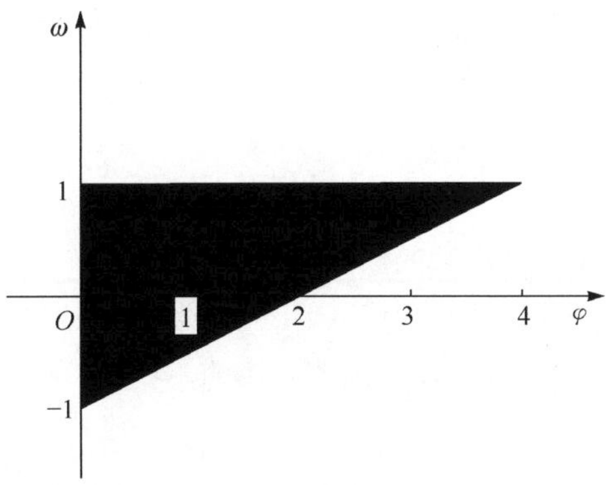

图 6.3.3　粒子群优化算法的收敛区域

6.3.2　基于粒子群-最小二乘法的模型参数反演

分别对不同荷载级数下的蠕变结果进行反演，这样可以减少每次反演的参数，提高反演的精度。但是，在分级荷载蠕变试验中，每次试验的加载级数都比较多，因此，反演的工作量较大。所以应该采用分级加载蠕变模型对试验结果进行拟合及参数反演。在分级荷载蠕变模型参数较多，而粒子群算法对于高维数、多峰值函数，粒子群的收敛精度不高[151]。而最小二乘法作为一种数据处理应用最为广泛的方法，精度较高，但是对于参数较多以及非线性问题，如果初始参数选取不当，则可能导致不收敛，反演失败。因此可以结合这两种方法的优点，先采用粒子群法计算得到模型参数的全局次优解，将其作为初始参数值再进行最小二乘法反演计算。

1. 分级加载蠕变模型

以 Burgers 模型为例来说明岩石分级加载蠕变模型。

分别加载下，Burgers 模型可以表示为

$$\varepsilon(t)=\sigma J(t) \tag{6.3.13}$$

其中

$$J(t)=\frac{1}{E_{\mathrm{M}}}+\frac{1}{E_{\mathrm{K}}}\left[1-\exp\left(-\frac{E_{\mathrm{K}}}{\eta_{\mathrm{K}}}t\right)\right]+\frac{1}{\eta_{\mathrm{M}}}t \tag{6.3.14}$$

根据 Boltzman 叠加原理，若干个应力作用下的总应变等于这些应力分别作用时所产生应变之和。基本表达式为

$$\varepsilon(t)=\sigma_1 J(t)+\sum_{j=2}^{n}\Delta\sigma_j J(t-t_i) \tag{6.3.15}$$

将式(6.3.13)和式(6.3.14)代入式(6.3.15)并作简单的变换可以得到

$$\varepsilon_i(t)=\frac{\sigma_i}{E_{\mathrm{M}}}+\frac{\sigma_i}{E_{\mathrm{K}}}\left[1-\mathrm{e}^{-\frac{E_{\mathrm{K}}}{\eta_{\mathrm{K}}}(t-t_i)}\right]+\frac{\sigma_i}{\eta_{\mathrm{M}}}(t-t_i)+\varepsilon^* \tag{6.3.16}$$

其中

$$\varepsilon^*=\sum_{j=1}^{i-1}\frac{\sigma_j}{E_{\mathrm{K}}}\left\{\left[\mathrm{e}^{-\frac{E_{\mathrm{K}}}{\eta_{\mathrm{K}}}(t-t_{j+1})}-\mathrm{e}^{-\frac{E_{\mathrm{K}}}{\eta_{\mathrm{K}}}(t-t_j)}\right]+\frac{\sigma_j}{E_{\mathrm{M}}}(t_{j+1}-t_j)\right\} \tag{6.3.17}$$

σ_i 为第 i 级荷载；t_i 为第 i 级荷载的起始时间。

由于样品在采集、运输和制作过程中受到扰动，在采用分级荷载蠕变模型来拟合分级加载蠕变试验结果时，其参数数值有可能不同，式(6.3.16)可以转换为

$$\varepsilon_i(t)=\frac{\sigma_i}{E_{\mathrm{M}}(i)}+\frac{\sigma_i}{E_{\mathrm{K}}(i)}\left[1-\mathrm{e}^{-\frac{E_{\mathrm{K}}(i)}{\eta_{\mathrm{K}}(i)}(t-t_i)}\right]+\frac{\sigma_i}{\eta_{\mathrm{M}}(i)}(t-t_i)+\varepsilon^* \tag{6.3.18}$$

其中

$$\varepsilon^*=\sum_{j=1}^{i-1}\sigma_j\left\{\frac{1}{E_{\mathrm{K}}(j)}\left[1-\mathrm{e}^{-\frac{E_{\mathrm{K}}(j)}{\eta_{\mathrm{K}}(j)}(t_{j+1}-t_j)}\right]+\frac{\sigma_j}{E_{\mathrm{M}}(j)}(t_{j+1}-t_j)\right\} \tag{6.3.19}$$

σ_i 为第 i 级荷载；t_i 为第 i 级荷载的起始时间；$E_{\mathrm{M}}(i)$、$E_{\mathrm{K}}(i)$、$\eta_{\mathrm{M}}(i)$、$\eta_{\mathrm{K}}(i)$ 为第 i 级荷载下蠕变模型的参数。

从式(6.3.18)中可以看出，该模型的参数个数随加载级数的增加而成倍增长。

2. 粒子群-最小二乘法反演方法的基本原理

粒子群-最小二乘法反演方法的基本思想就是先采用粒子群算法进行反演得到一组参数，再将这组参数作为初始值进行最小二乘法反演计算。

粒子群算法的基本原理在前面已经做了详细的介绍，下面只对最小二乘法进

行推导。

岩石蠕变模型参数反演可以归结为使下面目标函数趋于极小：

$$\varphi(X)=\sum_{i=1}^{NP}\left|\varepsilon_{Si}-\varepsilon_{Li}(X,\sigma_i)\right|^{\alpha} \tag{6.3.20}$$

式中，NP 为分级加载试验下采集到的蠕变数据个数；ε_{Si} 为第 i 个时刻的分级加载试验数据(应变值)；$\varepsilon_{Li}(X,\sigma_i)$ 为按照给定的蠕变模型计算所得第 i 个时刻分级加载的应变值；$X=\{x_j\}(j=1,2\cdots,D)$ 为模型参数，对于不同的蠕变模型，其参数也不同；σ_i 为第 i 级加载的荷载大小；α 是范数，本书 α 取 2。

将式(6.3.20)在 X 处展开，并忽略二次项以上的项，得到

$$\varphi(X)=\sum_{i=1}^{NP}\left|\varepsilon_{Si}-\varepsilon_{Li}(X,\sigma_i)-\sum_{j=1}^{NM}\frac{\partial\varepsilon_{Li}(X,\sigma_i)}{\partial x_j}\Delta x_j\right|^{\alpha} \tag{6.3.21}$$

要使式(6.3.21)趋于极小，则对于时刻 i 的计算值与试验值要满足下面的线性方程：

$$\sum_{j=1}^{NM}\frac{\partial\varepsilon_{Li}(X,\sigma_i)}{\partial x_j}\Delta x_j=\varepsilon_{Si}-\varepsilon_{Li}(X,\sigma_i) \tag{6.3.22}$$

解上述方程就可以得到预测模型 X 的修改量 ΔX，对 X 进行修改可得到新的模型。计算新参数下的理论值，并按照式(6.3.20)与试验值进行对比，如果满足精度要求，那么新参数即为辨识结果。

对于式(6.3.22)的偏导数计算，可以根据具体的蠕变模型直接给出。为了使对普遍的蠕变模型都适用，本节采用差分形式进行计算，取 $\Delta x_j=0.1x_j$，那么有

$$\begin{aligned}\frac{\partial\varepsilon_{Li}(X,\sigma_i)}{\partial x_j}=&\frac{1}{0.1x_j}[\varepsilon_{Li}(x_1,x_2,\cdots,1.1x_j,\cdots,x_{NM},\sigma_i)\\&-\varepsilon_{Li}(x_1,x_2,\cdots,x_j,\cdots,x_{NM},\sigma_i)]\end{aligned} \tag{6.3.23}$$

将式(6.3.22)代入式(6.3.23)可得

$$\sum_{j=1}^{NM}10[\varepsilon_{Li}(x_1,x_2,\cdots,1.1x_j,\cdots,x_{NM},\sigma_i)-\varepsilon_{Li}(X,\sigma_i)]\frac{\Delta x_j}{x_j}=\varepsilon_{Si}-\varepsilon_{Li}(X,\sigma_i) \tag{6.3.24}$$

其中，$i=1,2,\cdots,NP$。

式(6.3.24)两端除以 $\varepsilon_{Li}(X,\sigma_i)$ 并简单处理可以得到

$$AY=B \tag{6.3.25}$$

其中

$$A_{ij}=10\left(\frac{\varepsilon_{Li}(x_1,x_2,\cdots,1.1x_j,\cdots,x_{NM},\sigma_i)}{\varepsilon_{Li}(X,\sigma_i)}-1\right) \tag{6.3.26}$$

$$B_i=\frac{\varepsilon_{Si}}{\varepsilon_{Li}(X,\sigma_i)}-1 \tag{6.3.27}$$

$$y_i = \frac{\Delta x_j}{x_j} \tag{6.3.28}$$

用奇异值分解法解式(6.3.25)可以得到 y_i，利用式(6.3.29)可以得到新的模型参数：

$$x_j^* = (1 + y_j) x_j \tag{6.3.29}$$

为防止模型参数修改过量，将$\frac{\Delta x_j}{x_j}$的值限制在(−0.5,0.5)。

3. 基于粒子群-最小二乘法的参数反演和讨论

图 6.3.4 为采集于锦屏二级水电站引水隧洞景峰桥处的白色大理岩在正应力为 10MPa 时的分级加载剪切蠕变试验结果。该试验共分五级加载，由于最后一级加载导致样品的破坏，而 Burgers 模型不能对加速蠕变过程进行描述，只取前面四级加载的蠕变试验结果。采用式(6.3.18)的模型对试验数据进行拟合及参数辨识。根据模型，每级荷载下都有四个参数，所以该试验的模型参数共有 16 个。在辨识的过程中各级的 E_1、E_2、η_1、η_2 都采用相同的搜索范围，见表 6.3.1。

表 6.3.1　参数反演的初始范围

范围 \ 参数	E_1/GPa	E_2/GPa	η_1/(GPa · h)	η_2/(GPa · h)
上限	10	30	10^8	50
下限	0.1	0.1	10^2	1

粒子群算法和最小二乘法的判敛标准都采用式(6.3.20)，对于粒子群算法，当全局最优粒子的 $\varphi(X)<0.02$ 时，拟合结果达到要求，结束反演；如果全局最优粒子的 $\varphi(X)>0.02$ 而且连续迭代 10 步都没有更新，则将此时的全局最优粒子作为初始值进行最小二乘法辨识，当 $\varphi(X)<0.02$ 时反演结束。

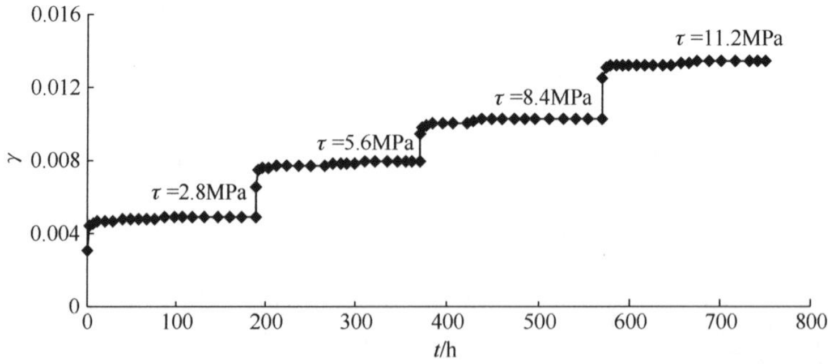

图 6.3.4　白色大理岩分级加载剪切蠕变试验曲线

1) 算法的收敛性及拟合误差

图 6.3.5 为采用式(6.3.18)拟合图 6.3.4 试验数据的收敛曲线。图 6.3.5(a)为粒子群算法的收敛曲线，从图中可以看出，粒子群算法的收敛速度较快，但是收敛到一定程度就不再收敛[如本例中 $\varphi(X)$ 约为 0.066]，而此时还没有达到预期的效果。图 6.3.5(b)是在粒子群算法反演基础上，利用粒子群算法的反演结果作为初始值进行最小二乘法反演的收敛曲线。从图中可以看出，在粒子群算法的基础上使用最小二乘法收敛速度较快，并且有较高的拟合精度[$\varphi(X)<0.02$]。图 6.3.6 也显而易见地说明了这一点。

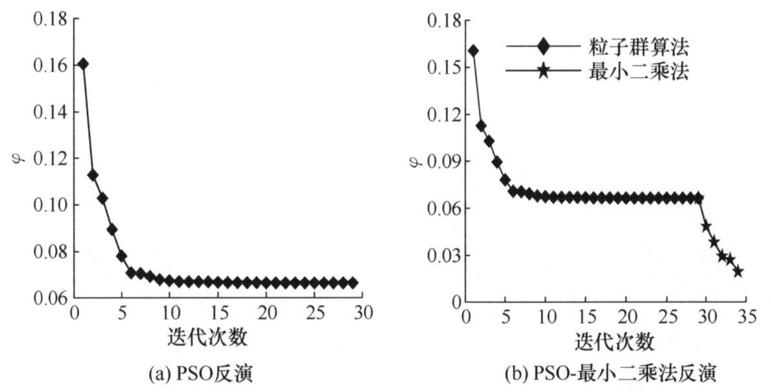

图 6.3.5　收敛曲线

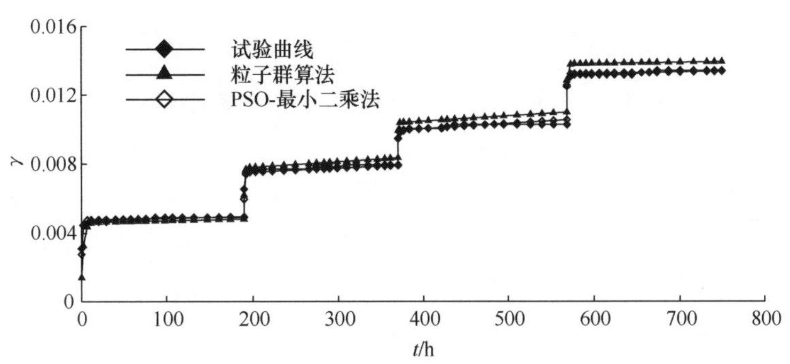

图 6.3.6　大理岩剪切蠕变试验数据拟合曲线

表 6.3.2 为分级荷载 Burgers 模型参数反演的辨识结果。从表中可以看出，粒子群算法的反演结果与粒子群-最小二乘法的反演结果相差较大，鉴于后者的拟合误差较小，认为粒子群-最小二乘法的反演结果较为接近实际。

表 6.3.2　大理岩剪切蠕变试验模型参数反演结果

剪切力/MPa	粒子群算法				粒子群-最小二乘法			
	E_1/GPa	E_2/GPa	η_1/(GPa·h)	η_2/(GPa·h)	E_1/GPa	E_2/GPa	η_1/(GPa·h)	η_2/(GPa·h)
2.8	0.811	1.275	2536.725	6.026	1.019	1.393	2769.203	1.540
5.6	2.104	7.248	1183.006	8.100	2.769	3.603	2497.978	3.059
8.4	1.314	15.834	1996.080	1.613	1.783	18.125	2733.210	6.628
11.2	1.118	18.721	30105.805	6.387	1.382	17.026	13247.114	14.495
拟合误差	0.0664				0.0195			

2) 反演结果的稳定性

采用表 6.3.1 的初始范围对图 6.3.4 的试验数据分别采用粒子群算法和粒子群-最小二乘法进行 20 次反演计算。反演结果见表 6.3.3，从表中可以看出，两种反演方法每一次的反演结果都不相同，反演所得的误差也不相同。对于粒子群算法，每次反演结果中的同一参数都相差较大，而且反演误差较大，每次的相对误差也不一样，最大误差达到了 0.075，最小为 0.015。对于粒子群-最小二乘法，每次反演结果中的同一参数也不同，但是相差较小，并且反演误差较小，最大误差为 0.0201，最小误差为 0.0092。

表 6.3.4 为对表 6.3.3 反演结果的统计。从表中可以看出，对于同一参数，粒子群-最小二乘法反演结果的标准差要比粒子群反演结果的标准差小，说明粒子群算法的反演结果比粒子群-最小二乘法的反演结果更加离散，也就说粒子群-最小二乘法的反演结果更加稳定。

表 6.3.3　采用两种方法分别反演 20 次的参数反演结果

反演次数	剪切力/MPa	粒子群算法				粒子群-最小二乘法			
		E_1/GPa	η_1/(GPa·h)	E_2/GPa	η_2/(GPa·h)	E_1/GPa	η_1/(GPa·h)	E_2/GPa	η_2/(GPa·h)
1	2.8	0.785	2877.3	2.342	1.937	0.923	2170.972	1.678	1.940
	5.6	1.827	3173.3	3.969	3.388	2.174	2733.105	4.000	4.390
	8.4	2.089	1979.4	10.520	12.376	1.880	3677.923	17.942	42.462
	11.2	7.248	1208.1	11.290	35.006	1.316	13009.649	16.701	13.036
	拟合误差	0.036				0.0101			
2	2.8	0.688	2870.7	1.323	3.074	0.918	2000.053	1.698	1.828
	5.6	1.361	1920.5	1.675	3.494	2.206	2497.826	3.999	3.837
	8.4	7.358	8402.9	5.137	24.870	1.925	3597.641	17.892	54.303
	11.2	1.478	4108.6	12.69	26.939	1.273	13482.409	18.071	12.933
	拟合误差	0.047				0.0099			

续表

反演次数	剪切力/MPa	粒子群算法				粒子群-最小二乘法			
		E_1/GPa	η_1/(GPa·h)	E_2/GPa	η_2/(GPa·h)	E_1/GPa	η_1/(GPa·h)	E_2/GPa	η_2/(GPa·h)
3	2.8	0.807	1986.3	2.481	1.292	0.910	2071.223	1.728	1.950
	5.6	2.638	2683.6	3.776	4.296	2.147	2516.291	4.100	3.375
	8.4	1.680	8149.5	12.510	46.991	1.878	3500.537	18.701	43.881
	11.2	1.978	6950.0	7.949	7.396	1.344	13001.841	15.890	13.586
	拟合误差	0.027				0.0094			
4	2.8	0.725	2898.8	2.953	3.847	0.915	2000.005	1.709	1.894
	5.6	1.462	2459.7	5.057	2.454	2.151	2699.949	4.099	3.371
	8.4	7.751	1553.2	6.043	31.955	1.869	3515.317	17.947	44.023
	11.2	1.765	7292.6	15.26	26.534	1.310	13292.991	17.497	12.258
	拟合误差	0.04				0.0092			
5	2.8	0.778	3073.9	2.296	2.011	0.921	2111.375	1.684	1.890
	5.6	2.096	4706.7	3.565	1.928	2.151	2582.216	4.099	3.289
	8.4	2.412	6347.8	9.940	30.590	1.857	3486.959	18.145	43.266
	11.2	3.252	6945.0	5.230	18.207	1.352	13000.071	16.217	14.024
	拟合误差	0.032				0.0095			
6	2.8	0.656	3798.4	6.801	3.506	0.923	2136.348	1.673	1.897
	5.6	1.294	1695.7	2.546	1.956	2.141	2624.837	4.099	3.432
	8.4	7.621	1147.15	20.69	9.562	1.860	3699.995	17.992	43.807
	11.2	8.701	4974.1	5.627	25.599	1.346	13407.575	15.907	12.806
	拟合误差	0.075				0.0095			
7	2.8	0.753	2779.1	3.630	1.172	0.915	2045.664	1.709	1.954
	5.6	1.489	3587.9	9.076	7.774	2.170	2557.060	4.099	3.238
	8.4	8.315	4573.2	4.679	27.649	1.864	3525.858	18.127	47.501
	11.2	2.711	3130.11	7.186	22.047	1.323	13000.027	17.390	13.440
	拟合误差	0.036				0.0093			
8	2.8	0.785	3085.3	2.290	1.617	0.915	2116.797	1.706	1.999
	5.6	1.463	2967.2	5.055	4.052	2.135	2518.331	4.099	3.425
	8.4	6.233	6658.4	5.170	17.998	1.914	3282.592	18.573	41.986
	11.2	7.362	4535.8	4.727	28.512	1.315	13743.175	17.660	13.892
	拟合误差	0.035				0.0096			

续表

反演次数	剪切力/MPa	粒子群算法				粒子群-最小二乘法			
		E_1/GPa	η_1/(GPa·h)	E_2/GPa	η_2/(GPa·h)	E_1/GPa	η_1/(GPa·h)	E_2/GPa	η_2/(GPa·h)
9	2.8	0.765	2682.11	2.427	27.612	0.915	2000.109	1.709	1.591
	5.6	1.672	3156.11	5.197	1.669	2.245	2400.233	3.971	3.936
	8.4	2.172	4786.7	10.33	26.933	1.893	3907.131	18.431	30.819
	11.2	5.134	8245.0	5.086	17.436	1.289	13089.269	17.639	13.878
	拟合误差	0.033				0.0201			
10	2.8	0.792	2702.1	2.302	1.543	0.911	2034.546	1.727	1.999
	5.6	1.532	2596.8	5.764	3.426	2.162	2474.559	4.099	3.275
	8.4	3.785	1962.8	6.734	20.898	1.905	3596.785	17.629	43.125
	11.2	3.233	2910.5	8.132	10.787	1.301	13147.397	17.457	13.112
	拟合误差	0.029				0.0093			
11	2.8	0.756	2629.3	2.496	3.645	0.920	2020.123	1.686	1.850
	5.6	1.127	1913.8	2.235	8.454	2.215	2654.197	3.999	3.945
	8.4	2.227	2905.5	9.584	36.615	1.962	3289.083	15.535	16.316
	11.2	1.571	8540.0	12.41	23.260	1.351	13324.590	17.606	12.866
	拟合误差	0.035				0.0100			
12	2.8	0.920	3034.0	1.607	2.335	0.912	2109.927	1.714	1.999
	5.6	1.430	2781.4	5.972	2.954	2.149	2473.392	4.099	3.255
	8.4	2.002	3479.2	12.49	25.398	1.924	3678.445	16.978	41.583
	11.2	2.122	7398.9	7.751	32.268	1.310	13642.671	17.178	13.188
	拟合误差	0.015				0.0093			
13	2.8	0.679	2530.3	2.212	1.811	0.911	2039.420	1.723	1.999
	5.6	1.468	1262.8	1.829	3.127	2.147	2533.371	4.099	3.344
	8.4	5.923	1324.8	8.645	23.704	1.888	3699.563	18.087	46.666
	11.2	6.805	8477.1	6.129	25.488	1.298	13568.034	17.598	15.050
	拟合误差	0.051				0.0092			
14	2.8	0.763	2914.1	2.429	3.069	0.910	2003.893	1.727	1.999
	5.6	1.236	1848.6	2.697	2.282	2.162	2537.674	4.099	3.442
	8.4	5.147	7488.7	4.893	24.766	1.920	3329.190	17.121	47.959
	11.2	2.387	1488.2	11.51	12.075	1.382	13401.899	15.264	12.933
	拟合误差	0.038				0.0094			

续表

反演次数	剪切力/MPa	粒子群算法				粒子群-最小二乘法			
		E_1/GPa	η_1/(GPa·h)	E_2/GPa	η_2/(GPa·h)	E_1/GPa	η_1/(GPa·h)	E_2/GPa	η_2/(GPa·h)
15	2.8	0.763	3217.6	2.415	2.676	0.913	2122.058	1.709	1.999
	5.6	1.259	2164.2	9.372	2.833	2.169	2504.824	4.074	3.450
	8.4	3.113	1105.83	15.140	22.237	1.915	3604.948	17.249	41.925
	11.2	6.816	2257.7	7.514	35.006	1.300	13992.917	17.799	13.095
	拟合误差	0.038				0.0095			
16	2.8	0.792	2534.5	2.225	2.552	0.920	2137.186	1.687	1.999
	5.6	4.422	2613.1	2.583	2.428	2.144	2595.274	4.099	3.433
	8.4	6.140	3114.6	5.361	22.247	1.886	3409.530	17.639	45.490
	11.2	1.393	7263.4	21.160	28.886	1.365	13908.883	15.663	15.185
	拟合误差	0.03				0.0095			
17	2.8	0.735	2760.4	4.380	1.575	0.917	2029.563	1.696	1.999
	5.6	7.370	2310.5	2.431	3.457	2.168	2659.803	4.099	3.338
	8.4	5.800	5322.8	5.994	32.754	1.850	3699.989	18.089	43.303
	11.2	7.735	9178.8	4.293	32.130	1.337	13632.951	16.248	14.088
	拟合误差	0.045				0.0092			
18	2.8	0.791	2602.1	2.246	5.364	0.918	2118.406	1.692	1.999
	5.6	1.671	2767.5	5.085	1.899	2.160	2510.070	4.099	3.352
	8.4	1.755	4229.5	16.010	27.842	1.946	3261.268	16.773	44.981
	11.2	5.098	2986.6	5.820	14.694	1.359	13891.237	17.155	14.955
	拟合误差	0.025				0.0094			
19	2.8	0.765	1180.8	2.807	4.168	0.917	2000.006	1.709	1.799
	5.6	1.171	2535.4	2.377	2.919	2.208	2799.951	3.922	4.252
	8.4	1.901	4690.0	17.870	15.240	1.980	3007.501	16.592	42.886
	11.2	1.428	2063.0	16.040	36.959	1.338	13126.244	16.935	15.235
	拟合误差	0.039				0.0101			
20	2.8	0.743	3180.6	4.175	4.502	0.912	2062.811	1.718	1.989
	5.6	6.854	2448.6	2.766	2.985	2.139	2666.772	4.099	3.499
	8.4	6.148	7960.6	4.547	13.848	1.831	3600.306	19.357	45.163
	11.2	1.608	2554.9	17.140	22.145	1.377	13191.960	15.000	14.333
	拟合误差	0.043				0.0091			

表 6.3.4 模型参数 20 次反演的统计结果

剪切力/MPa	项目	粒子群算法				粒子群-最小二乘法			
		E_1/GPa	η_1/(GPa·h)	E_2/GPa	η_2/(GPa·h)	E_1/GPa	η_1/(GPa·h)	E_2/GPa	η_2/(GPa·h)
2.8	最小值	0.656	1180.847	1.332	1.172	0.91	2000.01	1.673	1.591
	最大值	0.920	3798.467	6.801	5.364	0.923	2170.97	1.728	1.999
	平均值	0.7621	2766.932	2.792	2.7229	0.9158	2066.52	1.7041	1.9286
	标准差	0.0548	115.394	0.2678	0.2611	0.0009	12.5996	0.0037	0.0229
5.6	最小值	1.127	1262.827	1.675	1.6694	2.135	2400.23	3.922	3.238
	最大值	7.370	3587.989	9.372	8.454	2.245	2799.95	4.100	4.390
	平均值	1.9421	2479.718	4.1514	3.3889	2.1671	2576.99	4.0676	3.5439
	标准差	0.3056	125.259	0.4918	0.3956	0.0065	22.4854	0.0124	0.0755
8.4	最小值	1.680	1105.836	4.547	9.562	1.831	3007.5	15.535	16.316
	最大值	8.315	8402.962	20.692	46.991	1.98	3907.13	19.357	54.303
	平均值	4.4786	4359.179	9.6157	24.7237	1.8973	3518.53	17.74	42.5723
	标准差	0.5312	556.854	1.0832	1.9707	0.0086	46.2237	0.1904	1.6739
11.2	最小值	1.393	1208.127	4.293	7.396	1.273	13000	15.000	12.258
	最大值	8.701	9178.806	21.169	36.959	1.382	13992.9	18.071	15.235
	平均值	3.9913	5125.465	9.6489	24.0687	1.3293	13392.8	16.8437	13.6947
	标准差	0.5749	602.149	1.0764	1.9002	0.0067	73.3296	0.2053	0.1982

6.3.3 遗传算法

1. 遗传算法的简介

遗传算法[152](genetic algorithms,GA 或 GAs)是模拟达尔文的遗传选择和自然淘汰的生物进化过程的计算模型,是一种通过模拟自然进化过程搜索最优解的方法,它是由美国 Michigan 大学 Holland 教授及其学生于 20 世纪 60 年代末到 70 年代初首先提出来的。并于 1975 年出版了颇有影响的专著 *Adaptation in Natural and Artificial Systems*,在这本书中,Holland 系统地阐述了遗传算法的基本理论和方法。Holland 教授所提出的遗传算法通常为简单遗传算法(SGA)。遗传算法最初被研究的出发点不是为专门解决最优化问题而设计的,它与进化策略、进化规划共同构成了进化算法的主要框架,都是为当时人工智能的发展服务的。

近年来,由于遗传算法的整体搜索策略和优化搜索方法在计算时不依赖于梯度信息或其他辅助知识,而只需要影响搜索方向的目标函数和相应的适应值函数,所以遗传算法提供了一种求解复杂系统问题的通用框架,它不依赖于问题的具体领域,对问题的种类有很强的鲁棒性[所谓鲁棒性是指控制系统在一定(结构、大小)的参数摄动下,维持某些性能的特性],所以广泛应用于工业工程、人工智能、生物工程、自动控制、图像处理等许多科学领域,目前,遗传算法已经成为应用最广泛和最成功的智能优化算法之一。

2. 遗传算法术语说明

由于遗传算法是由进化论和遗传学机理产生的搜索算法,所以在这个算法中会用到很多生物遗传学知识,下面是对算法中出现的常用术语作一简要说明。

(1) 遗传(heredity)。

生物从其亲代继承特性或性状的生命现象被称为遗传。

(2) 染色体(chromosome)。

染色体是生物细胞中含有的一种微小的丝状化合物,它是遗传物质的主要载体,由多个遗传因子——基因组成。

(3) 基因(gene)。

控制生物遗传的物质单元称为基因,它是有遗传效应的 DNA 片段。

(4) 个体(individuals)。

个体是指染色体带有特征的实体。

(5) 种群(population)。

种群是指染色体带有特征的个体的集合。该集合内个体数的多少称为种群大小。

(6) 适应值(fitness value)。

适应值是指各个个体对环境的适应程度。为了体现染色体的适应能力,引入了对问题中的每一个染色体都能进行度量的函数,称为适应值函数(fitness function)。这个函数是计算个体在群体中被使用的概率。

(7) 选择(selection)。

选择是指以一定的概率从种群中选出若干个个体的操作。选择的过程也是一个基于适应值的优胜劣汰的过程。

(8) 复制(reproduction)。

细胞在分裂时,遗传物质 DNA 通过复制而转移到新产生的细胞中,新细胞就继承了旧细胞的基因。

(9) 交叉(crossover)。

有性生物在繁殖下一代时,两个同源染色体之间通过交叉而重组,即两个染色体的某一相同位置处的 DNA 被切断,其前后两串分别交叉组合而形成的两个新的染色体。

3. 根据适应值的大小来进行选择和繁殖

在遗传算法中自然选择规律的体现就是以适应值的大小决定的概率分布来进行选择。被选择的个体两两进行繁殖。繁殖产生的个体组成新的种群。这样不断进行选择和繁殖下去。

4. 若干代后得到的适应值最好的个体所对应的解即为最优解

在若干代后，得到的适应值最好的个体所对应的解被认为是问题的最优解。遗传算法流程如图 6.3.7 所示。

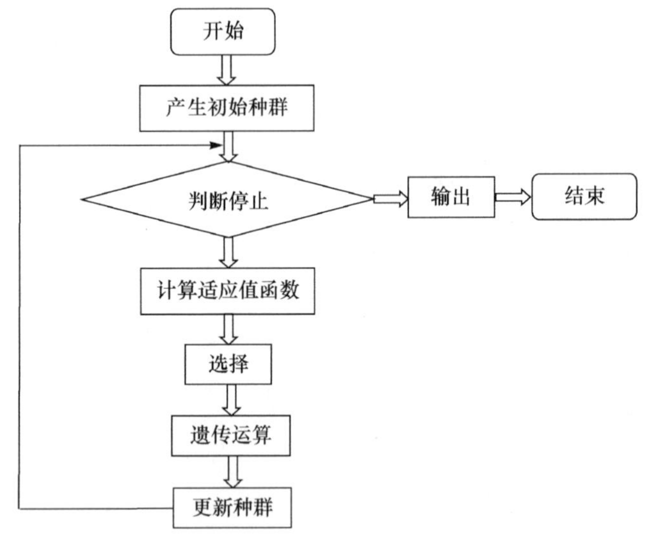

图 6.3.7　遗传算法的流程

5. 遗传算法与粒子群算法的比较

大多数智能优化算法几乎都是用同样的过程。

(1) 种群随机初始化。

(2) 对种群内的每一个个体计算适应值。适应值与最优解的距离直接有关。

(3) 种群根据适应值进行复制。

(4) 如果终止条件满足，就停止，否则转步骤(2)。

从以上步骤可以看到遗传算法与粒子群算法有很多共同之处。两者都随机初始化种群，使用适应值来评价系统，根据适应值来进行一定的随机搜索且两个系统都不保证一定能找到最优解。但是，粒子群算法没有遗传算法中的遗传操作，如交叉操作和变异操作；而是根据自己的速度来进行搜索。粒子还有一个重要的特点，就是有记忆。

另外与遗传算法比较，粒子群算法的信息共享机制是很不同的。在遗传算法中，染色体互相共享信息，所以整个种群的移动是比较均匀地向最优区域移动，但在粒子群算法中，只有全局极值 g 把信息传给其他粒子，这是单向的信息流动。整个搜索更新过程是跟随当前最优解的过程。与遗传算法比较，在大多数的情况下，所有的粒子可能更快收敛于局部最优解，即标准粒子群优化算法容易早熟。鉴于此，6.3.4 节将遗传算法的交叉和变异操作引入粒子群优化算法中，将粒子群优化算法加以改进，提出一种改进的粒子群优化算法（遗传-粒子群优化算法）。

6.3.4 遗传-粒子群优化算法

1. 遗传-粒子群优化算法的基本思想

在优化算法的研究当中，算法的探测和开发能力单靠一种算法往往无法得到有效利用与平衡，从而影响了算法的求解精度和效率。故可以混合两种算法或者多种算法在一个模型当中，尽量发挥各个算法的优点，从而形成了一个研究混合算法的方向。通过 6.3.3 节可知，粒子群优化算法容易陷入局部的最优解。而遗传算法同时处理群体中的多个个体，即对搜索空间中的多个解进行评估，减少了陷入局部最优解的风险，同时算法本身易于实现并行化。因此可以预计，在粒子群优化算法搜索过程中融合遗传优化方法的思想，构成一种遗传-粒子群优化算法是提高粒子群优化算法运行效率和求解质量的一个有效手段。

遗传-粒子群优化算法的基本步骤如下。

（1）首先对一种群里 m 个粒子的速度和位置进行随机初始化。

（2）按每个粒子适应值的大小进行排序，前 $m/2$ 个粒子直接进入下一代。

（3）对后 $m/2$ 个粒子进行遗传算法中的交叉操作和变异操作，得到 $m/2$ 个交叉操作和变异操作后的粒子，将其与没有交叉操作和变异操作的后 $m/2$ 个粒子按适应值大小进行重新排序，再取其排序后的前 $m/2$ 个粒子和先前得到的 $m/2$ 个粒子组成一代，取最优的粒子对应的解迭代的最优解。

（4）接下来按粒子群算法的位置公式和速度公式进行更新，判断终止条件，至此完成一次迭代。

（5）重回步骤（2），直至满足终止条件。这样得到的解即为整个种群的最优解。

下面对遗传-粒子群算法中的交叉操作和变异操作作一具体说明。

1）交叉操作

随机产生一个交叉位置，两个父代在交叉位置处的前面（或后面）所有基因相互交换，得到两个新的子代，例如，两父代为：old1＝1 2 3 4 5 6，old2＝7 8 9 10 11 12 ，交叉位置为 3，则交叉后的两个新的子代为：new1＝1 2 3 10 11 12 ，new2＝7 8 9 4 5 6。

2）变异操作

随机产生一个变异位置，两个父代在变异位置处前面的一个基因相互交换，得到两个新的子代。例如，两父代为：old1＝1 2 3 4 5 6，old2＝7 8 9 10 11 12，变异位置为 4，则变异后的两个新的子代为：new1＝1 2 3 10 5 6，new2＝7 8 9 4 11 12。

遗传-粒子群优化算法的流程如图 6.3.8 所示。

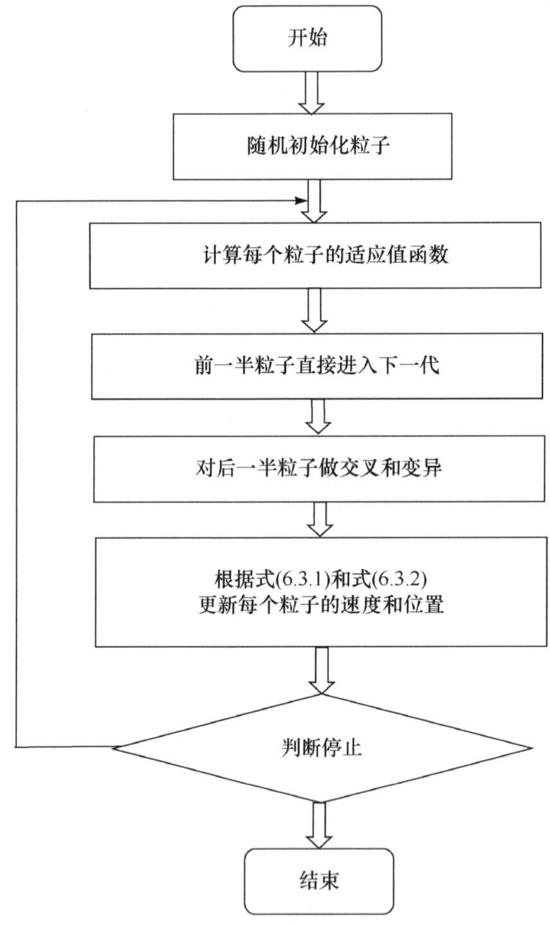

图 6.3.8　遗传-粒子群优化算法的流程

2. 基于遗传-粒子群优化算法的岩体剪切蠕变模型的非定常参数辨识

1）适应值函数的构建

(1) 黏弹性非定常剪切蠕变模型适应值函数。

由第 4 章知，黏弹性剪切蠕变模型的蠕变方程为

$$u(t)=\left[\frac{1}{G_1}+\frac{1}{at^b}\left(1-\mathrm{e}^{-\frac{t^{b+1}}{s\,\mathrm{e}^{dt}}}\right)\right]\tau \tag{6.3.30}$$

将式(6.3.30)变为

$$\frac{u(t)}{\tau}=\frac{1}{G_1}+\frac{1}{at^b}\left(1-\mathrm{e}^{-\frac{t^{b+1}}{s\,\mathrm{e}^{dt}}}\right) \tag{6.3.31}$$

则黏弹性非定常剪切蠕变模型适应值函数为

$$f(G_1,a,b,d,s)=\sum_{i=1}^{n}\left[\frac{u(t)}{\tau}-\frac{1}{G_1}-\frac{1}{at^b}\left(1-\mathrm{e}^{-\frac{t^{b+1}}{s\,\mathrm{e}^{dt}}}\right)\right]^2 \tag{6.3.32}$$

(2) 黏弹塑性非定常剪切蠕变模型适应值函数。

由第 4 章知，黏弹塑性非定常剪切蠕变模型的蠕变方程为

$$u(t)=\left[\frac{1}{G_1}+\frac{1}{at^b}\left(1-\mathrm{e}^{-\frac{t^{b+1}}{s\,\mathrm{e}^{dt}}}\right)\right]\tau+\langle\tau-\tau_{\mathrm{s}}\rangle\cdot\langle t-t_i\rangle\frac{1}{m\mathrm{e}^{n\langle t-t_i\rangle}} \tag{6.3.33}$$

则黏弹塑性非定常剪切蠕变模型适应值函数可以取为

$$f(G_1,a,b,d,s,m,n)=\sum_{i=1}^{n}\left\{u(t)-\left[\frac{1}{G_1}+\frac{1}{at^b}\left(1-\mathrm{e}^{-\frac{t^{b+1}}{s\,\mathrm{e}^{dt}}}\right)\right]\tau\right.$$
$$\left.-\langle\tau-\tau_{\mathrm{s}}\rangle\cdot\langle t-t_i\rangle\frac{1}{m\mathrm{e}^{n\langle t-t_i\rangle}}\right\}^2 \tag{6.3.34}$$

2）岩体非定常剪切蠕变模型的参数辨识

采用上面介绍的遗传-粒子群优化算法来对第 4 章中的岩体非定常剪切蠕变模型中的各蠕变参数进行辨识，辨识的数据采用第 2 章中的岩体剪切蠕变试验数据，遗传-粒子群优化算法采用 Matlab 编程，按照粒子群算法的收敛区间，经过对算法中的各参数进行试验，算法中各参数的取值见表 6.3.5。

表 6.3.5　遗传-粒子群优化算法中的各参数取值

粒子规模 N/个	学习因子 c_1	学习因子 c_2	惯性权重 ω	粒子维数 D	最大迭代次数
30	1.500	1.500	0.500	5 或 7	100

注：粒子维数 D 根据需要辨识的参数个数而定。

采用遗传-粒子群优化算法辨识出的岩体黏弹性剪切蠕变模型的各参数见表 6.3.6～表 6.3.8，辨识出的岩体黏弹塑性剪切蠕变模型的各参数见表 6.3.9。

表 6.3.6　大理岩硬性结构面不同正应力作用下非定常黏弹性剪切蠕变模型参数

试样编号	最大平均粗糙角 U	正应力/MPa	剪应力/MPa	剪切模量 G_1/(MPa/mm)	参数 a	参数 b	参数 d	参数 s	最小适应值 f
MY1	0.1337	2	0.24	0.763	10127.205	−1.150	0.065	−6.355	3.11×10^{-5}
			0.72	1.367	30264.346	−1.152	0.061	−6.359	6.48×10^{-6}
			1.21	1.771	55486.699	−1.157	0.060	−6.230	2.53×10^{-6}
			1.69	1.835	140523.421	−1.156	0.065	−6.363	1.83×10^{-6}
			1.93	1.578	153008.717	−1.163	0.059	−5.951	2.22×10^{-6}
MY2	0.1311	6	0.96	7.133	68437.773	−1.156	0.062	−6.354	1.48×10^{-6}
			1.93	9.002	92154.525	−1.152	0.055	−6.218	3.75×10^{-6}
			3.86	10.112	317592.522	−1.155	0.068	−6.768	3.64×10^{-6}
			5.79	9.331	40876.173	−1.189	0.196	−5.285	4.12×10^{-6}
MY3	0.1329	10	2.41	4.881	94603.611	−1.152	0.092	−6.175	1.09×10^{-5}
			4.82	7.413	91474.431	−1.180	0.098	−5.380	2.10×10^{-6}
			7.23	8.354	199057.769	−1.168	0.082	−6.121	6.65×10^{-6}
			9.65	7.610	58449.023	−1.177	0.115	−5.917	9.72×10^{-5}
			10.85	6.099	751.645	−1.141	0.991	−4.676	3.24×10^{-4}

表 6.3.7　大理岩硬性结构面不同粗糙度非定常黏弹性剪切蠕变模型参数

试样编号	最大平均粗糙角 U	正应力/MPa	剪应力/MPa	剪切模量 G_1/(MPa/mm)	参数 a	参数 b	参数 d	参数 s	最小适应值 f
MY4	0.2104	6	1.46	29.855	47220.267	−1.162	0.062	−6.142	9.15×10^{-6}
			2.92	15.081	73578.097	−1.166	0.089	−5.977	6.30×10^{-6}
			4.38	11.489	117201.680	−1.168	0.093	−5.822	3.95×10^{-6}
			5.26	9.836	47886.405	−1.175	0.183	−5.302	8.40×10^{-6}
			6.14	8.253	281.551	−0.070	0.036	−2.739	6.78×10^{-6}
MY5	0.1799	6	1.55	22.416	82638.264	−1.151	0.081	−6.357	5.50×10^{-6}
			3.10	16.779	72516.716	−1.164	0.099	−5.751	4.22×10^{-6}
			4.65	12.558	80902.710	−1.160	0.090	−6.084	1.14×10^{-4}
			5.60	9.554	25634.994	−1.169	0.186	−5.403	1.55×10^{-5}
MY6	0.1411	6	1.55	11.314	70821.034	−1.153	0.133	−6.064	2.53×10^{-6}
			3.09	13.965	239446.957	−1.156	0.051	−6.445	4.51×10^{-6}
			4.64	14.635	300848.516	−1.159	0.075	−6.460	8.31×10^{-6}
			5.58	14.955	322927.157	−1.171	0.055	−6.293	1.14×10^{-5}
			6.11	15.040	51970.693	−1.166	0.173	−5.380	6.67×10^{-6}

表 6.3.8　大理岩泥夹层不同正应力作用下非定常黏弹性剪切蠕变模型参数

试样编号	正应力/kPa	剪应力/kPa	剪切模量 G_1/(kPa/mm)	参数 a	参数 b	参数 d	参数 s	最小适应值 f
MN1	200	23	351.897	872497.600	−1.148	0.013	−7.082	1.50×10^{-4}
		46	310.238	1644114.177	−1.179	0.007	−7.568	9.12×10^{-5}
		69	283.876	808123.381	−1.171	0.010	−6.311	1.63×10^{-3}
		92	278.242	37707626579.088	−1.066	0.001	−16.630	9.91×10^{-4}
MN2	400	40	615.199	12859528975.354	−1.074	0.001	−15.772	7.02×10^{-5}
		80	558.849	12590169981.092	−1.070	0.001	−16.020	1.82×10^{-4}
		120	448.049	19239645551.898	−1.065	0.001	−16.602	4.53×10^{-4}
		160	381.105	9193219244.661	−1.070	0.001	−15.718	6.07×10^{-4}
MN3	600	60	709.421	630352792074.76	−1.057	0.001	−19.384	4.54×10^{-4}
		120	654.492	549736135982.77	−1.057	0.001	−19.302	4.25×10^{-4}
		180	557.866	419980441392.31	−1.055	0.001	−19.307	4.43×10^{-4}
		240	507.677	407581674892.13	−1.056	0.001	−19.113	9.76×10^{-4}

表 6.3.9　大理岩泥夹层不同正应力作用下非定常黏弹塑性剪切蠕变模型参数

试样编号	正应力/kPa	剪应力/kPa	剪切模量 G_1/(kPa/mm)	参数 a	参数 b	参数 d	参数 s	参数 m	参数 n	最小适应值 f
MN1	200	115	266.412	2230297.427	−1.176	0.019	−6.054	147321.217	−0.070	3.05×10^{-3}
MN2	400	200	390.076	195055.875	−1.167	0.278	−4.953	62148.609	−0.040	5.96×10^{-4}
MN3	600	300	472.547	479034894634.60	−1.062	0.001	−18.883	3120720.495	−0.173	1.99×10^{-3}

图 6.3.9 给出了典型的采用遗传-粒子群优化算法辨识各蠕变参数的迭代次数与其适应值的关系。从图中可以明显看出，遗传-粒子群优化算法经过 20 次左右迭代就几乎收敛了。同样，本次剪切蠕变试验其他岩样在各剪应力水平作用下辨识各蠕变参数，遗传-粒子群优化算法经过 20～40 次就基本收敛。这表明采用本节提出的遗传-粒子群优化算法来辨识剪切蠕变模型中的各蠕变参数是合理与有效的。

图 6.3.10 给出了采用岩体定常黏弹性剪切蠕变模型、岩体非定常黏弹性剪切蠕变模型拟合曲线及其与剪切蠕变试验曲线的对比情况。从图中可以明显看出，

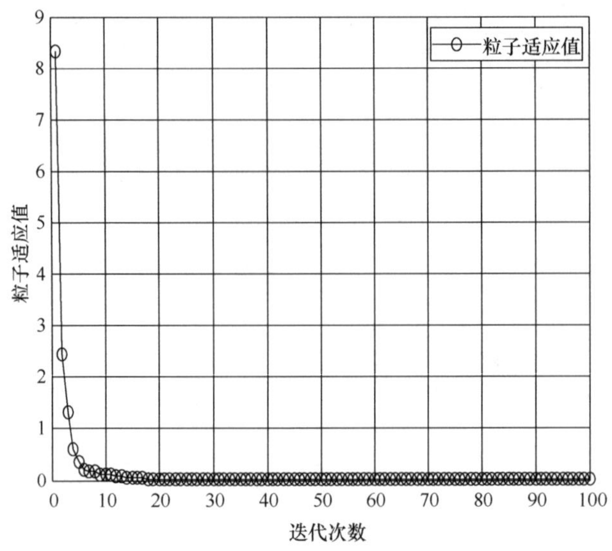

图 6.3.9　遗传-粒子群优化算法迭代次数与适应值关系曲线(MN1，τ=23kPa)

采用岩体非定常黏弹性剪切蠕变模型拟合的曲线要比岩体定常黏弹性剪切蠕变模型拟合的曲线更加理想。在初始蠕变阶段，采用定常黏弹性剪切蠕变模型拟合的曲线与试验曲线之间差别较大，且在稳态蠕变阶段，定常黏弹性剪切蠕变模型的蠕变速率为 0，反映在图上为一条水平渐近线；但采用非定常黏弹性剪切蠕变模型能够很好地对上述情况进行改善，由于蠕变参数是随着时间不断变化的，因此其剪切蠕变速率在稳态蠕变阶段能够保持一恒定的大于 0 的数值。综上所述，采用本节所建立的岩体非定常黏弹性剪切蠕变模型是合理的。

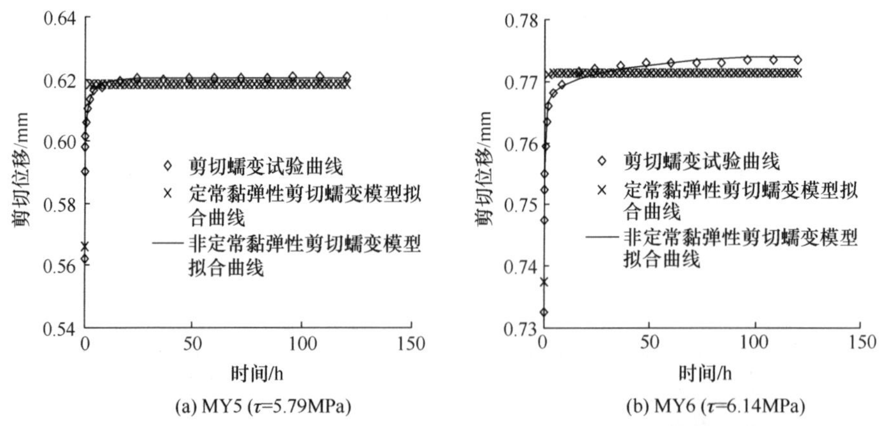

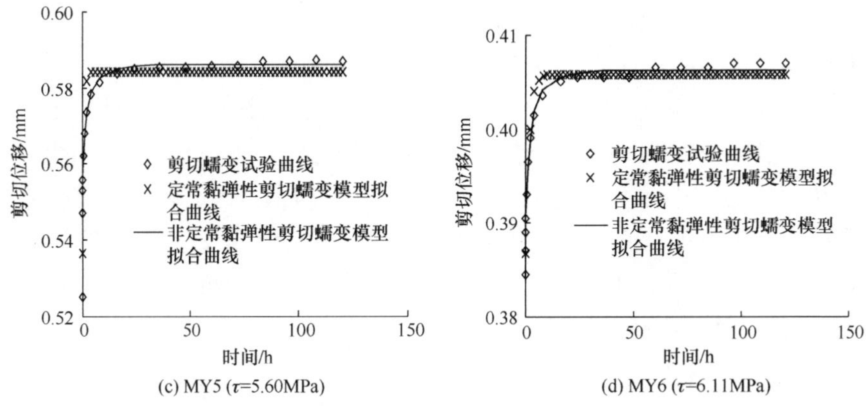

(c) MY5 (τ=5.60MPa)　　(d) MY6 (τ=6.11MPa)

图 6.3.10　大理岩硬性结构面黏弹性剪切蠕变模型拟合曲线与试验曲线的对比

图 6.3.11 给出了岩体非定常黏弹塑性剪切蠕变模型拟合曲线与试验曲线的对比情况，由图可知，岩体非定常黏弹塑性剪切蠕变模型与剪切蠕变试验曲线吻合

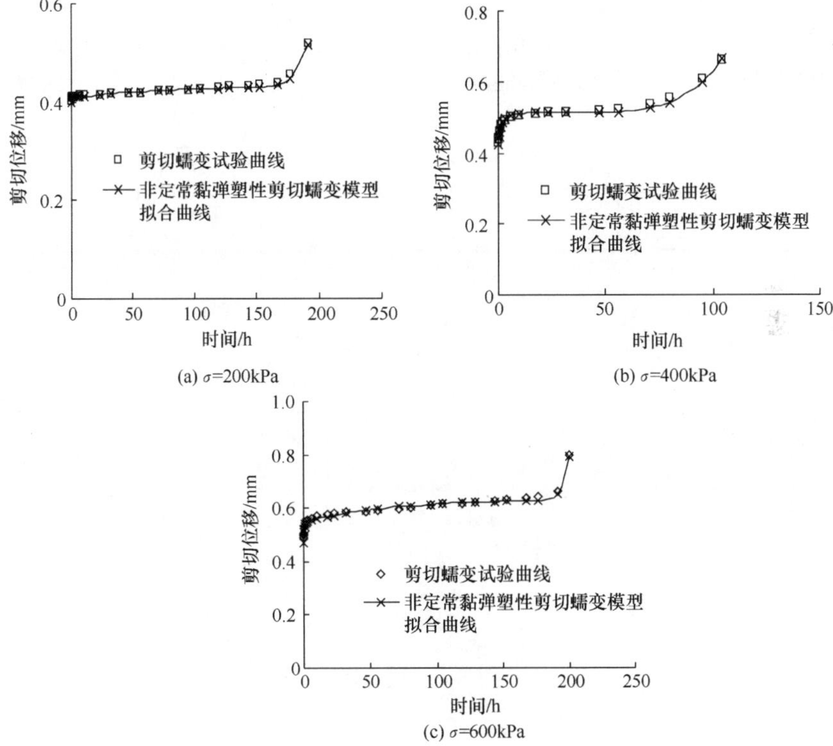

(a) σ=200kPa　　(b) σ=400kPa

(c) σ=600kPa

图 6.3.11　大理岩泥夹层黏弹塑性剪切蠕变模型拟合曲线与试验曲线的对比

的相当理想，说明采用本节所建立的岩体非定常黏弹塑性剪切蠕变模型能够很好地对剪切蠕变试验中出现的加速阶段进行模拟。

大理岩硬性结构面及泥夹层剪切蠕变试验的试验曲线与采用岩体非定常黏弹性(或黏弹塑性)剪切蠕变模型拟合得到拟合曲线的对比如图 6.3.12～图 6.3.14 所示。从图中可以看出，采用遗传-粒子群优化算法辨识得到的各剪切蠕变参数计算得出的剪切位移理论值与剪切蠕变试验得到的试验值比较一致，计算值与试验值的最小二乘误差都在 10^{-2}～10^{-4}级。综上所述，采用改进的遗传-粒子群优化算法来辨识岩体剪切蠕变模型的非定常参数是可行的。

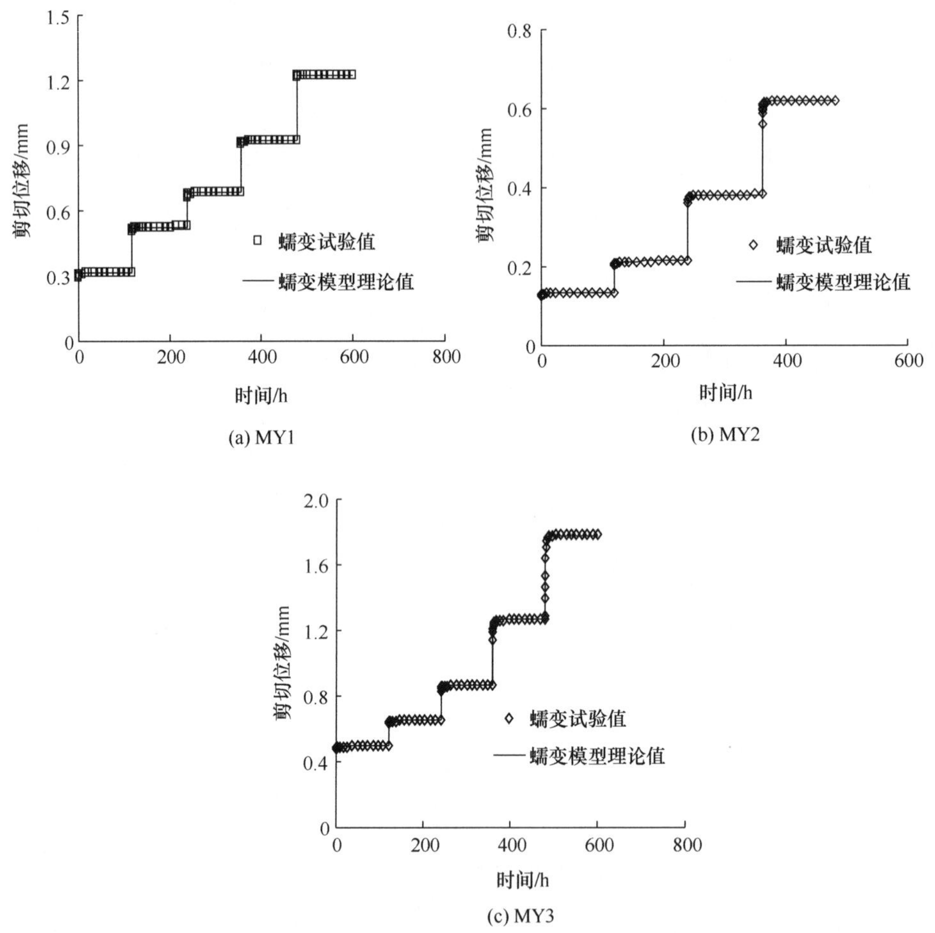

图 6.3.12 大理岩硬性结构面不同正应力作用下剪切蠕变模型理论值与试验值的对比

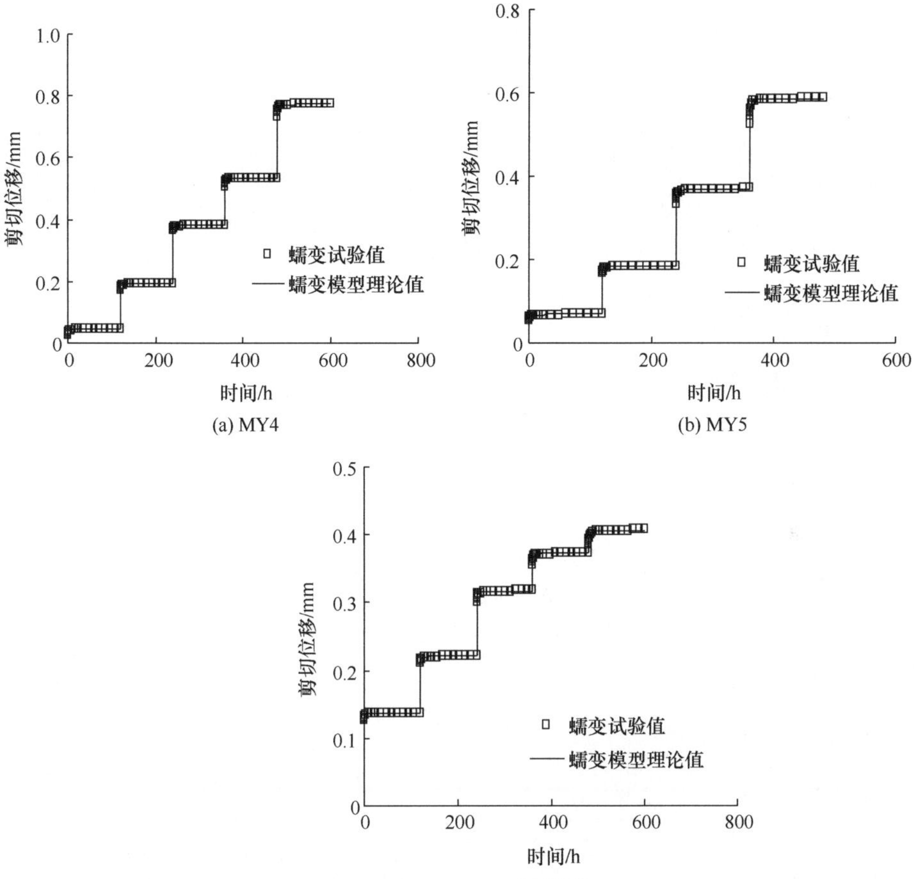

(a) MY4

(b) MY5

(c) MY6

图 6.3.13　大理岩硬性结构面不同粗糙度状况下剪切蠕变模型理论值与试验值的对比

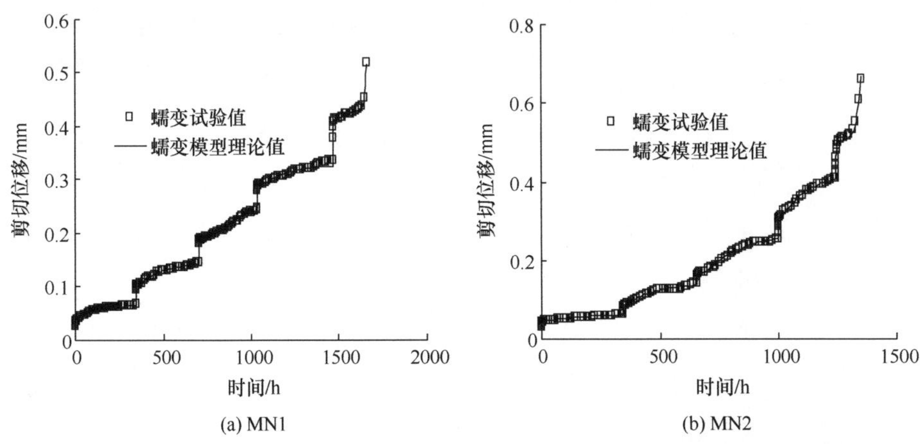

(a) MN1

(b) MN2

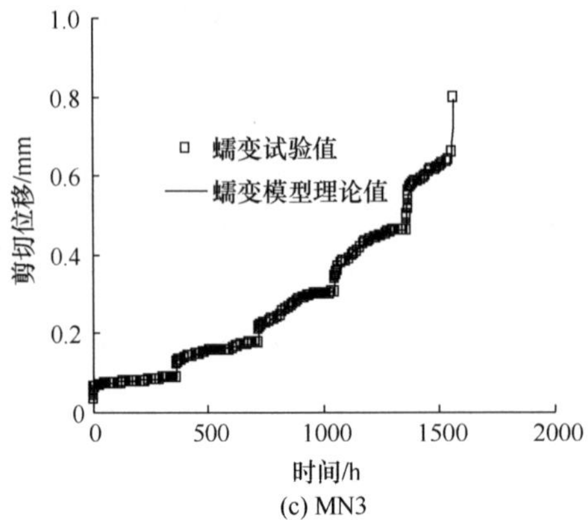

(c) MN3

图 6.3.14 大理岩泥夹层不同正应力作用下剪切蠕变模型理论值与试验值的对比

第7章 岩石非线性流变模型的工程应用

7.1 锦屏二级水电站引水隧洞工程概况

锦屏二级水电站位于四川省凉山雅砻江干流上的锦屏山区，如图7.1.1所示，利用锦屏150km长大河湾的天然落差，裁弯取直凿取四条长约16.67km、开挖洞径13m、最大埋深约2525m的深埋长隧洞引水，获得水头约320m的优越水利条件，因此锦屏二级水电站的关键技术之一就是这四条隧洞的设计和施工。从图7.1.1中可以看出，锦屏山区以近南北向展布于河湾范围，山势雄厚，沟谷深切，峭壁陡立，山脊多呈棱状，主脊两侧山梁呈梳子状排列，地形起伏较大，最高峰达4483m，最低处只有1300m左右，地形条件十分复杂。根据山川地势、相对高差、切割程度等，区内的地貌类型有强烈上升的高山区（高程3600m以上）、中等切割的中山区（高程2000～3600m）、峡谷地貌、夷平面（4000m左右、3000m左右、2200m左右）及阶地、岩溶地貌和冰蚀地貌等。

图7.1.1 锦屏二级水电站工程区域地貌（截自Google Earth）及不同时期构造活动示意图

引水隧洞沿线主要为三叠系中、上统的大理岩、灰岩、结晶灰岩及砂岩、板岩。

引水洞从东到西分别穿越盐塘组大理岩(T_{2y})、白山组大理岩(T_{2b})、三叠系上统砂板岩(T_3)、杂谷脑组大理岩(T_{2z})、三叠系下统绿泥石片岩和变质中细砂岩(T_1)等地层,其中以三叠系中下统的碳酸盐岩(T_1、T_2、盐塘组 T_{2y}、白山组 T_{2b}、杂谷脑组 T_{2z})为主,次为三叠系上统 T_3 的砂岩、板岩等,岩层陡倾,走向与构造性基本一致。沿线主要构造线与隧洞轴线基本垂直,多呈陡倾状,这些构造线包括地层界线和主要断层,如图 7.1.2 所示。

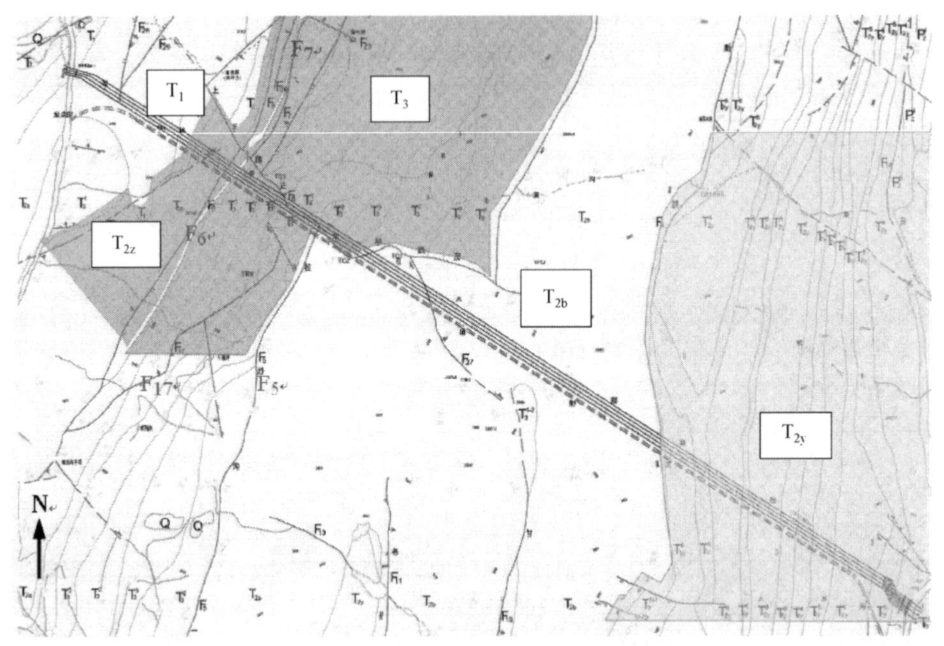

图 7.1.2　引水洞沿线地质条件概要图

T_1-绿泥石片岩和变质中细砂岩;T_{2z}-杂谷脑组大理岩;T_3-三叠系上统砂板岩;
T_{2b}-白山组大理岩;T_{2y}-盐塘组大理岩

从展布的地质构造行迹来看,本区处于近东西向(NWW-SEE)应力控制之下,形成一系列近南北向展布的紧密复式褶皱或压扭性走向断裂,并伴有 NWW 向张性或张扭性断层。且东部区域断裂比西部地区发育,北部区域比南部区域发育,规模也较大。地质调查成果揭示,引水洞沿线自西向东主要的褶皱构造有解放沟复式向斜,轴向 NNE,向北收敛,核部由三叠系上统的砂岩、板岩组成;老庄子复背斜,核部由中三叠统盐塘组(T_{2y})构成,两翼为白山组(T_{2b})地层,产状较对称,总体向南倾伏;养猪场复向斜,由上三叠统(T_3)砂岩、板岩组和中三叠统(T_{2b})大理岩组成,大水沟一带由盐塘组(T_{2y})地层构成一系列向西倾倒的复式褶曲。除上述褶皱构造外,区内更小规模的层间褶曲和揉皱构造较发育。

隧洞区内断层构造按其形迹和展布方位分为四个构造组:NNE 向、NNW 向、

NE-NEE 向、NW-NWW 向(均以陡倾角为主)。其中的主要断层有 F_5 断层(拉纱沟——碗水断层)、F_6 断层(锦屏山断层)、F_{27}断层、F_{28}断层。工程区内断层属非活动断层,不会因断层分布而危及引水隧洞的安全。

图 7.1.3 为隧洞工程区地质剖面图,该区主要由三叠系(T)地层组成,岩性主要为碳酸盐及少量的砂岩、板岩、绿泥片岩。由现有的辅助洞揭示的情况可以预测:盐塘组大理岩主要为Ⅲ类,约占 61.6%,其次为Ⅱ类,约占 31.5%,少量Ⅳ类和Ⅴ类,分别占 6.4%和 0.5%;杂谷脑组大理岩主要为Ⅲ类,约占 60.4%,其次为Ⅱ类,约占 29.8%,少量为Ⅳ类和Ⅴ类,分别占 5.1%和 4.7%;白山组大理岩主要为Ⅲ类,约占 43.6%,其次为Ⅱ类,约占 30%,部分为Ⅳ类,占 22.6%,少量Ⅴ类,占 4.7%;绿泥石片岩主要为Ⅲ类,约占 68.1%,其次为Ⅱ类,约占 28.5%,少量Ⅳ类,约占 3.4%;砂岩、板岩主要为Ⅲ类,约占 72.5%,其次为Ⅱ类,约占 12.9%,少量Ⅳ类和Ⅴ类,分别占 6.4%和 8.2%。三叠系地层曾遭受强烈挤压形成尖棱状褶皱,走向断层发育。

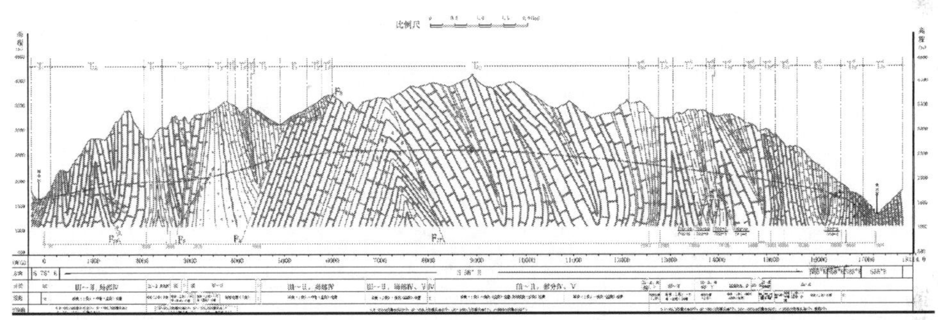

图 7.1.3　沿线工程地质剖面图

锦屏二级水电站的引水隧洞与辅助洞的布置如图 7.1.4 所示,辅助洞 A 与辅助洞 B 的宽高分别为 6m 和 7m,洞间距为 35m。辅助洞 B 的北面按顺序是 4# 隧洞、3# 隧洞、2# 隧洞和 1# 隧洞,辅助洞 B 与 4# 隧洞的间距以及引水隧洞之间的间距均为 60m。

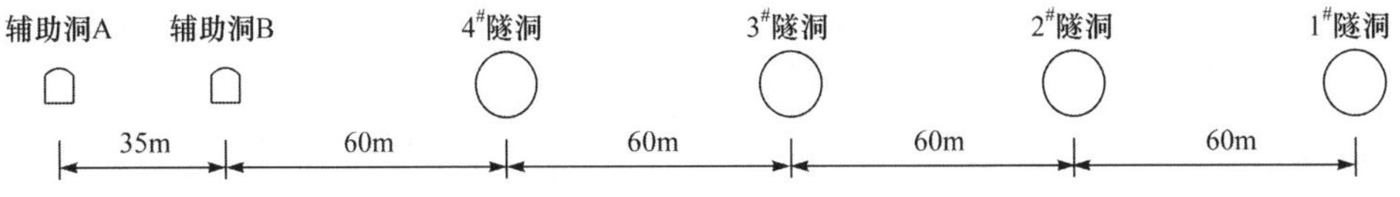

图 7.1.4　引水隧洞与辅助洞的布置图

7.2　工程区域初始地应力

7.2.1　岩体初始地应力的综合分析

表 7.2.1 为采用多种方法测试得到的初始地应力值，从表中可以看出，各种方法的测试结果相差较大，可比性差。从最大主应力值的大小来看，应力解除法＞AE 法＞水压致裂法。根据测试方法的机理和长探洞所处工程地质条件及测试结果的系统分析，水压致裂法测试成果能较准确地反映雅砻江岸坡地带及埋深 1843m 状态下的地应力场条件，其特征如下。

(1) 最大主应力、中间主应力和最小主应力均随埋深增加而增加，其变化特征如图 7.2.1 所示。递增关系呈非直线型，其中洞深 1800m 处，地应力明显较大，综合分析地层和构造认为可能与背斜构造的核部有关。背斜核部“中和面”上部的应力场中 σ_1 垂直且平行褶皱轴向，σ_3 垂直褶皱轴向。对比实测应力是基本吻合的。

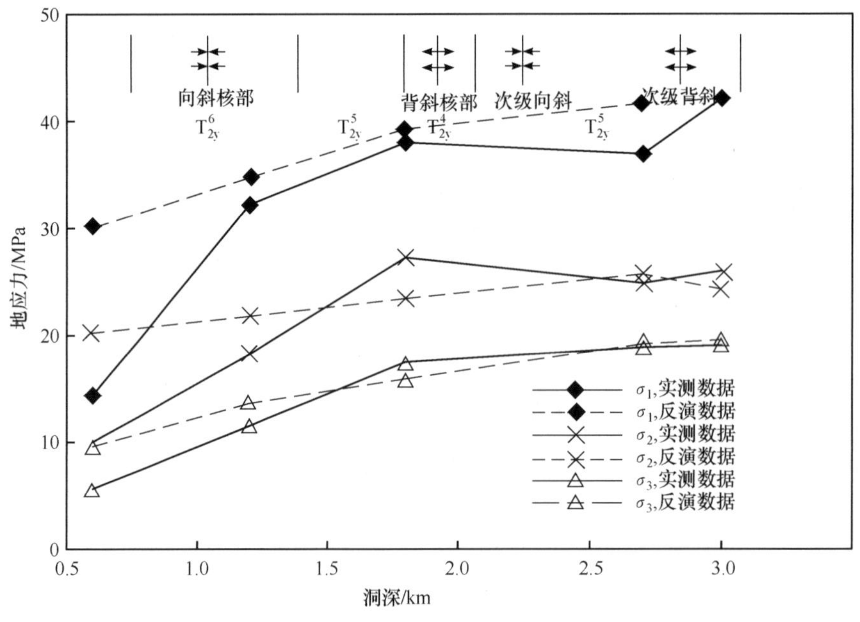

图 7.2.1　地应力随洞深的变化趋势

(2) 由图 7.2.2 可知，最大主应力与最小主应力的比值随洞深的变化也有一定的规律性，比值随洞深的增加而减小，说明最小主应力随洞深的增加速率要比最大主应力快。

(3) 最大主应力方位角为 20°～50°和 120°～140°，显示工程区域的主地应力场随埋深增加由 NE-SW 转为 NWW-SEE，与区域构造地应力场相吻合。

表 7.2.1　PD1 不同埋深应力值

PD1 洞深/m	埋深/m	主应力									应力分量/MPa						测试方法
		σ_1			σ_2			σ_3									
		大小/MPa	方位角/(°)	倾角/(°)	大小/MPa	方位角/(°)	倾角/(°)	大小/MPa	方位角/(°)	倾角/(°)	σ_x	σ_y	σ_z	τ_{xy}	τ_{yz}	τ_{xz}	
600	463	46.6	260.1	4.8	18.87	17.9	79.8	15.6	169.3	9.0	45.48	16.61	18.99	5.24	−0.10	2.38	应力解除法
600	463	32.4	289.0	30.0	28.0	72.0	57.0	23.7	184.0	21.0	—	—	—	—	—	—	AE 法
600	463	14.38	47.48	−6.45	10.03	152.41	−66.31	5.67	134.77	22.69	10.15	10.49	9.44	−4.00	−1.46	−0.77	水压致裂法
658.1	534	—	—	—	—	—	—	—	—	—	25.8		18.4	—	—	—	收敛变形反分析
674.7	539	—	—	—	—	—	—	—	—	—	29.7		18.8	—	—	—	收敛变形反分析
692.5	538	—	—	—	—	—	—	—	—	—	28.6		19.1	—	—	—	收敛变形反分析
708.4	552	—	—	—	—	—	—	—	—	—	43.4		19.4	—	—	—	收敛变形反分析
1200	960	32.21	20.47	47.65	18.20	75.73	−27.45	11.53	148.69	29.42	20.08	17.61	24.24	−4.33	0.69	−8.97	水压致裂法
1800	1182	38.02	120.69	57.97	27.26	110.01	−31.58	17.49	22.97	4.80	19.83	28.02	34.92	4.81	3.84	3.22	水压致裂法
2700	1599	36.93	136.38	57.04	24.86	115.03	−31.13	18.87	30.99	9.76	23.77	31.04	35.86	7.16	−0.73	2.97	水压致裂法
3005	1843	42.11	116.8	75.40	26.00	119.54	−14.59	19.06	29.36	−0.67	20.94	25.15	41.08	3.38	3.55	1.70	水压致裂法

注：应力向下为正。x 轴与洞轴平行，y 轴在水平面上与洞轴垂直，z 轴向下。

(4) 最大主应力倾角随埋深增加，自 6.45°增至 75.4°。表明埋深增加，地应力从岸坡局部应力状态转变为以垂直为主的自重应力状态。

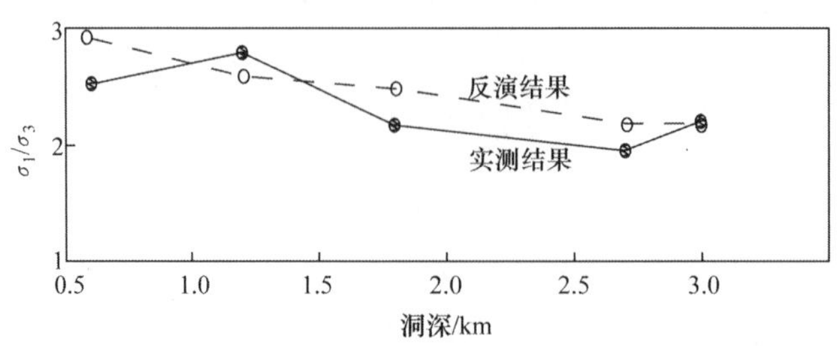

图 7.2.2 σ_1/σ_3 随洞深的变化趋势

7.2.2 岩体初始地应力反演

1. 岩体地应力反演模型的建立

本区域早期主要受到燕山和喜山两期区域构造应力的作用。燕山运动早期，区域性构造应力作用方向为 NWW-SEE 向，晚期至末期转化为 NNW-SSE 向；喜山期，区域性构造应力为 NW300°-330°～SE120°-150°方向。从反映到引水隧洞岩层中的构造形迹的展布特征来看，三叠纪末期印支运动的 EW 向（NWW-SEE 向）主压应力场在本区形成一系列近 SN 向展布的紧密复式褶皱和断裂，经后期燕山运动有不同程度的改造，虽然经历了多次构造运动，并且受到地形变迁的应力释放等作用，但从实测的资料来看，上述几次构造运动对锦屏的地应力的大小和分布还有很大的影响力，构造应力依旧残留。不同时期的区域构造应力作用方向如图 7.1.1所示。从图中可以看出，构造应力的方向基本上与引水隧洞平行。除了构造运动给地应力带来影响外，地形也会对地应力的分布带来不可忽略的影响。图 7.2.3 为雅砻江锦屏坝区河谷应力分布图，从图中可以看出，由于流水的深切作用，在河岸的两侧表面形成应力释放带及靠近表面的两侧形成应力扰动带，在河谷处还有形成高地应力区，因此锦屏二级水电站工程区地应力不仅受到重力和构造应力的影响，还受到地形的影响。

根据实测地应力点的分布建立反演模型，模型如图 7.2.4 所示。模型的原点取为大地坐标的 x=3517000.00，y=340225.00，z 轴 0 点位于海平面，向上为正；x 方向与探洞平行，在大地坐标上为 N58°W，长 4500m，SE 方向为正；y 轴 NE 方向为正。该区域包含了探洞中所有的 5 个测点，各个测点在模型中的坐标见表 7.2.2，各测点对应的初始地应力见表 7.2.3。

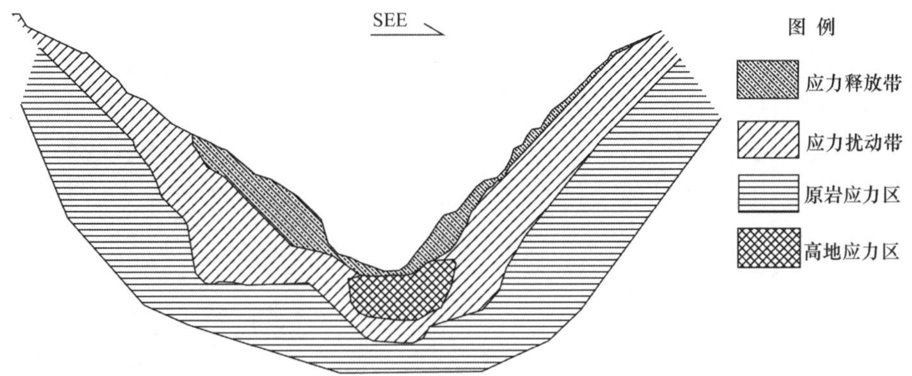

图 7.2.3　雅砻江锦屏坝区河谷应力分布图[153]

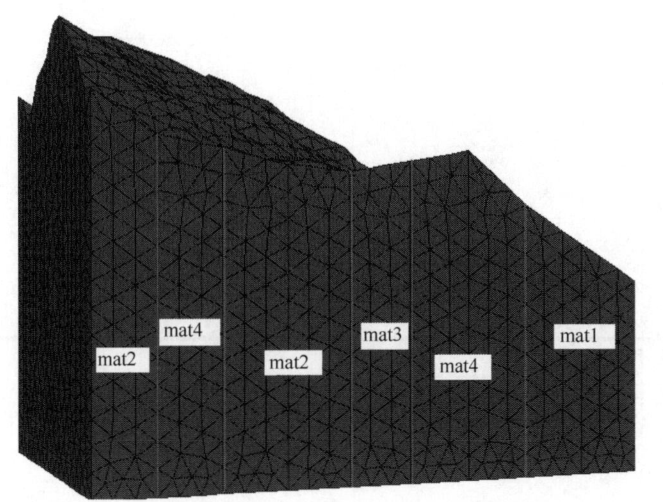

图 7.2.4　地应力反演区域及网格划分

表 7.2.2　各测点在模型中的位置

点号	x/m	y/m	z/m
0	3529	−364	1383
1	3005	−95	1377
2	2404	−95	1384
3	1505	−95	1385
4	1200	−95	1400

表 7.2.3　测点在探洞中的位置、实测及反演地应力大小

点号	洞深/m	数据	主应力									应力分量/MPa					
			σ_1			σ_2			σ_3			σ_x	σ_y	σ_z	τ_{xy}	τ_{yz}	τ_{zx}
			值/MPa	α/(°)	β/(°)	值/MPa	α/(°)	β/(°)	值/MPa	α/(°)	β/(°)						
0	600	实测	14.38	47.48	−6.45	10.03	152.41	−66.31	5.67	134.77	22.69	10.15	10.49	9.44	−4.00	−1.46	−0.77
		反演	28.70	—	—	19.10	—	—	9.80	—	—	15.40	25.90	20.60	—	—	—
1	1200	实测	32.21	20.47	47.65	18.20	75.73	−27.45	11.53	148.69	29.42	20.08	17.61	24.24	−4.33	0.69	−8.97
		反演	34.67	—	—	21.62	—	—	13.41	—	—	19.63	21.48	28.58	—	—	—
		误差/%	7.64	—	—	18.80	—	—	16.30	—	—	2.24	22.00	18.00	—	—	—
2	1800	实测	38.02	120.69	57.97	27.26	110.01	−31.58	17.49	22.97	4.80	19.83	28.02	34.92	4.81	3.84	3.22
		反演	39.13	—	—	23.30	—	—	15.82	—	—	21.46	23.23	33.56	—	—	—
		误差/%	2.91	—	—	14.50	—	—	9.55	—	—	8.22	17.10	3.89	—	—	—
3	2700	实测	36.93	136.38	57.04	24.86	115.03	−31.13	18.87	30.99	9.76	23.77	31.04	35.86	7.16	−0.73	2.97
		反演	41.59	—	—	25.47	—	—	19.18	—	—	21.14	15.31	39.79	—	—	—
		误差/%	12.62	—	—	2.45	—	—	1.64	—	—	11.06	18.46	10.95	—	—	—
4	3005	实测	42.11	116.80	75.40	26.00	119.54	−14.59	19.06	29.36	−0.67	20.94	25.15	41.08	3.38	2.55	1.70
		反演	42.23	—	—	24.26	—	—	19.43	—	—	20.64	24.42	41.10	—	—	—
		误差/%	0.28	—	—	6.69	—	—	1.94	—	—	1.43	2.90	0.05	—	—	—

依据地质资料，图 7.2.4 中包含 3 类岩石，即 T_{2y}^4条带状云母大理岩、T_{2y}^5中厚层大理岩、T_{2y}^6泥质大理岩，这三种岩体的力学参数都由试验测定，在反演中不作为未知量参与反演，在建模中，整个区域大致划分为四种材料，根据岩体力学参数设定表 7.2.4 的材料属性。该模型区域中不包含大断层，小断层、节理等构造在反演中不予考虑。

表 7.2.4　模型材料属性

材料	岩石种类	密度/(kg/m^3)	弹性模量/GPa	剪切模量/GPa
mat1	T_{2y}^4	2750	19.4	14.6
mat2	T_{2y}^5	2690	25.0	18.8
mat3	$T_{2y}^5+T_{2y}^4$	2720	22.0	16.7
mat4	T_{2y}^6	2670	16.7	10.0

在地应力的反演过程中，采用边界荷载的方式来模拟构造应力，从图 7.2.3 以及前面的分析可以确定模型的构造应力可以在边界上加载 x 和 y 方向上的压应力以及在垂直 x 和 y 轴的面上施加向下的剪应力来模拟，并考虑应力值随深度增加而增加。建立反演的力学模型为：固定 $x=0$ 面，在 $x=5000$ 面上施加 $z=0$ 处大小为 S_{xx}、梯度为 dS_{xx}的压应力和大小为 S_{xz}、梯度为 dS_{xz}的剪应力；固定 $y=-1500$ 面，在 $y=1500$ 面上施加 $z=0$ 处大小为 S_{yy}、梯度为 dS_{yy}的压应力和大小为 S_{yz}、梯度为 dS_{yz}的剪应力。

2. *岩体初始地应力反演*

根据实测应力以及试算结果，将各个参数值限定在表 7.2.5 中的范围，并据此随机生成 10 个粒子组成粒子群，反演结束的条件设定为均方误差小于 20%，或者迭代次数大于 40 次，反演时，采用均方差计算粒子的适应度，F 值越小，粒子的适应度越大。反演所得的边界荷载见表 7.2.5。

表 7.2.5　模型的搜索范围及反演结果

参数	最小值	最大值	反演结果
S_{xx}/MPa	−70	−20	−40.5
dS_{xx}/kPa	0.1	10	0.25
S_{xz}/MPa	−10	−10	−52.13
dS_{xz}/kPa	0.1	10	9.58

续表

参数	最小值	最大值	反演结果
S_{yy}/MPa	−70	−20	−36.95
dS_{yy}/kPa	0.1	10	7.89
S_{yz}/MPa	0.5	25	17.4
dS_{yz}/kPa	−10	−0.1	−1.05

图 7.2.5 为全局最优粒子的进化曲线，从图中可以看出，本次粒子群算法反演过程中，总体来说收敛速度较快，特别是早期的收敛速度较快。当经过 5 次左右迭代以后，由于全局最优模型接近所需模型，其收敛速度减慢，当迭代次数达到 31 次以后，基本达到稳定，均方误差保持在 0.24 左右，由于适应度没有达到预设要求，所以迭代次数大于 40 次结束反演，本次反演约用了 13 个小时。

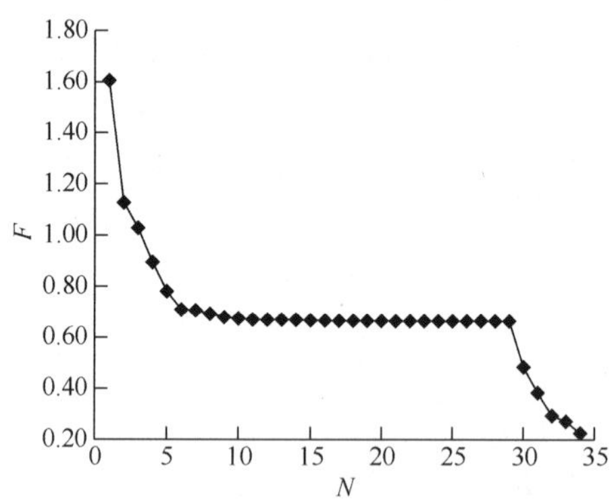

图 7.2.5 最优粒子的收敛过程

表 7.2.3 为各测点的位置、实测值与反演值的大小，从表中可以看出，除了测点 0 外，其余四个测点的反演值与实测值的相对误差的最大值为 18.8%，最小值为 0.05%，考虑到实测误差在 20%左右，因此可以认为本次反演的精度是可靠的。图 7.2.1 中虚线为应力值随洞深变化曲线，从图中可以看出，反演所得的应力值与实测应力值一样都随着洞深的增加而增大，说明反演得到的应力值可以很好地描述地应力与洞深的关系。图 7.2.2 表明，反演所得的最大地应力值与最小地应力值的比值也符合随洞深增加而减小这一规律。因此，可以认为，本节的反演结果可以很好地描述锦屏二级水电站出水口段的岩体初始地应力。

图 7.2.6 和图 7.2.7 分别为 $y=-95$ 剖面（测点所在剖面）和 $z=1500$ 平面反演得到的应力等值线图，从图中可以看出，锦屏二级水电站出水口段处于高地应力环境，在出水口处的地应力较低，其最大主应力大于 20MPa，最小主应力也有

10MPa 左右，而最大主应力的最大值达到 40MPa，最小主应力的最高值也将近 20MPa。从图中可以发现，岩体地应力基本上随着洞深的增加而增大，增大的趋势则随着洞深而变得平缓。

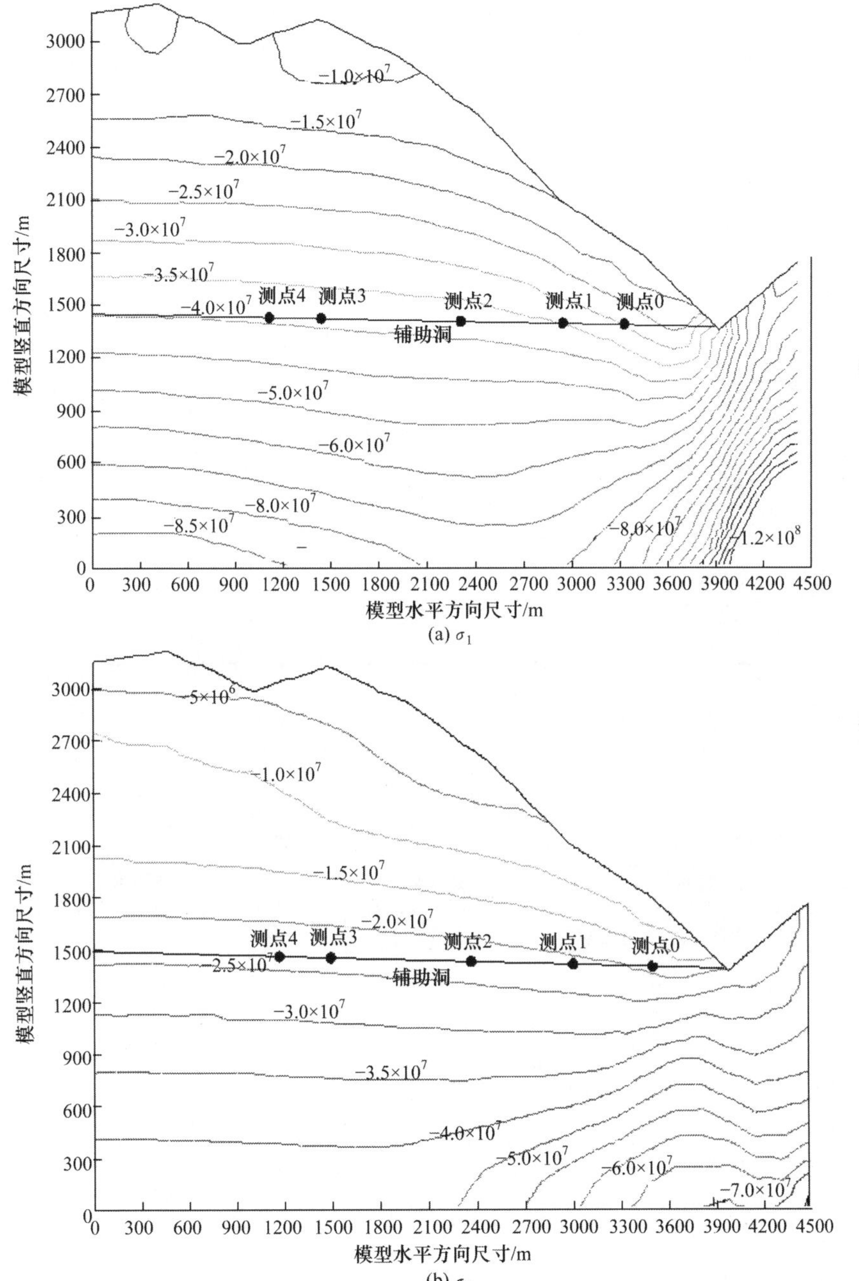

(a) σ_1

(b) σ_2

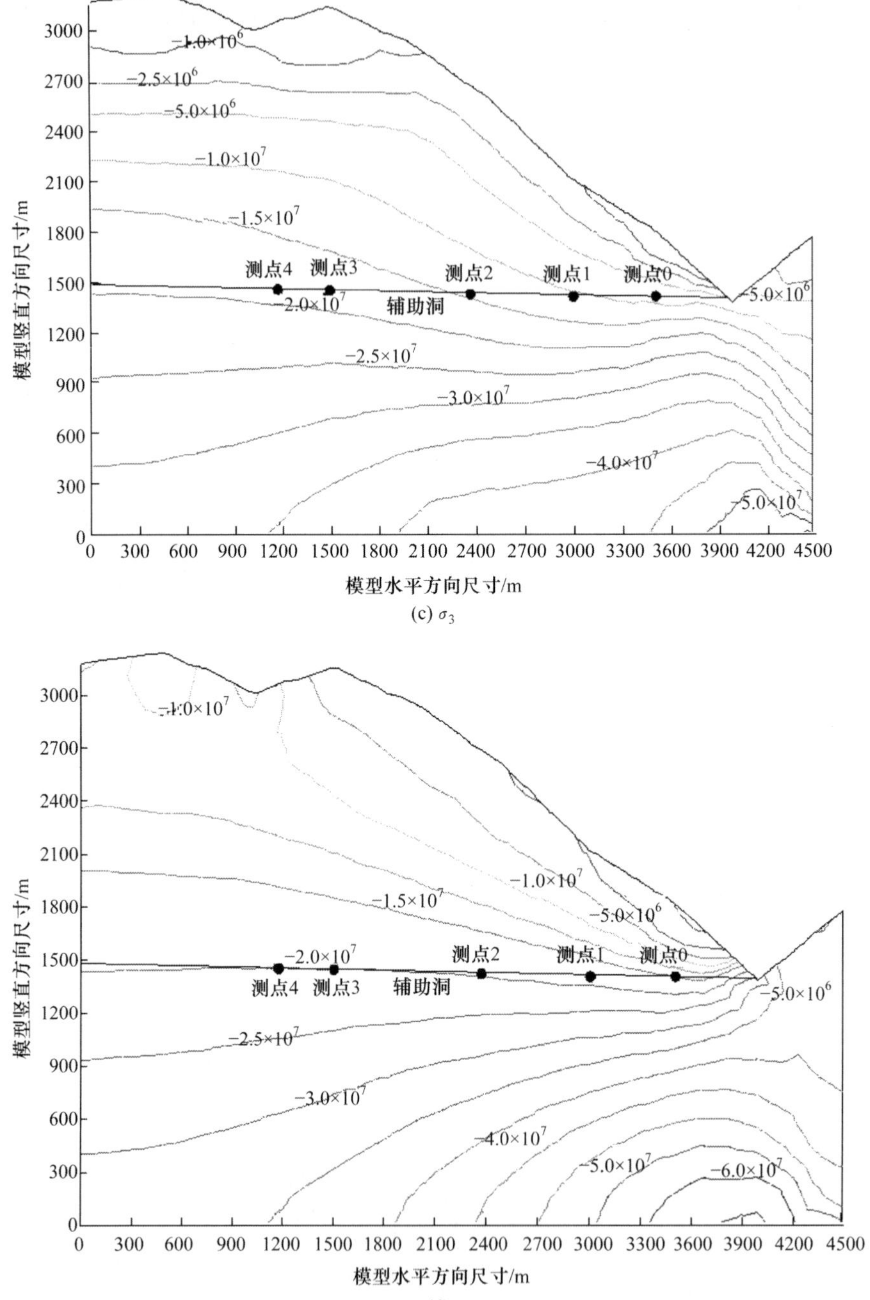

(c) σ_3

(d) σ_x

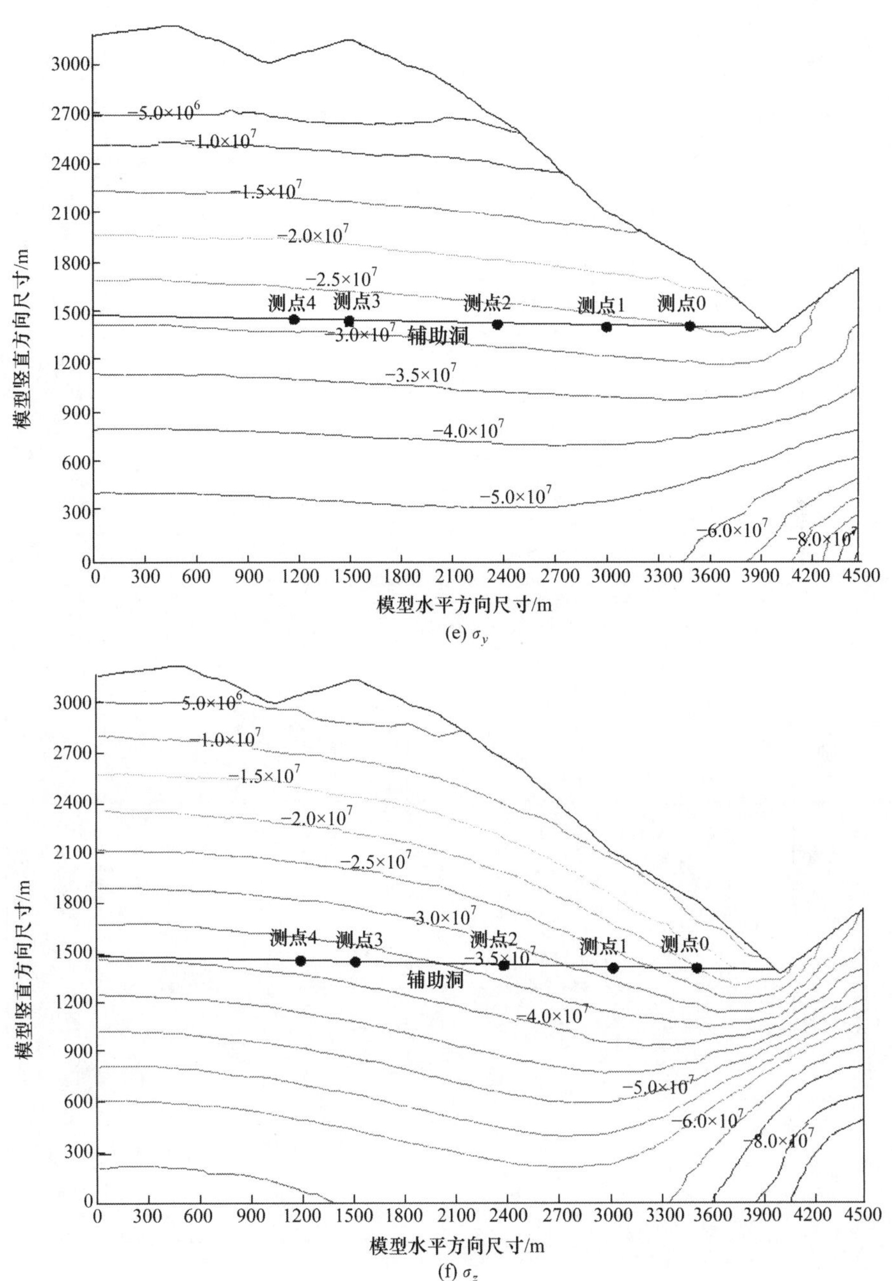

(e) σ_y

(f) σ_z

图 7.2.6　$y=-95$ 剖面(测点所在剖面)的应力等值线图

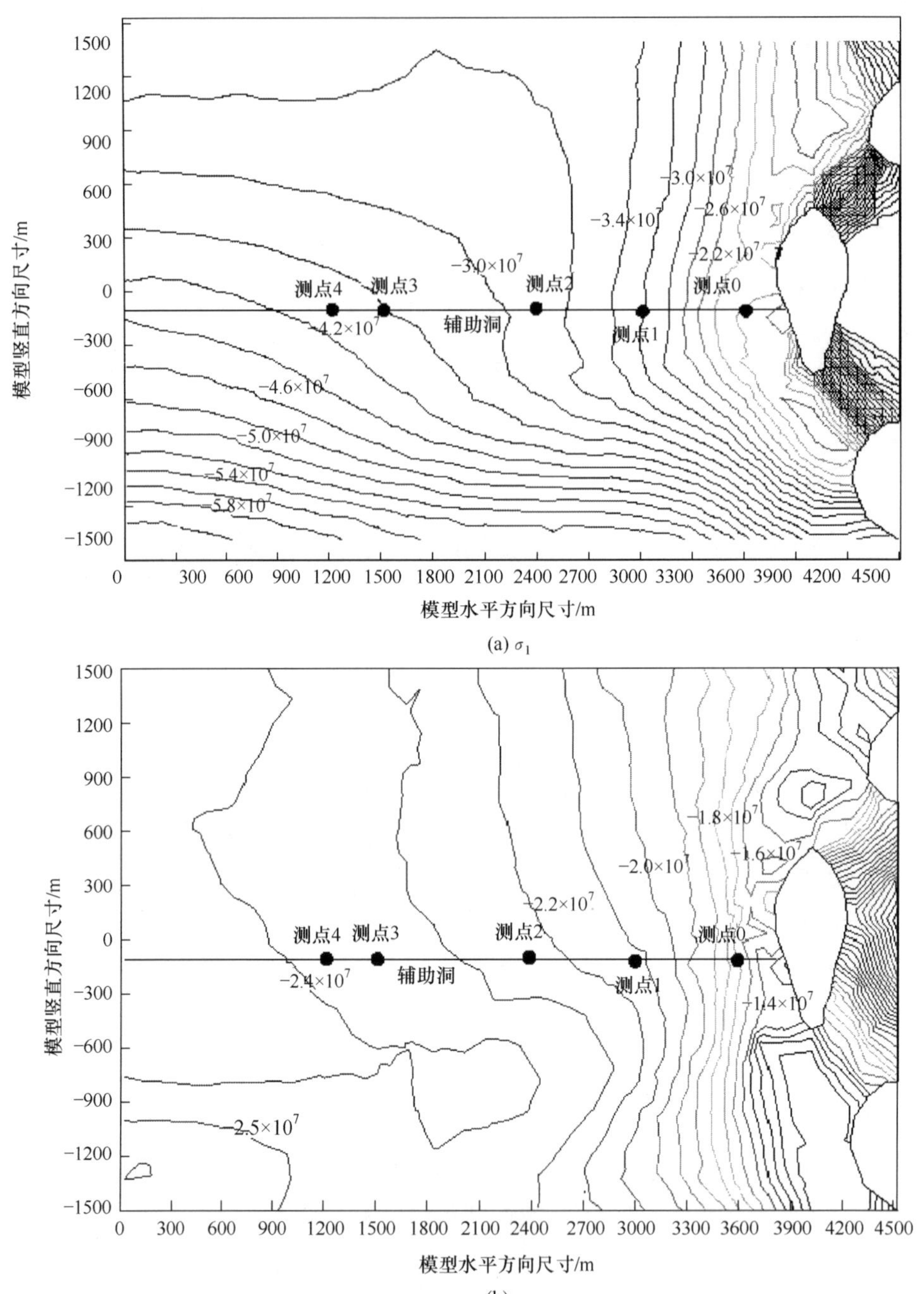

(a) σ_1

(b) σ_2

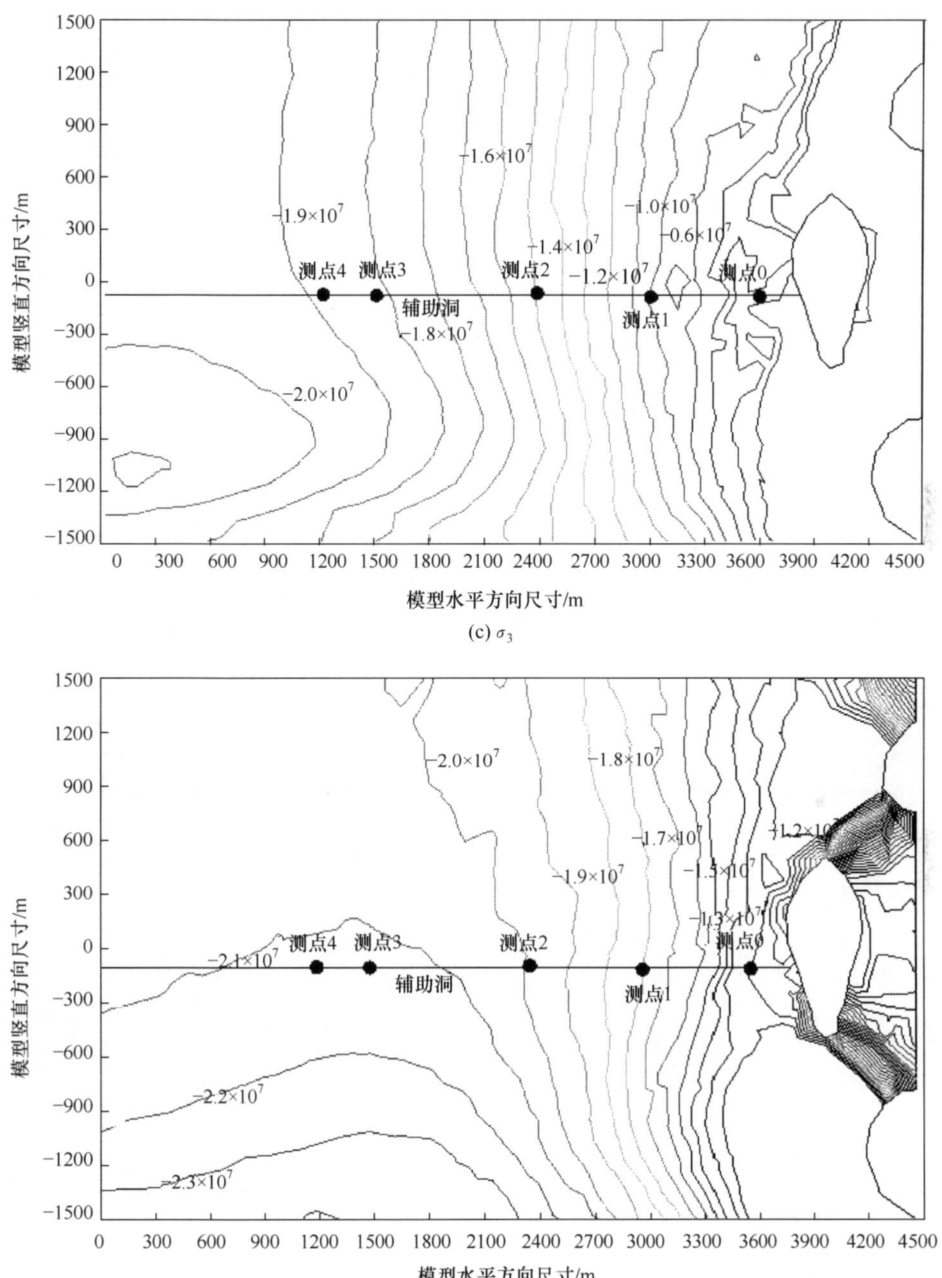

(c) σ_3

(d) σ_x

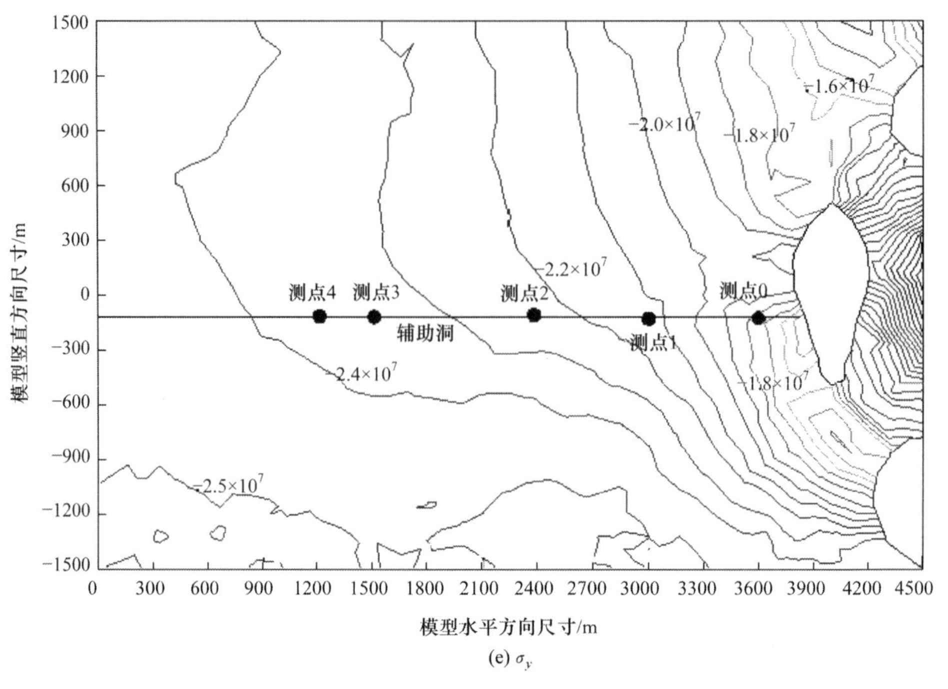

(e) σ_y

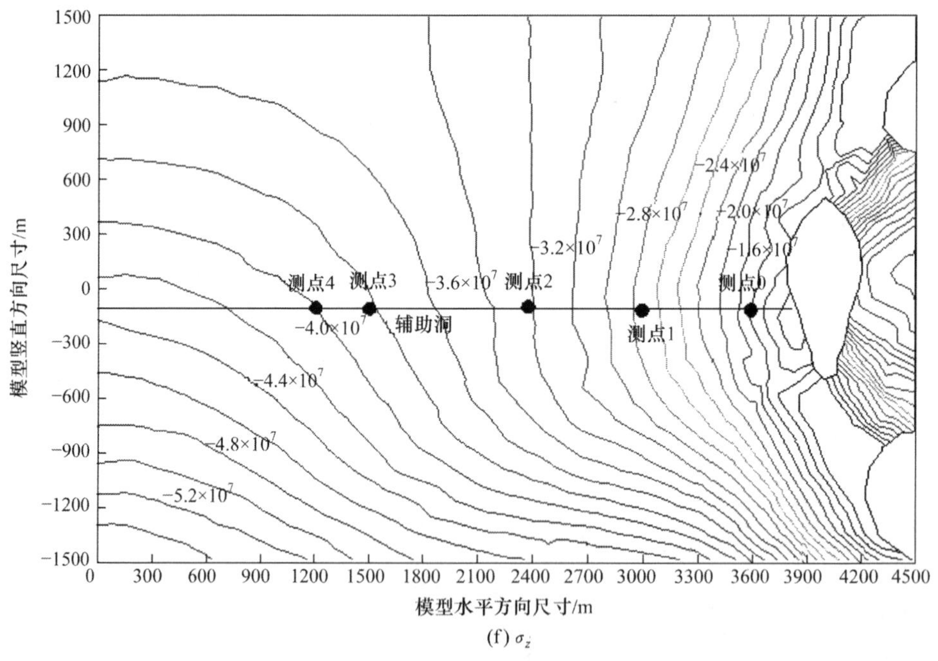

(f) σ_z

图 7.2.7 $z=1500$ 平面的应力等值线图

7.3　FLAC^{3D}软件简介

FLAC^{3D}（three dimensional fast lagrangian analysis of continua）是由美国Itasca Consulting Group Inc 开发的三维快速拉格朗日分析程序，该程序适用于分析土质、岩石和其他材料的三维结构受力特性模拟和塑性流动，在材料的弹塑性分析、大变形分析以及模拟施工过程等领域有其独到的优点。所谓三维快速拉格朗日法是一种基于三维显式有限差分法的数值分析方法，它将计算区域划分为若干单元，每个单元在给定的边界条件下遵循指定的线性或非线性本构关系，如果单元应力使得材料屈服或产生塑性流动，则单元网格可以随着材料的变形而变形[154～156]。

FLAC^{3D}具有强大的适合模拟岩土材料的本构模型及结构模型，提供了12种基本的本构模型：①空模型；②各向同性弹性模型；③正交各向异性弹性模型；④横观各向同性弹性模型：⑤Drucker-Prager 模型；⑥Mohr-Coulomb 模型；⑦应变硬化/软化模型；⑧多节理模型；⑨双线性应变硬化-软化多节理模型；⑩双屈服面塑性模型；⑪修正的剑桥模型；⑫Hoek-Brown 霍克-布朗模型。另外，它有5种计算模式，即静力模式、动力模式、蠕变模式、渗流模式及温度模式。在这些模型基础上，可以进一步演化许多本构模型，这里重点探讨一些蠕变模型，它可以用来模拟呈现蠕变性质的材料特性，即时间相关的材料特性。FLAC^{3D}中提供了8种蠕变模型，分别是：①经典的黏弹塑性模型即 Maxwell 体；②幂律材料模型；③二分幂律定模型；④Burger材料黏弹性模型；⑤Burger 蠕变模型和 Mohr-Coulomb 模型组合成的 Burger 蠕变组合材料模型；⑥用于核废料隔离研究的参考蠕变公式（WIPP 模型）；⑦WIPP模型和 Drucker-Prager 模型组合成的 WIPP 蠕变黏塑性模型；⑧岩盐变形模型。

与有限元比较，FLAC^{3D}有以下几个优点。

(1) FLAC^{3D}对模拟塑性破坏和塑性流动采用的是混合离散法。这种方法比有限元法中通常采用的离散集成法更为准确、合理。

(2) FLAC^{3D}即使模拟的系统是静态的，仍采用了动态运动方程，这使得FLAC^{3D}在模拟物理上的不稳定过程不存在数值上的障碍，如振动、失稳和大变形等的模拟。

(3) FLAC^{3D}采用了一个显式解方案。因此，显式解方案对非线性的应力-应变关系的求解所花费的时间几乎与线性本构关系相同，而隐式求解方案将会花费较长的时间求解非线性问题。而且，它没有必要存储刚度矩阵，这就意味着采用中等容量的内存可以求解多单元结构；模拟大变形问题几乎并不比小变形问题多消耗更多的计算时间,因为没有任何刚度矩阵要被修改。

当然,$FLAC^{3D}$也存在几个不足之处。

(1) 对于线性问题的求解,$FLAC^{3D}$比有限元程序运行得慢。因此,当进行大变形非线性问题或模拟实际可能出现不稳定问题时,$FLAC^{3D}$是最有效的工具。

(2) 用 $FLAC^{3D}$求解时间取决于最长的自然周期和最短的自然周期之比,这使得它对某些问题的模拟效率非常低,如单元尺寸或材料弹性模量相差很大的情况。

7.3.1 计算步骤

$FLAC^{3D}$采用混合离散技术,将整个分析区域离散为可由四面体单元组合形成的五面体或六面体等单元,在显式时间差分求解中,所有的矢量参数(力、速度和位移)都储存在网格节点上,所有的标量及张量(应力及材料特性)储存在单元的中心位置。

图 7.3.1 显示了拉格朗日计算循环过程。这个过程首先调用运动方程,由应力和外力求节点不平衡力,由节点不平衡力求解节点速度和位移;然后调用本构方程,根据节点速度推导出应变增量,由应变增量求解应力增量及总应力。

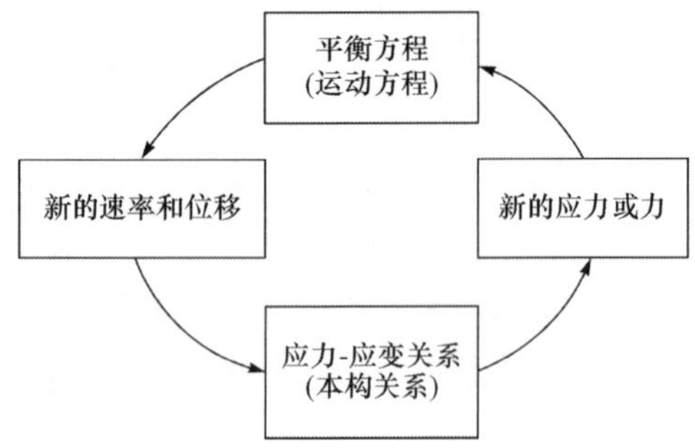

图 7.3.1 $FLAC^{3D}$的计算循环图

7.3.2 二次开发环境

$FLAC^{3D}$中用户定义本构模型不能通过程序提供的 FISH 函数来添加本构模型,模型必须通过 C++语言来编写,并编译成.dll 文件(动态链接库文件),在 $FLAC^{3D}$需要使用时调用该文件。在程序执行进程中,主程序根据时步给定的单元应变增量,通过本构模型的主函数返回单元应力量。同时,程序也需提供与模型相关的另外信息,如名字、执行读写存等文件操作。

C++语言面向对象的程序结构设计方法。C++程序中使用类代表对象,和一个对象联系的数据被装入对象中。通过操作对象的成员函数与对象进行数据交流。而且，C++也对对象的层次提供了强有力的支持，新的对象类能从一个基类对象中获取，基类对象的成员函数可以通过新对象的类似的函数取代。这种安排使程序模块具有了一个有区别的益处。例如，主程序在对象不同部分的代码，可能需要进入一些对象的不同变量，但仅仅需引用基类对象，系统会自动调用合适对象的成员函数。

FLAC^{3D}采用面向对象的语言标准 C++编写而成，其所有的本构模型都是以动态链接库文件(.dll 文件)的形式提供给用户，在计算过程中主程序会自动调用用户指定的本构模型的动态链接库文件。对于用户自定义的本构模型，*.dll 文件需要在 VC++6.0(SP4)或更高版本的开发环境中进行编译，然后由主程序调用执行。

FLAC^{3D}自定义本构模型的主要功能是对给出的应变增量得到新的应力，辅助功能包括提供模型名称、版本等基本信息及完成读写等基本操作。模型文件的编写主要包括五部分的内容[156]：①基类(class constitutive model)的描述；②成员函数的描述；③模型的注册；④模型与 FLAC^{3D}之间的信息交换；⑤模型状态指示器的描述。由于 FLAC^{3D}自带的本构模型和用户自己编写的本构模型继承的都是同一个基类，所以用户自定义的本构模型和软件自带的本构模型的执行效率处在同一水平。

7.4　非定常参数蠕变模型的工程应用

7.4.1　非定常参数蠕变模型的三维增量形式

弹性(Hook)体的增量形式可以写为

$$\begin{cases}\Delta\sigma_{\mathrm{m}}=3K^{\mathrm{H}}\Delta\varepsilon_{\mathrm{m}}^{\mathrm{H}}\\ \Delta S_{ij}=2G^{\mathrm{H}}\Delta e_{ij}^{\mathrm{H}}\end{cases}\tag{7.4.1}$$

黏弹性(Kelvin)体的增量形式可以写为

$$\begin{cases}\Delta\sigma_{\mathrm{m}}=3K^{\mathrm{K}}\Delta\varepsilon_{\mathrm{m}}^{\mathrm{K}}\\ \overline{S}_{ij}\Delta t=2G^{\mathrm{K}}\bar{e}_{ij}^{\mathrm{K}}\Delta t+2\eta^{\mathrm{K}}\Delta e_{ij}^{\mathrm{K}}\end{cases}\tag{7.4.2}$$

式中，$\overline{S}_{ij}$和$\bar{e}_{ij}^{\mathrm{K}}$分别为一个时间增步 Δt 内 Kelvin 体的平均偏应力和平均平应变，其中

$$\begin{cases}\overline{S}_{ij}=\dfrac{S_{ij}^{\mathrm{N}}+S_{ij}^{\mathrm{O}}}{2}\\ \bar{e}_{ij}=\dfrac{e_{ij}^{\mathrm{N}}+e_{ij}^{\mathrm{O}}}{2}\end{cases}\tag{7.4.3}$$

其中,上标 N 和 O 分别表示一个蠕变计算时间步新的量值和老的量值。

对于黏塑性(NSVPB)体,其三维增量形式可以表达为

$$\Delta e_{ij}^{\mathrm{VP}}=\frac{\langle F\rangle\partial g}{2\eta^{\mathrm{VP}}\partial\sigma_{ij}}\Delta t \tag{7.4.4}$$

岩体的总的应变增量形式可以写为

$$\Delta\varepsilon=\Delta\varepsilon^{\mathrm{H}}+\Delta\varepsilon^{\mathrm{K}}+\Delta\varepsilon^{\mathrm{VP}} \tag{7.4.5}$$

将其写成球应力增量和偏应力增量的形式为

$$\begin{cases}\Delta\varepsilon_{\mathrm{m}}=\Delta\varepsilon_{\mathrm{m}}^{\mathrm{H}}+\Delta\varepsilon_{\mathrm{m}}^{\mathrm{K}}\\ \Delta e_{ij}=\Delta e_{ij}^{\mathrm{H}}+\Delta e_{ij}^{\mathrm{K}}+\Delta e_{ij}^{\mathrm{VP}}\end{cases} \tag{7.4.6}$$

将式(7.4.3)代入式(7.4.2),经整理,可以得到

$$e_{ij}^{\mathrm{K,N}}=\frac{1}{A(t)}\left[B(t)e_{ij}^{\mathrm{K,O}}+\frac{\Delta t}{4\eta^{\mathrm{K}}(t)}(S_{ij}^{\mathrm{N}}+S_{ij}^{\mathrm{O}})\right] \tag{7.4.7}$$

式中

$$\begin{cases}A(t)=1+\dfrac{G^{\mathrm{K}}(t)\Delta t}{2\eta^{\mathrm{K}}(t)}\\ B(t)=1-\dfrac{G^{\mathrm{K}}(t)\Delta t}{2\eta^{\mathrm{K}}(t)}\end{cases} \tag{7.4.8}$$

将式(7.4.1)、式(7.4.4)和式(7.4.7)代入式(7.4.6),并结合单轴压缩非定常参数流变模型的表达式可以得到新的岩体非定常参数蠕变模型偏应力张量为

$$S_{ij}^{\mathrm{N}}=\frac{1}{C_1(t)}\left[\Delta e_{ij}-\Delta e_{ij}^{\mathrm{VP}}+C_2(t)S_{ij}^{\mathrm{O}}-\left(\frac{B(t)}{A(t)}-1\right)e_{ij}^{\mathrm{K,O}}\right] \tag{7.4.9}$$

式中

$$\begin{cases}C_1(t)=\dfrac{1}{2G^{\mathrm{H}}(t)}+\dfrac{\Delta t}{4A\eta^{\mathrm{K}}(t)}\\ C_2(t)=\dfrac{1}{2G^{\mathrm{H}}(t)}-\dfrac{\Delta t}{4A\eta^{\mathrm{K}}(t)}\end{cases} \tag{7.4.10}$$

同样,由式(7.4.1)和式(7.4.2),可以推得新的岩体非定常参数蠕变模型球应变张量为

$$\sigma_{\mathrm{m}}^{\mathrm{N}}=\sigma_{\mathrm{m}}^{\mathrm{O}}+3\,\frac{K^{\mathrm{H}}K^{\mathrm{K}}(t)}{K^{\mathrm{H}}+K^{\mathrm{K}}(t)}(\varepsilon_{\mathrm{m}}^{\mathrm{N}}-\varepsilon_{\mathrm{m}}^{\mathrm{O}}) \tag{7.4.11}$$

根据式(7.4.9)和式(7.4.11)可以在一个计算时间步中根据前一步的量值得到新的岩体非定常参数蠕变模型偏应力和球应力张量。

7.4.2　三维非定常参数蠕变模型数值分析的实现

三维非定常参数西元模型数值分析可以利用 7.4.1 节得到的三维非定常参数西原模型的有限差分公式，在 VC6.0 中编制了有限差分模型，并且编译成 creep.dll。creep.dll 可以和程序自带的其他蠕变模型一样在 $FLAC^{3D}$中直接调用进行计算，并且计算速度与自带模型的计算速度一致。

7.4.3　非定常蠕变模型在隧洞工程中的应用

1. 建立数值模型及蠕变参数的选取

隧洞断面为圆形，开挖直径为 13m，由于通常情况下，当隧洞开挖时，对隧洞围岩的应力及位移有明显影响的范围是开挖半径的 3～5 倍，在此范围之外，影响甚小，可忽略不计。考虑到数值模拟离散误差，保证必要的计算精度，计算范围取为隧洞洞径的 5～6 倍。为减少计算工作量，假设隧洞围岩各力学量不沿深度方向改变，按平面应变问题来处理。因此，建立的模型范围为：取距洞口 3000m、埋深为 1840m 处的中厚层板岩为研究对象，选取其中的一条引水隧洞（1# 洞）为研究对象，以隧洞中点为坐标原点；X 方向从 -30m 到 30m，总长度为 60m；Y 方向取为 1m，为沿洞轴线方向，指向下游为正方向，Z 方向从 -40m 到 40m，总高度为 80m，以竖直向上为正方向。建立的数值模型如图 7.4.1 所示。

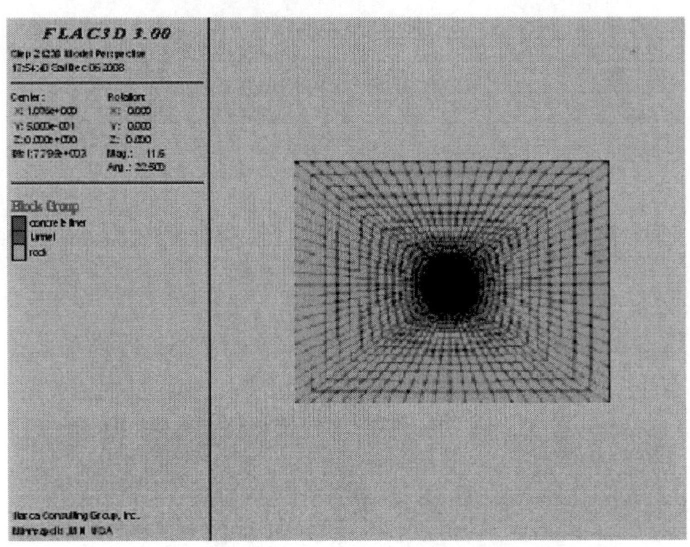

图 7.4.1　隧洞围岩计算数值模型

计算时所采用的参数见表 7.4.1。

表 7.4.1　板岩硬性结构面剪切蠕变试验的三维非定常参数模型参数

参数	G_0^0/GPa	G_1^0/GPa	G_2/GPa	H_1/(GPa·h)	B	P_1	P_2	q_1/MPa	q_2
数值	1.54	55.6	7.96	220	0.711	1.067	−0.446	1.00026	−0.222

参数	q_3	q_4	m_f/MPa	k	H_2^0/(GPa·h)	χ	K/GPa	μ	φ/(°)
数值	−0.843	4378	12.53	0.065	2.09	0.242	10.397	0.258	31.36

2. 蠕变的计算结果分析

由于隧洞埋深大，构造应力较高，初始应力场不是由简单的自重应力场产生，而是由构造应力场和自重应力场叠加产生。本节采用文献[157]介绍的一种快速应力边界法(S-B法)来模拟隧洞工区的初始地应力场。用 FLAC^{3D}模拟的初始地应力场如图 7.4.2 所示。

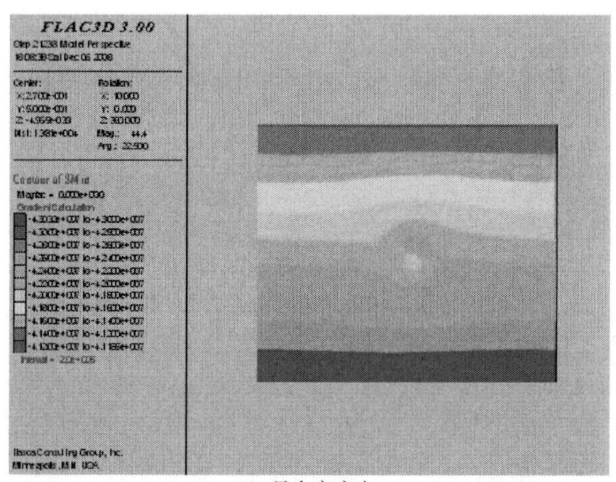

(a) 最大主应力

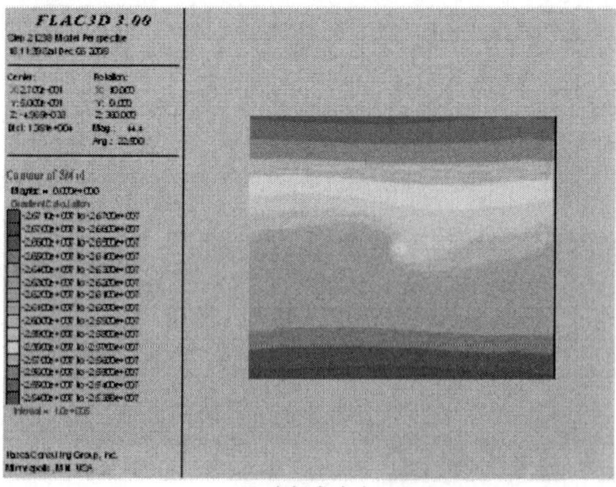

(b) 中间主应力

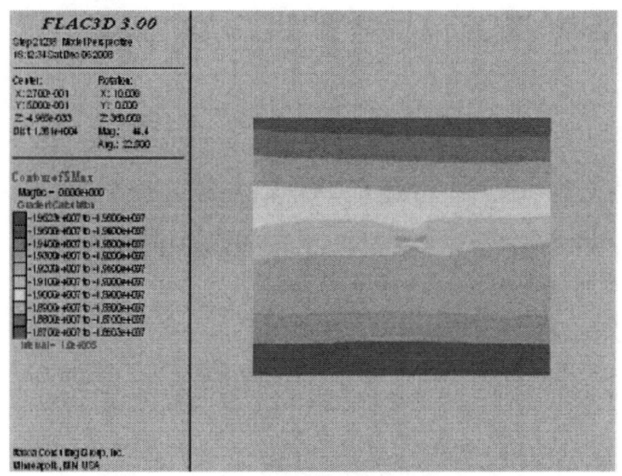

(c) 最小主应力

图 7.4.2　隧洞工程区的初始地应力场(洞深 3005m,埋深 1800m)

由图 7.4.2 可以看出,隧洞中心处(洞深 3005m,上覆岩层埋深 1840m)的初始最大主应力为 42.15MPa,初始中间主应力为 25.87MPa,最小主应力为 19.03MPa。与实测的最大主应力(42.11MPa)、中间主应力(26.00MPa)和最小主应力(19.06MPa)相比,分别相差 0.095%、0.500%和 0.158%,因此采用 FLAC^{3D}模拟的初始地应力场与实测地应力场符合程度较好。另外,在距离隧洞较远时,地应力场分布比较均匀,但在隧洞附近,地应力场由于网格划分疏密程度不同,出现了些许变形,但总体上还是反映了隧洞工程区初始地应力场的变化特征。

图 7.4.3 给出了不考虑温度情况下隧洞围岩在开挖完成后 50d、100d、150d 和 200d 的蠕变位移随着时间变化的云图。

从图 7.4.3 可以看出,在空间上,隧洞围岩蠕变的位移变形主要集中在隧洞围岩 1 倍洞径周围,最大蠕变发生在隧洞围岩的最大主应力方向上,沿着径向,由内向外蠕变位移变形量逐渐减小,在 3～4 倍洞径范围以外,蠕变位移变形量已经很小;在时间上,随着时间的增加,蠕变位移变形量逐渐增大,在蠕变初期,蠕变位移变形量增加较快,随着时间的进一步增加,蠕变位移变形增加量逐渐减小,这与室内蠕变试验得到的结论基本一致。在整个数值计算过程中,监测了隧洞的洞顶、洞身及洞底的竖向位移和洞身的水平位移。隧洞的监测位移随时间的变化如图 7.4.4所示。

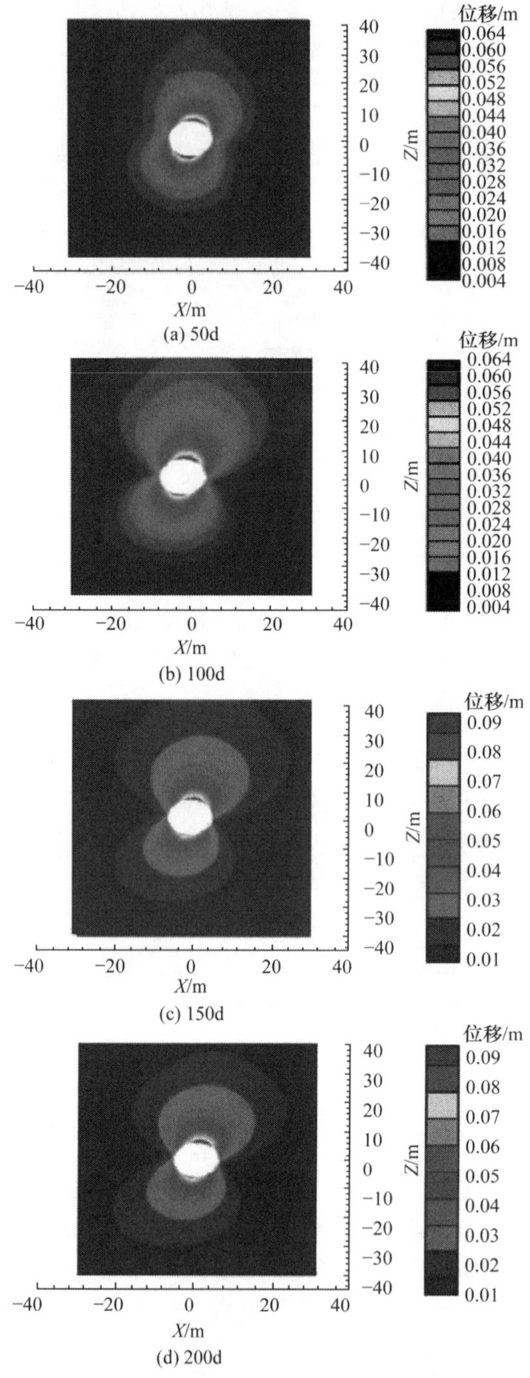

图 7.4.3　隧洞围岩蠕变位移随时间变化的云图

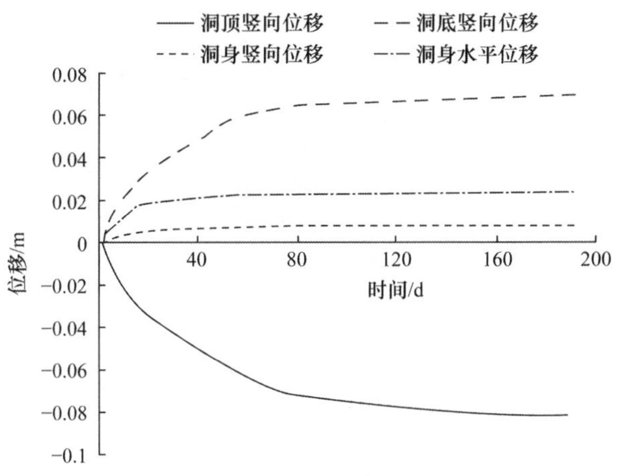

图 7.4.4　隧洞的监测位移随时间的变化规律

7.5　基于温度效应的非定常参数岩体蠕变模型的工程应用

7.5.1　岩体蠕变非定常参数蠕变模型的三维增量形式

依据 7.4 节非定常蠕变模型的三维增量形式的推导过程可以得到考虑温度作用下新的岩体非定常参数蠕变模型偏应力张量及球应变张量分别为

$$S_{ij}^{\mathrm{N}}=\frac{1}{C_1(t)}\left\{\Delta e_{ij}-\Delta e_{ij}^{\mathrm{VP}}+C_2(t)S_{ij}^{\mathrm{O}}-\left[\frac{B(t)}{A(t)}-1\right]e_{ij}^{\mathrm{K,O}}\right\} \tag{7.5.1}$$

$$\varepsilon_0^{\mathrm{N}}=\varepsilon_0^{\mathrm{O}}+\left[\frac{1}{3K^{\mathrm{H}}}+\frac{1}{3K^{\mathrm{K}}(t)}\right](\sigma_0^{\mathrm{N}}+\sigma_0^{\mathrm{O}})+\alpha^{\mathrm{K}}\frac{G^{\mathrm{K}}(t)}{\eta^{\mathrm{K}}(t)}\mathrm{e}^{-\frac{G^{\mathrm{K}}(t)}{\eta^{\mathrm{K}}(t)}t}T \tag{7.5.2}$$

根据式(7.5.1)和式(7.5.2)可以在一个计算时间步中根据前一步的量值得到新的考虑温度作用下岩体非定常参数蠕变模型偏应力和球应变张量。

7.5.2　岩体蠕变非定常参数蠕变模型数值程序的实现

岩体材料的屈服函数采用 Mohr-Coulomb 屈服函数和拉应力屈服函数。

Mohr-Coulomb 屈服函数为

$$f_{\mathrm{s}}=\sigma_1-\sigma_3N_\varphi+2cN_\varphi \tag{7.5.3}$$

式中，c 为岩体的黏聚力；φ 为岩体的摩擦角。

$$N_\varphi=\frac{1+\sin\varphi}{1-\sin\varphi} \tag{7.5.4}$$

拉应力屈服函数为

$$f_t = \sigma_t - \sigma_3 \tag{7.5.5}$$

式中，σ_t 为岩体的抗拉强度。

对于剪切屈服，式(7.4.9)和式(7.4.11)在主轴中表示的主应力表达式可以写为

$$\sigma_1^N = \sigma_1^O - \lambda(\alpha_1 - \alpha_2 N_\varphi) \tag{7.5.6}$$

$$\sigma_2^N = \sigma_2^O - \lambda\alpha_2(1 - N_\varphi) \tag{7.5.7}$$

$$\sigma_3^N = \sigma_3^O - \lambda(\alpha_2 - \alpha_1 N_\varphi) \tag{7.5.8}$$

式中

$$\begin{cases} \alpha_1 = \dfrac{K^H K^K(t)}{K^H + K^K(t)} + \dfrac{2}{3C_1(t)} \\ \alpha_2 = \dfrac{K^H K^K(t)}{K^H + K^K(t)} - \dfrac{1}{3C_1(t)} \\ \lambda = \dfrac{\sigma_1^O - \sigma_3^O N_\varphi + 2c\sqrt{N_\varphi}}{(\alpha_1 - \alpha_2 N_\varphi) - (\alpha_2 - \alpha_1 N_\varphi) N_\varphi} \end{cases} \tag{7.5.9}$$

对于拉应力屈服，式(7.4.9)和式(7.4.11)在主轴中表示的主应力表达式可以写为

$$\sigma_1^N = \sigma_1^O - \lambda^t \alpha_2 \tag{7.5.10}$$

$$\sigma_2^N = \sigma_2^O - \lambda^t \alpha_2 \tag{7.5.11}$$

$$\sigma_3^N = \sigma_3^O - \lambda^t \alpha_1 \tag{7.5.12}$$

式中

$$\lambda^t = \frac{\sigma_t - \sigma_3^O}{\alpha_1} \tag{7.5.13}$$

这样，基于上面得到的岩体蠕变非定常参数蠕变模型的三维增量形式，通过VC6.0的开发环境，编制了岩体蠕变非定常参数的蠕变模型程序，并将该程序编译成dll动态链接文件NSVEP.dll，图7.5.1给出了岩体蠕变非定常参数蠕变模型数值程序的实现过程。

7.5.3 蠕变模型在隧洞工程中的应用

1. 建立数值模型及蠕变参数的选取

采用与7.4节相同的建模方法建立数值模型，模型的范围为：取距洞口3000m，埋深为1840m处的中厚层大理岩 T_{2b} 为研究对象，2# 洞至 3# 洞的中点为坐标原点；X 方向从 −130m 到 130m，总长度为 260m，以沿垂直 2# 洞、3# 洞的洞轴线为正方向；Y 方向取为 1m，为沿洞轴线方向，指向下游为正方向，Z 方向从 −40m 到 40m，总高度为 80m，以竖直向上为正方向，建立的数值模型如图7.5.2所示。

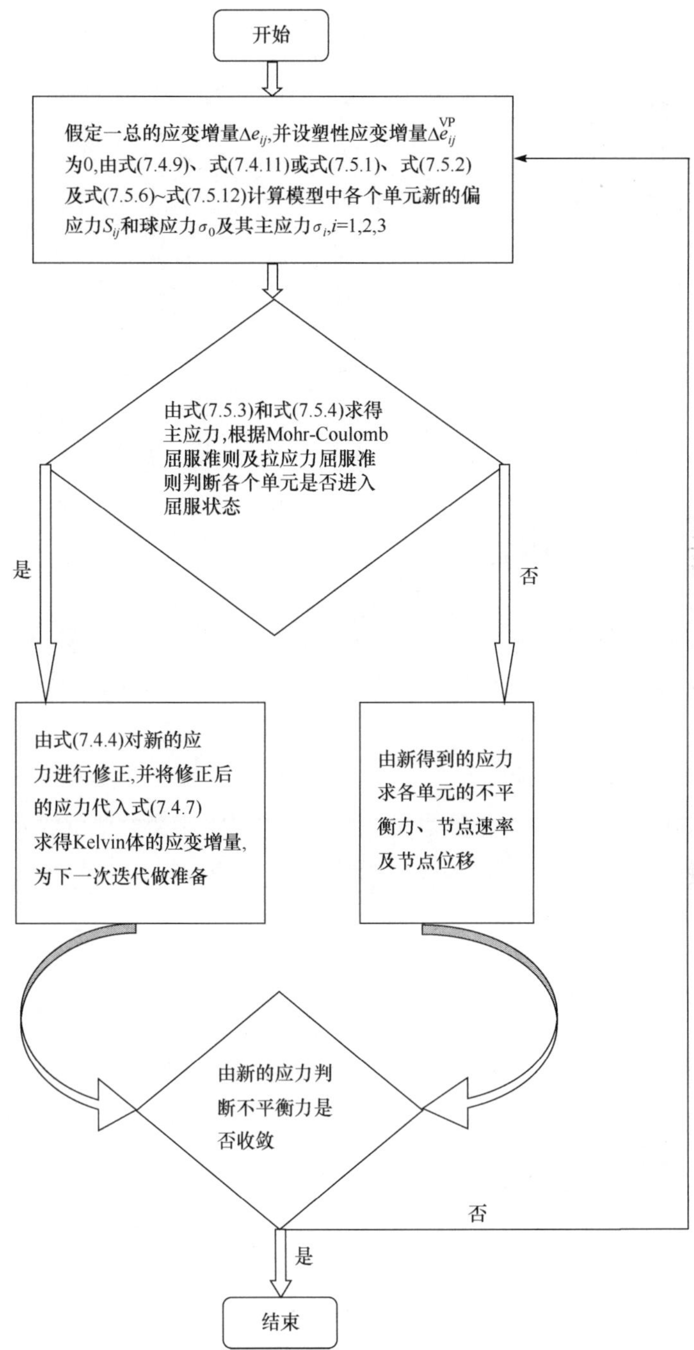

图 7.5.1　岩体非定常参数蠕变模型数值程序流程

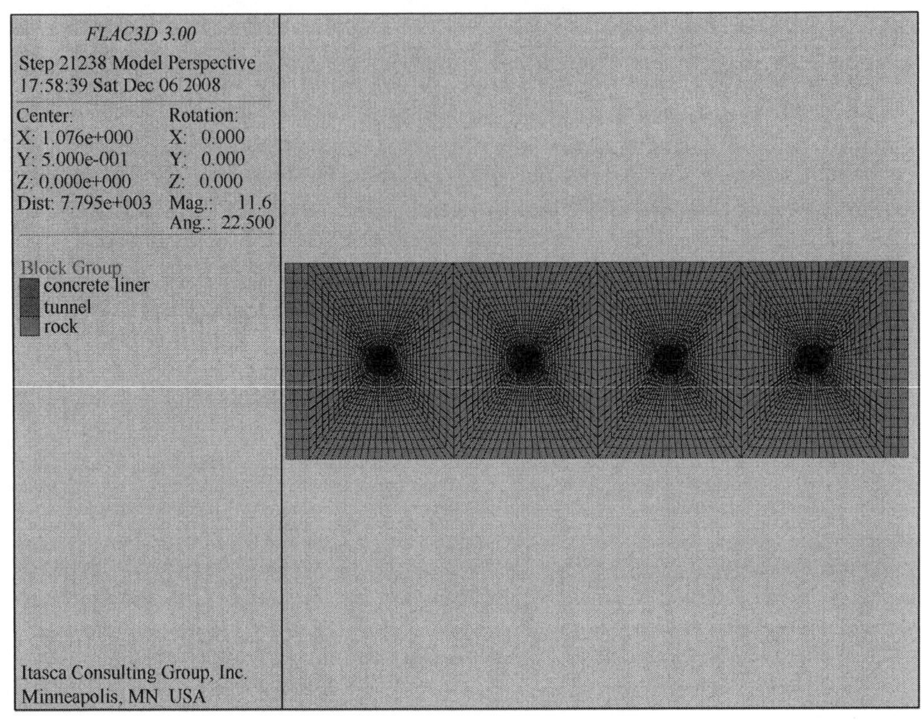

图 7.5.2　隧洞围岩计算数值模型

分别采用 Mohr-Coulomb 模型和本节提出的岩体蠕变模型对建立的数值模型进行计算，蠕变模型数值计算采用不考虑温度影响和考虑温度影响(50℃)两种工况，计算时所采用的参数见表 7.5.1。

表 7.5.1　隧洞围岩及衬砌材料参数

蠕变参数	G_1/GPa	a	b	c	d	m	n	α_1/℃	α_2/℃
大理岩	39	8.5	0.020	23	0.065	86	−0.073	5.0×10^{-5}	4.7×10^{-5}
衬砌	18	3.4	0.009	15	0.046	57	−0.041	8.0×10^{-6}	7.5×10^{-6}

Mohr-Coulomb 参数	体积模量/GPa	剪切模型/GPa	黏聚力/MPa	摩擦角/(°)
大理岩	37	23	2.56	44
衬砌	26	19	3.87	58

2. 蠕变的计算结果分析

本节同样采用快速应力边界法(S-B 法)来模拟隧洞工程区的初始地应力场。用 FLAC^{3D}模拟的初始地应力场如图 7.5.3 所示。

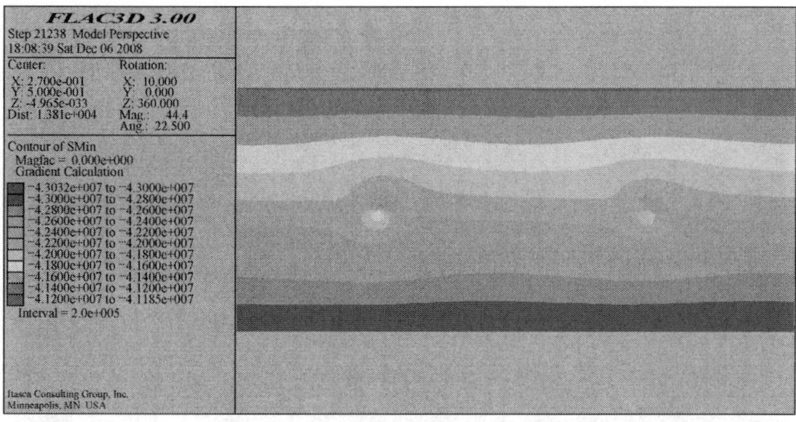

(a)最大主应力

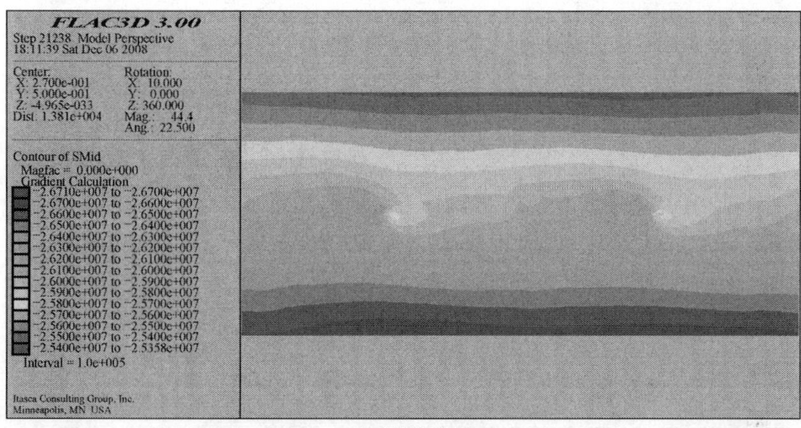

(b)中间主应力

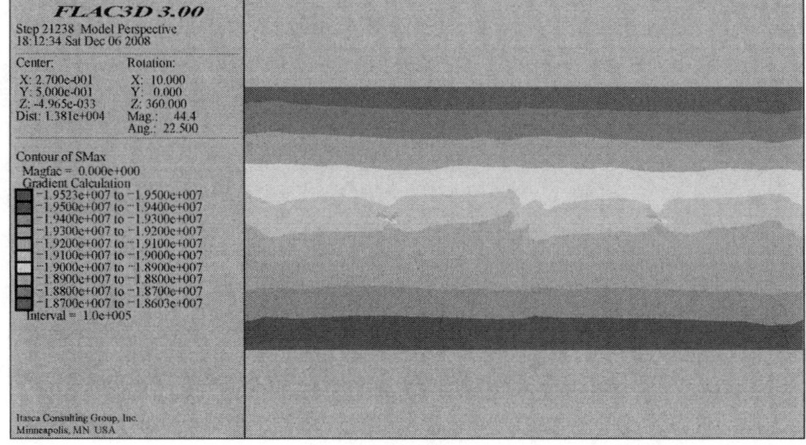

(c)最小主应力

图 7.5.3　隧洞工程区的初始地应力场(洞深 3005m,埋深 1840m)

图 7.5.4 给出了不考虑温度情况下隧洞围岩在开挖完成 50d、100d、150d 和 190d 的蠕变位移随时间变化的云图。

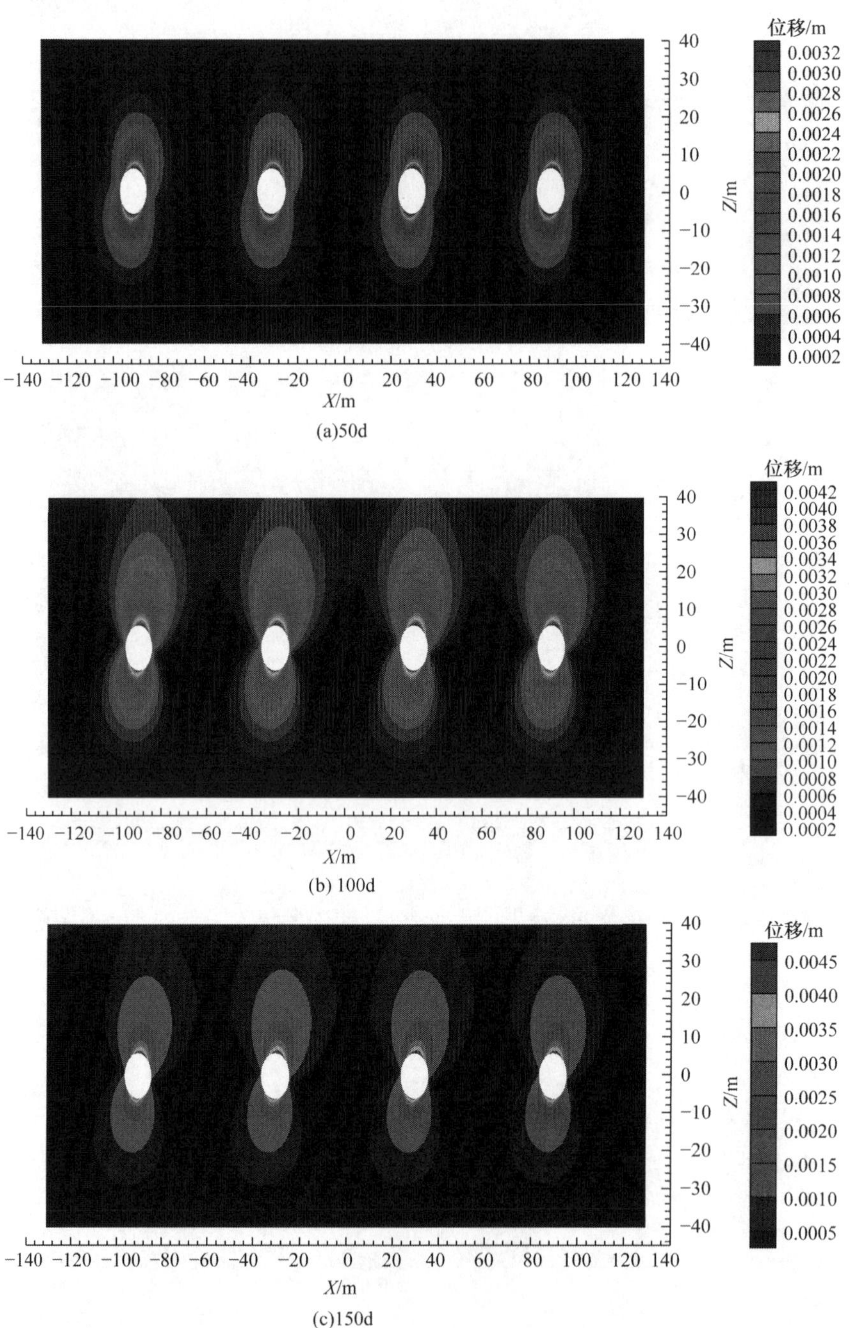

(a)50d

(b) 100d

(c)150d

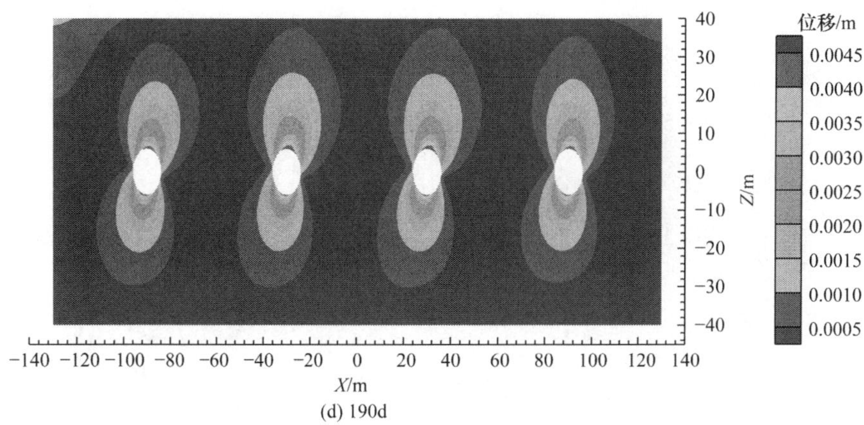

(d) 190d

图 7.5.4　不考虑温度情况下隧洞围岩蠕变位移随时间变化的云图

从图 7.5.4 可以看出，在空间上，隧洞围岩蠕变的位移变形主要集中在隧洞围岩 1 倍洞径周围，最大蠕变发生在隧洞围岩的最大主应力方向上，沿着径向，由内向外蠕变位移变形量逐渐减小，在 3～4 倍洞径范围以外，蠕变位移变形量已经很小；在时间上，随着时间的增加，蠕变位移变形量逐渐增大，在蠕变初期，蠕变位移变形量增加较快，随着时间的进一步增加，蠕变位移变形增加量逐渐减小(如 50d、100d、150d 和 190d 的最大蠕变位移变形分别为 3.2mm、4.2mm、4.5mm 和 4.5mm 左右)，这与室内蠕变试验得到的结论基本是一致的。由于隧洞开挖，应力得到释放，沿着主应力方向在隧洞上部洞顶产生微小沉降，洞底产生微小鼓起，这一点后面将会采用曲线的形式对隧洞的监测点来进行表示。

图 7.5.5 给出了在温度为 50℃情况下隧洞围岩在开挖完成后 50d、100d、150d 和 190d 的蠕变位移随着时间变化的云图。

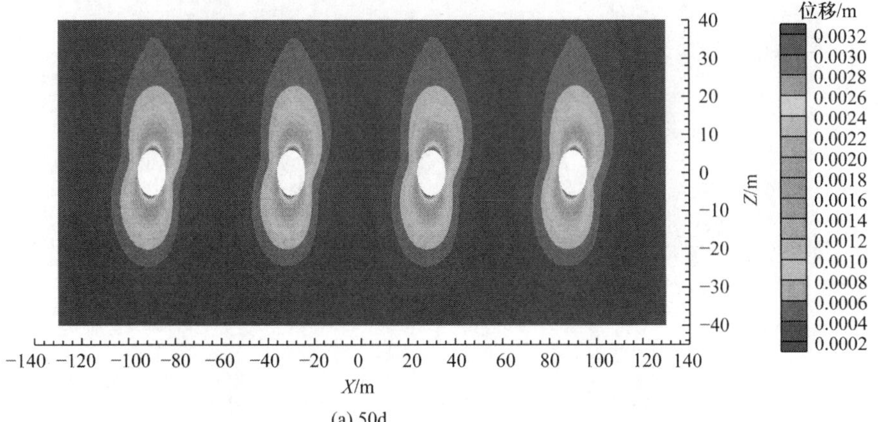

(a) 50d

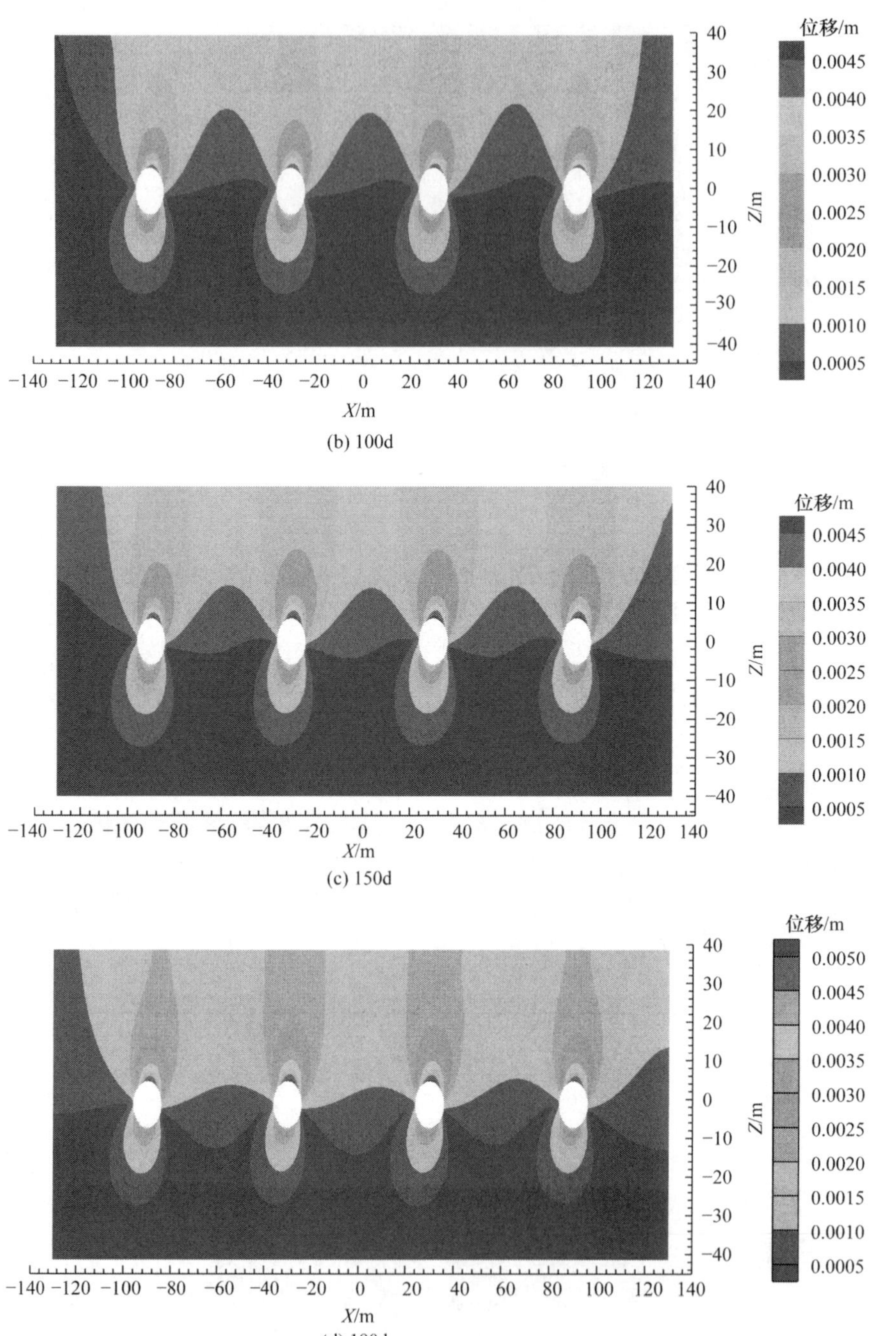

(b) 100d

(c) 150d

(d) 190d

图 7.5.5　温度 50℃情况下隧洞围岩蠕变位移随时间变化的云图

从图7.5.5可以看出，在温度为50℃情况下，隧洞围岩蠕变位移随时间变化的规律与不考虑温度情况下的基本相同。所不同的是在空间上，从图7.5.4和图7.5.5中各相应阶段的对比可以明显看出，考虑温度的隧洞围岩蠕变位移变形范围在同一位移区间上比不考虑温度情况下隧洞围岩蠕变位移变形范围要大；在时间上，考虑温度情况下隧洞围岩蠕变位移变形量比不考虑温度情况下的略大，更加直观的形式后面将采用曲线对比的形式给出。

图7.5.6给出了采用Mohr-Coulomb模型得到隧洞位移云图。计算结果表明，隧洞最大位移发生在洞顶及洞底，最大位移为2.8mm。由图7.5.4～图7.5.6可以看出，在不考虑温度情况下，隧洞最大蠕变位移为4.5mm，增加了60.7%；温度为50℃情况下，隧洞最大位移为5.0mm，增加了78.6%。这表明考虑蠕变影响得到的隧洞最大位移要比采用Mohr-Coulomb模型得到的最大隧洞位移大得多，这会在工程上造成一定的安全隐患。因此，在高应力状态下，隧洞的蠕变特性是明显的，在这一点上，要有足够的认识。

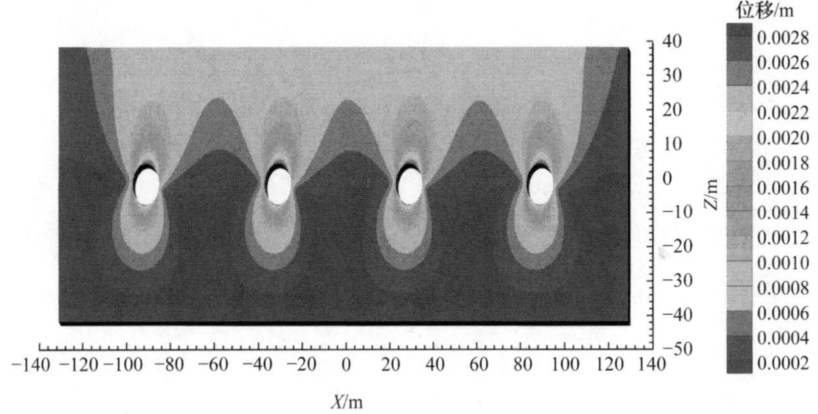

图7.5.6 隧洞位移云图

为了更加清晰地表示隧洞围岩的位移矢量图，图7.5.7给出了2#和3#隧洞围岩不考虑温度和考虑温度(50℃)情况下的位移矢量图。从图中可以看出，隧洞周围岩体由于开挖，隧洞周围的初始地应力场得到释放，应力得到重新分布，隧洞围岩沿最大主应力方向产生变形，在洞径与最大主应力方向相交处，隧洞上部围岩产生最大沉降变形，隧洞下部围岩产生鼓起变形。总体来说，不考虑温度和考虑温度(50℃)时隧洞围岩的位移矢量方向分布基本一致，只是位移矢量大小略有差别。

由于1#～4#隧洞的对称性，在整个数值计算过程中，监测了3#洞的洞顶、洞壁及洞底的竖向位移及洞壁的水平位移。不考虑温度和考虑温度(50℃)情况下

3# 洞的监测位移随时间的变化如图 7.5.8 所示。

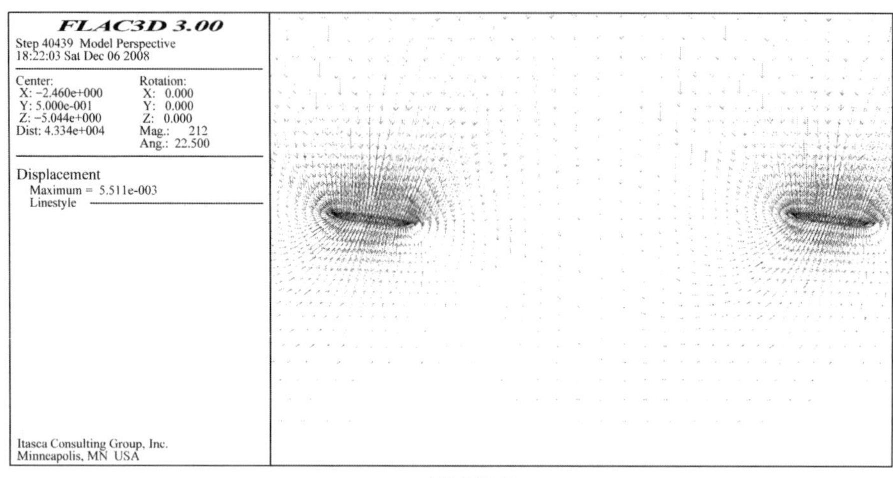

(a) 不考虑温度

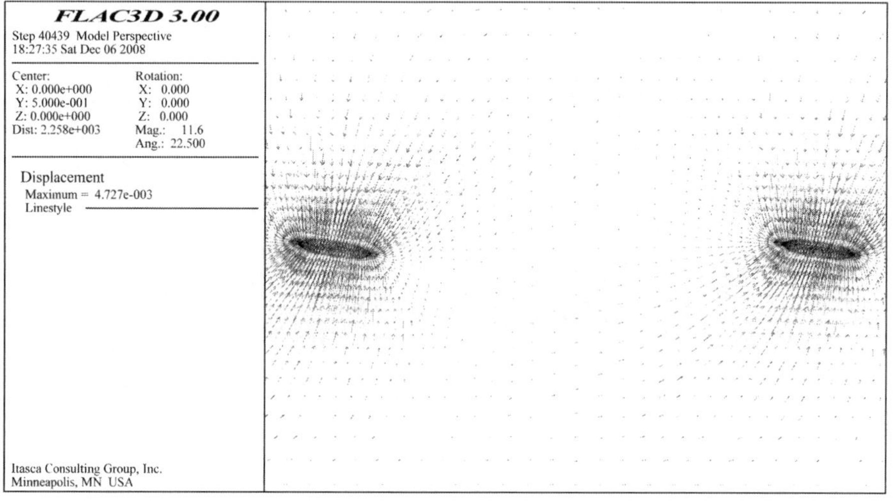

(b) 考虑温度(50℃)

图 7.5.7　隧洞围岩位移矢量图

从图 7.5.8 中可以看出,所监测的位移在开挖起初蠕变位移速率明显较快,基本上到 80d 左右蠕变位移增加量已经很小。洞顶产生位移沉降变形最大(不考虑温度时为 4.09mm,温度 50℃时为 4.5mm),其次是洞底产生的鼓起变形(不考虑温度时为 3.5mm,温度 50℃时为 3.67mm),然后是洞壁的竖向位移(不考虑温度时为 0.038mm,温度 50℃时为 0.041mm)和水平位移(不考虑温度时为 0.122mm,温度 50℃时为 0.126mm)。需要说明的是,图中位移是以坐标系产生的变形来表示的,坐标原点在 2# 和 3# 洞轴线之间连线的中点上,竖向位移向上为正,向下为负,水平位移向右为正，向左为负。

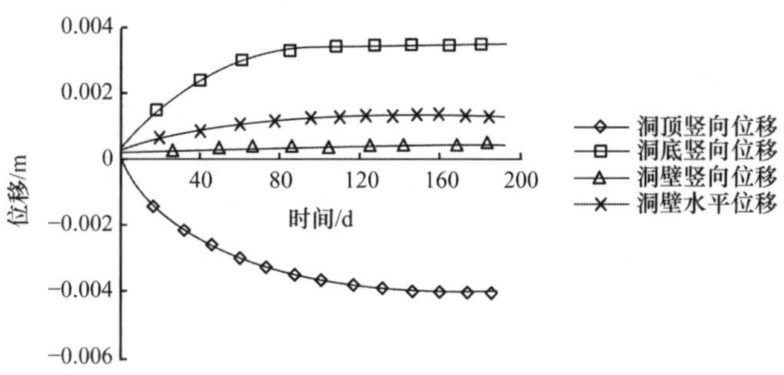

(a) 不考虑温度

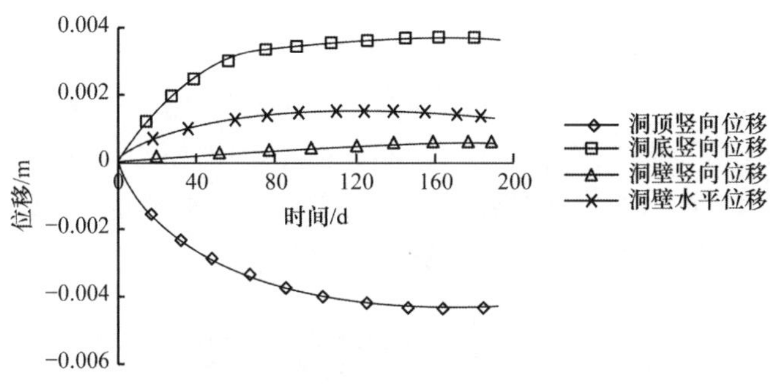

(b) 考虑温度(50℃)

图 7.5.8 不考虑温度和考虑温度(50℃)情况下 3# 洞的监测位移随时间的变化规律

为了更加清晰地表示 3# 洞不同部位(洞顶、洞底和洞壁)在不考虑温度和考虑温度(50℃)两种情况下监测位移随时间的变化情况，图 7.5.9 分别给出了两种情况下 3# 洞的不同部位监测位移随时间的变化曲线。

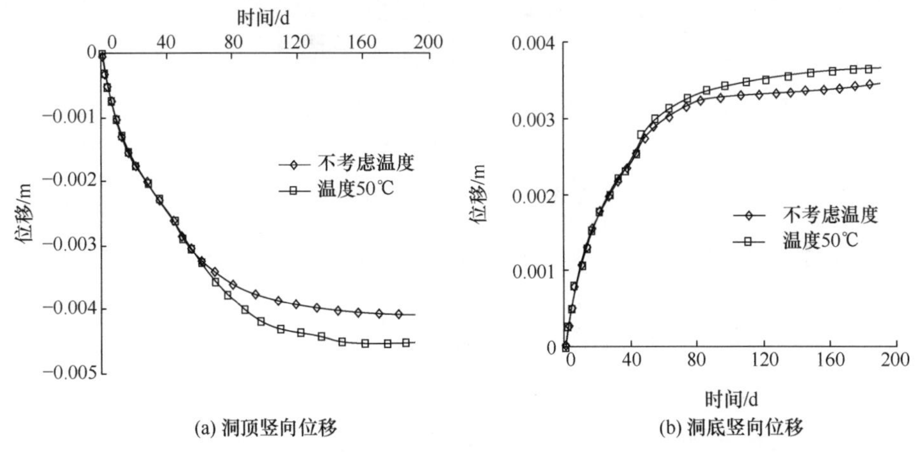

(a) 洞顶竖向位移 (b) 洞底竖向位移

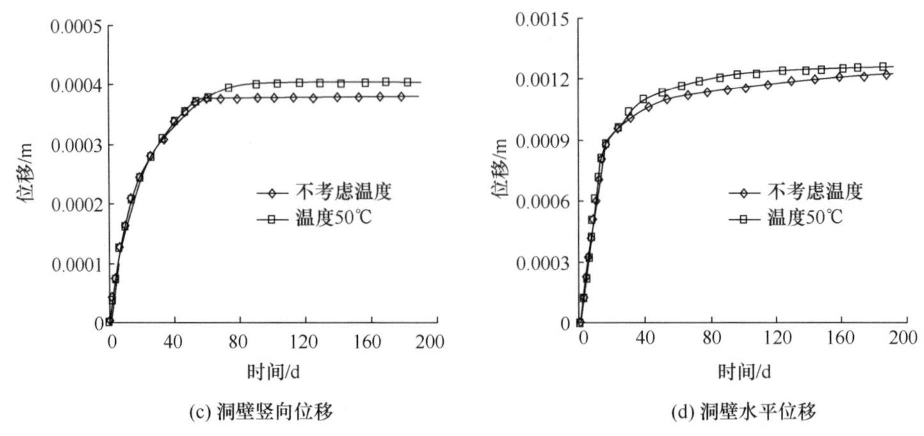

(c) 洞壁竖向位移　　(d) 洞壁水平位移

图 7.5.9　3# 洞不同部位监测位移随时间的变化规律

由图 7.5.9 可知,不同部位(洞顶、洞底和洞壁)在不考虑温度和考虑温度(50℃)两种情况下监测位移随时间的增加而增加,两者基本一致,在由衰减蠕变阶段进入稳态蠕变阶段后,考虑温度(50℃)与不考虑温度相比,其蠕变位移量在不考虑温度的位移量上略有增加,但增加的相对值不大,也就是说,在考虑温度(50℃)的情况下,对隧洞的蠕变位移的影响是不明显的。

7.6　岩石非线性蠕变损伤模型的工程应用

7.6.1　岩石非线性蠕变损伤模型

岩石非线性蠕变损伤模型由 Hooke 体、Kelvin 体、Bingham、加速体、Mohr-Coulomb 模型串联起来,能比较全面地反映岩石加速蠕变破坏。其一维应力状态下的流变模型如图 7.6.1 所示,其中为 σ_f 岩体材料的屈服强度。

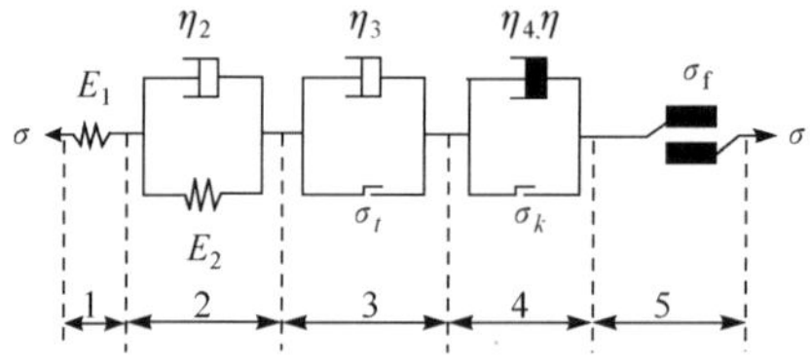

图 7.6.1　岩石非线性蠕变损伤模型(一维)

一维情况下岩石非线性蠕变损伤模型的应力-应变关系式可以写为

$$\varepsilon(t)=\begin{cases}\dfrac{\sigma}{E_1[1-D(\sigma,t)]}+\dfrac{\sigma}{E_2[1-D(\sigma,t)]}\left[1-\exp\left(-\dfrac{E_2}{\eta_2}t\right)\right], & \sigma\leqslant\sigma_1\\ \dfrac{\sigma}{E_1[1-D(\sigma,t)]}+\dfrac{\sigma}{E_2[1-D(\sigma,t)]}\left[1-\exp\left(-\dfrac{E_2}{\eta_2}t\right)\right]+\left\{\dfrac{\sigma-\sigma_1}{\eta_3[1-D(\sigma,t)]}\right\}t, & \sigma_1<\sigma\leqslant\sigma_2\\ \dfrac{\sigma}{E_1[1-D(\sigma,t)]}+\dfrac{\sigma}{E_2[1-D(\sigma,t)]}\left[1-\exp\left(-\dfrac{E_2}{\eta_2}t\right)\right]+\left\{\dfrac{\sigma-\sigma_1}{\eta_3[1-D(\sigma,t)]}\right\}t+\left\{\dfrac{\sigma-\sigma_2}{\eta_4[1-D(\sigma,t)]}\right\}t^n, & \sigma>\sigma_2\end{cases}\tag{7.6.1}$$

式中，$\dot{D}(\sigma,t)=\left\{\dfrac{\sigma^*}{B[1-D(\sigma,t)-D(\sigma,0)][(1-D(\sigma,0)-\langle D(\sigma,t)-D_\alpha\rangle]}\right\}^\nu$，$B$、$\nu$ 为材料参数；D_α 为损伤初始值；E_1、E_2、η_2、η_3 和 η_4 分别为材料的弹性、黏性参数；n 为流变指数；σ_1 和 σ_2 分别为裂纹起裂初始值和裂纹加速扩展临界值。

在二次开发的过程中需要将式(7.6.1)扩展到三维的情形，本节中的塑性流动法则采用的是不相关联的 Mohr-Coulomb 流动法则，其他准则可类似处理。

7.6.2　三维情况下差分形式的本构方程

考虑损伤后可以认为是流变模型的材料参数在变化。设无损伤的岩石弹性模量为 $G_i(i=1,2)$、黏滞系数为 $\eta_i(i=2,3,4)$，有损伤的岩石弹性模量为 $G_i'(i=1,2)$、黏滞系数为 $\eta_i'(i=2,3,4)$。有效参数可表示为：$G_i'=G_i[1-D(\sigma,t)](i=1,2)$，$\eta_i'=\eta_i[1-D(\sigma,t)]$，$i=2,3,4$，$S_{\mathrm{f}}$ 为三维岩体材料的屈服强度形式。

在编程的过程中需要将求解过程中的应力增量和应变增量写成关于蠕变时间(creeptime)的差分形式。模型偏量可以通过图 7.6.2 描述。

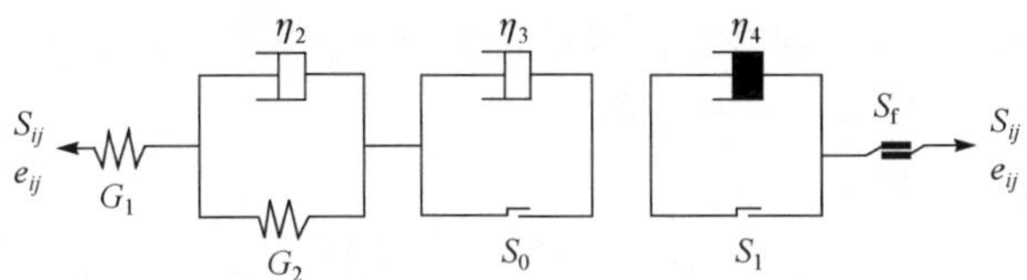

图 7.6.2　岩石非线性蠕变损伤模型(三维)

应变偏量速率的形式为

$$\dot{e}_{ij}=\dot{e}_{ij}^{\mathrm{H}}+\dot{e}_{ij}^{\mathrm{K}}+\dot{e}_{ij}^{\mathrm{B}}+\dot{e}_{ij}^{\mathrm{A}}+\dot{e}_{ij}^{\mathrm{M}}\tag{7.6.2}$$

式中，$\dot{e}_{ij}$ 表示总偏应变的速率；$\dot{e}_{ij}^{\mathrm{H}}$、$\dot{e}_{ij}^{\mathrm{K}}$、$\dot{e}_{ij}^{\mathrm{B}}$、$\dot{e}_{ij}^{\mathrm{A}}$、$\dot{e}_{ij}^{\mathrm{M}}$ 分别表示 Hooke 体、Kelvin 体、Bingham 体、加速体、Mohr-Coulomb 模型的偏应变速率。下面分别对五个部分进行讨论。

根据模型的组合关系，假设在所选取的尽可能小的每一时间步内的单元应力保持不变来建立本构方程。推广到三维增量形式，用应力与应变偏量增量可以表示成如下形式。

Hooker 体：

$$S_{ij}=2G'_1 e_{ij}^{\mathrm{H}} \tag{7.6.3}$$

式中，S_{ij}为偏应力。

Kelvin 体：

$$S_{ij}=2\eta'_2 \dot{e}_{ij}^{\mathrm{K}}+2G'_2 e_{ij}^{\mathrm{K}} \tag{7.6.4}$$

Bingham 体：

$$e_{ij}^{\mathrm{B}}=\frac{\langle S_{ij}-S_0\rangle}{2\eta'_3}\Delta t \tag{7.6.5}$$

式中，S_0 为裂纹起裂门槛值。

加速体：

$$e_{ij}^{\mathrm{A}}=\frac{\langle S_{ij}-S_1\rangle}{2\eta'_4}nt^{n-1}\Delta t \tag{7.6.6}$$

式中，S_1 为裂纹加速扩展门槛值。

Mohr-Coulomb 模型：

$$\dot{e}_{ij}^{\mathrm{M}}=\lambda\frac{\partial g}{\partial\sigma_{ij}}-\frac{1}{3}\dot{e}_{\mathrm{vol}}^{\mathrm{M}}\delta_{ij} \tag{7.6.7}$$

$$\dot{e}_{\mathrm{vol}}^{\mathrm{M}}=\lambda\left(\frac{\partial g}{\partial\sigma_{11}}+\frac{\partial g}{\partial\sigma_{22}}+\frac{\partial g}{\partial\sigma_{33}}\right) \tag{7.6.8}$$

Mohr-Coulomb 屈服迹线由剪切和张拉准则合成，屈服准则为 $f=0$，在主轴上的公式为

$$f=\begin{cases}\sigma_1-\sigma_3 N_\varphi+2c\sqrt{N_\varphi}, & \text{剪切屈服}\\ \sigma^{\mathrm{t}}-\sigma_3, & \text{张拉屈服}\end{cases} \tag{7.6.9}$$

式中，c、φ 为材料的黏聚力和摩擦角；$N_\varphi=(1+\sin\varphi)/(1-\sin\varphi)$；$\sigma^{\mathrm{t}}$ 为张拉强度；σ_1 和 σ_3 为最小和最大主应力(压缩为负)。

势函数 g 有如下形式：

$$g=\begin{cases}\sigma_1-\sigma_3 N_\psi, & \text{剪切屈服}\\ -\sigma_3, & \text{张拉破坏}\end{cases} \tag{7.6.10}$$

式中，ψ 为材料的剪胀角；$N_\psi=(1+\sin\psi)/(1-\sin\psi)$。

在塑性力学中一般假定球应力不产生塑性变形，因而整个非线性蠕变损伤流变模型的球应力速率可写为

$$\dot{\sigma}_{\mathrm{m}}=K(\dot{e}_{\mathrm{vol}}-\dot{e}_{\mathrm{vol}}^{\mathrm{P}}) \tag{7.6.11}$$

采用中心差分，将式(7.6.11)可以写成

$$\bar{S}_{ij}=2G'_1\bar{e}_{ij}^{\mathrm{H}} \tag{7.6.12}$$

$$\bar{S}_{ij}\Delta t=2\eta'_2\Delta e_{ij}^{\mathrm{K}}+2G'_2\bar{e}_{ij}^{\mathrm{K}}\Delta t \tag{7.6.13}$$

$$\langle\bar{S}_{ij}-S_0\rangle\Delta t=2\eta'_3\Delta e_{ij}^{\mathrm{B}} \tag{7.6.14}$$

$$\langle\bar{S}_{ij}-S_1\rangle nt^{n-1}\Delta t=2\eta'_4\Delta e_{ij}^{\mathrm{A}} \tag{7.6.15}$$

式中，e_{ij}、Δe_{ij}、$\bar{S}_{ij}$ 分别为应变偏量、应变偏量增量、应力偏量；上标“－”表示时间步

Δt 内的平均值，其中

$$\overline{S}_{ij}=\frac{S_{ij}^{\mathrm{N}}+S_{ij}^{\mathrm{O}}}{2} \tag{7.6.16}$$

$$\bar{e}_{ij}=\frac{e_{ij}^{\mathrm{N}}+e_{ij}^{\mathrm{O}}}{2} \tag{7.6.17}$$

符号约定：字母上标大写的 N 和 O 分别表示一个时间增量步内新的量值和老的量值，如式(7.6.16)、式(7.6.17)中 S_{ij}^{N}、S_{ij}^{O} 和 e_{ij}^{N}、e_{ij}^{O} 分别表示一个时间增量步内的新的应力偏量、老的应力偏量和新的应变偏量、老的应变偏量。

求解新的偏应变分量：

$$e_{ij}^{\mathrm{N}}=e_{ij}^{\mathrm{H,N}}+e_{ij}^{\mathrm{K,N}}+e_{ij}^{\mathrm{B,N}}+e_{ij}^{\mathrm{A,N}}+e_{ij}^{\mathrm{M,N}} \tag{7.6.18}$$

Hooke 体偏应变分量：

$$e_{ij}^{\mathrm{H,N}}=\frac{1}{2G_1'}(S_{ij}^{\mathrm{N}}+S_{ij}^{\mathrm{O}})-e_{ij}^{\mathrm{H,O}} \tag{7.6.19}$$

Kelvin 体偏应变分量：

$$e_{ij}^{\mathrm{K,N}}=\frac{1}{A}\left[Be_{ij}^{\mathrm{K,O}}+\frac{\Delta t}{4\eta_2'}(S_{ij}^{\mathrm{N}}+S_{ij}^{\mathrm{O}})\right] \tag{7.6.20}$$

式中，$A=1+\dfrac{G_2\Delta t}{2\eta_1'}$，$B=1-\dfrac{G_2\Delta t}{2\eta_1'}$。

Bingham 体偏应变分量：

$$e_{ij}^{\mathrm{B,N}}=\frac{1}{4\eta_3'}\langle S_{ij}^{\mathrm{N}}+S_{ij}^{\mathrm{O}}-2S_0\rangle\Delta t-e_{ij}^{\mathrm{H,O}} \tag{7.6.21}$$

加速体偏应变分量：

$$e_{ij}^{\mathrm{A,N}}=\frac{1}{4\eta_4'}\langle S_{ij}^{\mathrm{N}}+S_{ij}^{\mathrm{O}}-2S_1\rangle nt^{n-1}\Delta t-e_{ij}^{\mathrm{A,O}} \tag{7.6.22}$$

求解新的偏应力分量，得到

$$S_{ij}^{\mathrm{N}}=\begin{cases}\dfrac{1}{\dfrac{1}{2G_1'}+\dfrac{\Delta t}{4A\eta_2'}}\left(e_{ij}^{\mathrm{N}}+e_{ij}^{\mathrm{H,O}}+\dfrac{B}{A}e_{ij}^{\mathrm{K,O}}\right)-S_{ij}^{\mathrm{O}}, & S_{ij}\leqslant S_0\\ \dfrac{1}{\dfrac{1}{2G_1'}+\dfrac{\Delta t}{4A\eta_2'}+\dfrac{\Delta t}{4\eta_3'}}\left(e_{ij}^{\mathrm{N}}-e_{ij}^{\mathrm{H,O}}+\dfrac{B}{A}e_{ij}^{\mathrm{K,O}}+\dfrac{S_0\Delta t}{2\eta_2'}\right)-S_{ij}^{\mathrm{O}} & S_0\leqslant S_{ij}\leqslant S_1\\ \dfrac{1}{C}\left[\Delta e_{ij}-\Delta e_{ij}^{\mathrm{M}}+\dfrac{S_0\Delta t}{2\eta_3'}+\dfrac{S_1nt^{n-1}\Delta t}{2\eta_4'}+2(e_{ij}^{\mathrm{H,O}}+e_{ij}^{\mathrm{K,O}}+e_{ij}^{\mathrm{B,O}}+e_{ij}^{\mathrm{A,O}})\right]-S_{ij}^{\mathrm{O}}, & S_{ij}>S_1\end{cases} \tag{7.6.23}$$

式中，$C=\dfrac{1}{2G_1'}+\dfrac{\Delta t}{4A\eta_2'}+\dfrac{\Delta t}{4\eta_3'}+\dfrac{nt^{n-1}\Delta t}{4\eta_4'}$。

球应力差分形式为

$$\Delta\sigma_m^N=\Delta\sigma_m^O+K(\Delta e_{vol}-\Delta e_{vol}^p) \tag{7.6.24}$$

类似公式的形式，可以得到非线性蠕变损伤模型的球应变：

$$\varepsilon_m^N=e_m^N+\frac{e_{vol}}{3} \tag{7.6.25}$$

综上所述，岩石非线性蠕变损伤模型的应力-应变关系可以采用公式和的形式表达，写成上述形式主要是为了方便编写程序。

7.6.3 算例验证及工程应用

1. 算例验证

FLAC^{3D}软件本身提供了 Cvisc，如果不对其中 Maxwell 体中的黏滞系数进行赋值，Cvisc 模型退化成一个弹簧、一个 Kelvin 体及 Mohr-Coulomb 体相串联的情形，这正好是非线性蠕变损伤模型的一部分(不考虑损伤因子)。退化的 Cvisc 模型和不考虑损伤非线性蠕变损伤模型是完全等价的。由于两个模型采用的都是 Mohr-Coulomb 屈服准则，只要将内聚力和抗拉强度赋一个大值(10^{20})即可保证计算过程中不会到达塑性状态。下面给出的一个简单的算例在完全相同边界条件和材料参数的基础上，一是采用退化的 Cvisc 模型，二是采用非线性蠕变损伤模型。这里给出最简单的单轴压缩算例，由图 7.6.3 的计算结果可以看到，两个模型在相同压应力下，观察某一点在垂直方向的位移达到同一稳定值，这也验证了非线性蠕变损伤模型的正确性。

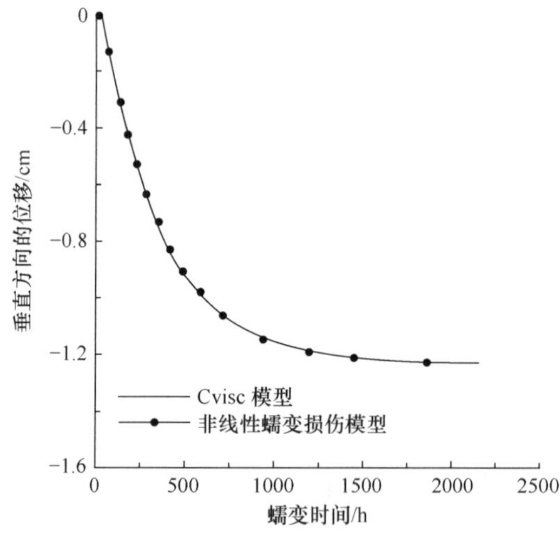

图 7.6.3 退化的 Cvisc 模型和非线性蠕变损伤模型的简化计算结果对比

2. 数值模型

锦屏二级水电站引水隧洞沿线西端砂板岩属Ⅲ、Ⅳ类围岩，岩性较弱，容易发生流变。围岩变形与支护是工程中的难题，这里以西端砂板岩为例，分析未支护与支护两种情况下围岩流变规律。

由于引水隧洞洞间距较大，隧洞开挖不会对相邻隧洞有太大影响，所以本节只研究单个隧洞围岩变形情况，图 7.6.4 为引水隧洞典型的断面图。

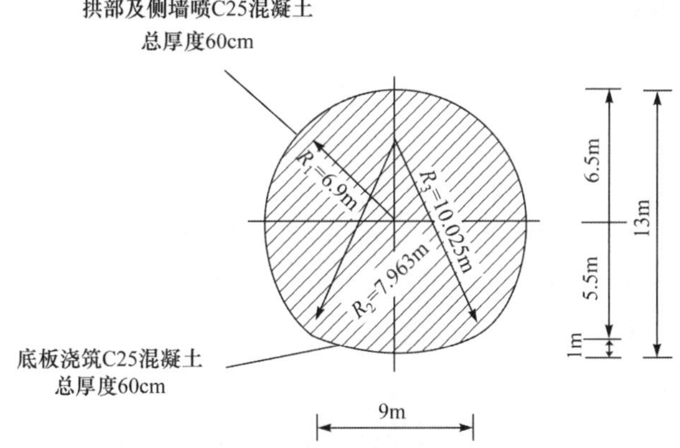

图 7.6.4　引水隧洞典型断面图

模拟隧洞围岩流变特征，必须细化隧洞周边网格，而 FLAC^{3D}软件建模难度大，如果细化隧洞周边网格，必然增加计算难度，这里采用一种快速建模方法，即用 ANSYS 有限元程序建模、划分网格，使用长江科学院土工研究所开发程序(FLAC^{3D}-ANSYS 接口程序)，实现 FLAC^{3D}软件建模的直观、快速、方便。然后采用三维黏弹塑性模型进行了数值模拟分析，根据现场地质资料，取埋深 2000m，X 方向取 60m，Y 方向取 60m，Z 方向取 5m，弹性模量取 13GPa，泊松比为 0.28。节点 16361 个，单元 63753 个，网格划分如图 7.6.5 和图 7.6.6 所示。

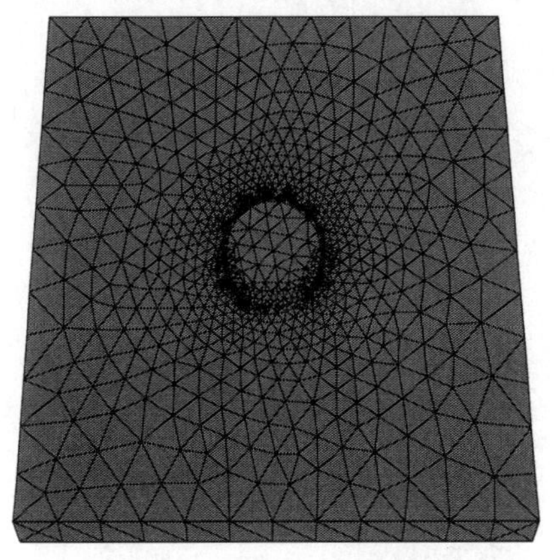

图 7.6.5　网格划分

图 7.6.6　支护断面图

3. 计算参数

众所周知，现场试验与室内试验的岩样是有区别的，现场岩样存在大量的节理、裂隙等缺陷，室内岩样相对完整（存在少量微小裂隙）。此外，外界环境（如地下水等）是岩体的力学性质劣化的一个重要因素，因而岩体强度相对低于室内岩样的强度，其流变特性更加显著。把室内流变试验得到的参数用于具体工程数值分析及设计中，除了考虑试验得到的流变参数外，还应该考虑现场工程地质条件、其他试验和计算成果，以及与其他工程同类岩石的试验成果进行类比，最终分析整理出锦屏二级水电站引水隧洞围岩合理流变参数，见表 7.6.1，支护体 C25 混凝土（60cm）当成弹性材料考虑。为了便于分析隧洞关键部位的变形，在隧洞顶底部中、边墙中部设置观察点，观察围岩变形随时间的变化规律。如前面数值模拟一样，采用快速应力边界法来模拟隧洞工程区的初始地应力场，然后进行模拟分析。

表 7.6.1　流变计算参数

岩性	G_1/GPa	G_2/GPa	η_2/(GPa · d)	η_3/(GPa · d)	η_4/(GPa · d)	n
Ⅳ～Ⅴ类围岩	10	270	2300	3100	2400	1.20

4. 数值模拟结果分析

1）支护前

（1）位移场分析。

隧洞开挖后，围岩变形并不是瞬间达到最终值，而是随时间发展变化的。从图 7.6.7可以看出开挖后围岩位移演化情况。40 天，隧洞断面不断收缩，特别是底角和边墙中部，断面收缩严重，达 25mm 左右，其他部位围岩位移变化不太大，大约 5mm；80 天，底角和边墙中部位移继续增大，达 32mm 左右，其他部位围岩位移

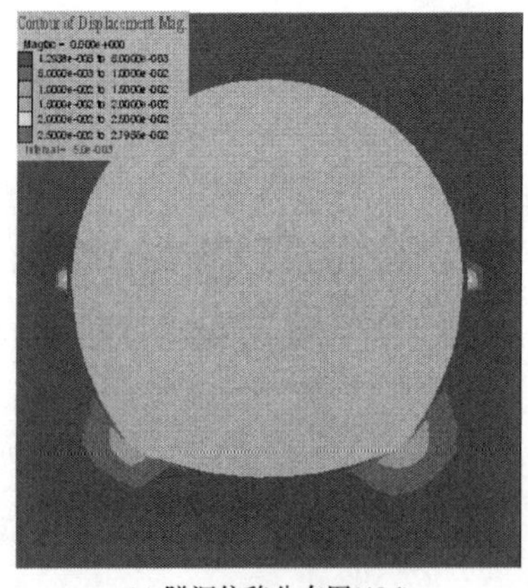

(a) 隧洞位移分布图(40d)

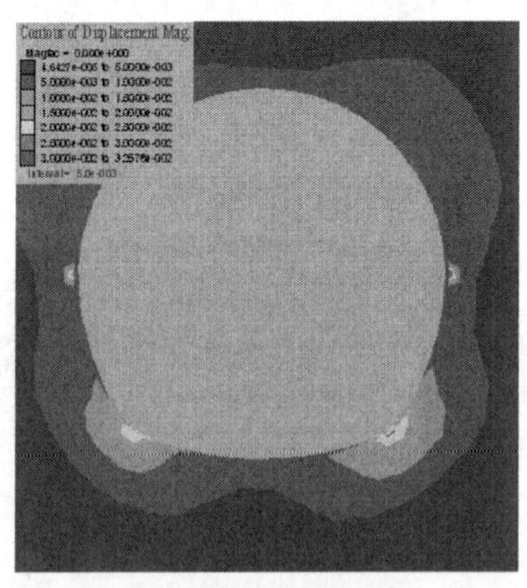

(b) 隧洞位移分布图(80d)

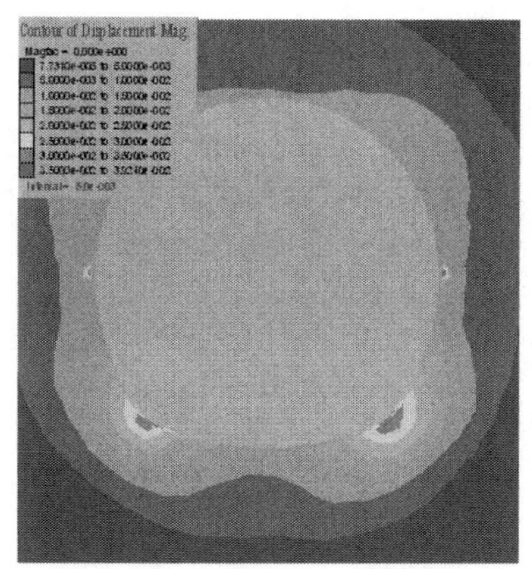

(c) 隧洞位移分布图(120d)

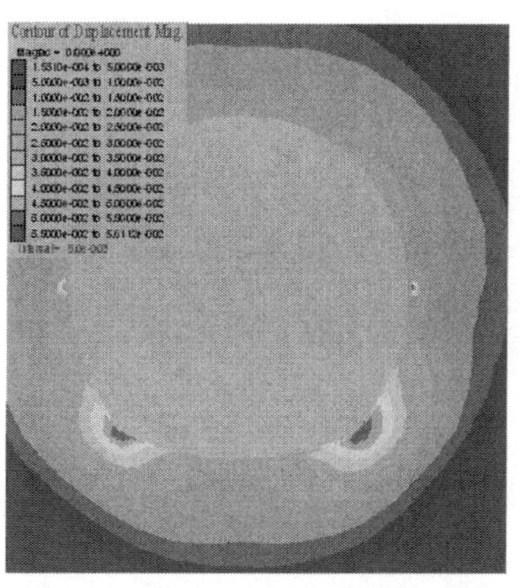

(d) 隧洞位移分布图(160d)

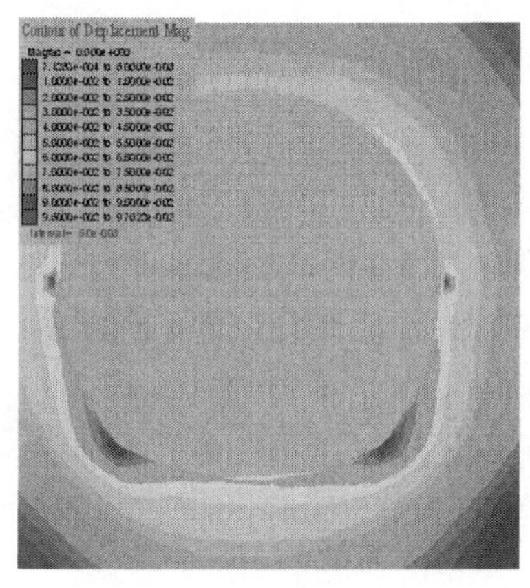

(e) 隧洞位移分布图(320d)

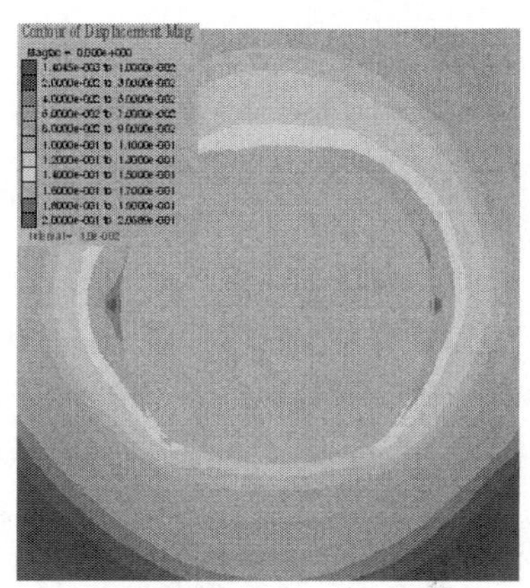

(f) 隧洞位移分布图(580d)

图 7.6.7　隧洞位移分布图

也达 10mm 左右；580 天，围岩位移继续加剧变化，隧洞进一步收缩，周边形成一个近似正方形松动圈，最大变形达 200mm 左右。

图 7.6.8 为隧洞围岩顶底部及边墙中部位移变化图，从图中可以看出，隧洞开挖后，开始 0～40 天，隧洞断面不断收缩，边墙位移量最大，达 25mm 左右，拱顶底部移近量达 20mm 左右；40～80 天，蠕变速率进一步增加，围岩变形量也增大，达 35mm 左右；80～580 天，围岩位移急剧增大，达 180mm 左右。从以上分析可知，隧洞开挖后，围岩变形和应力均迅速变化，580 天后，隧洞断面收缩了 4.3%左右。数值计算表明砂板岩岩性较弱，变形量比较大，变形随时间增长有逐渐增大趋势。如果不进行合理加固处理，可能导致围岩变形过大或破坏，达不到工程断面要求，影响引水隧洞安全使用。

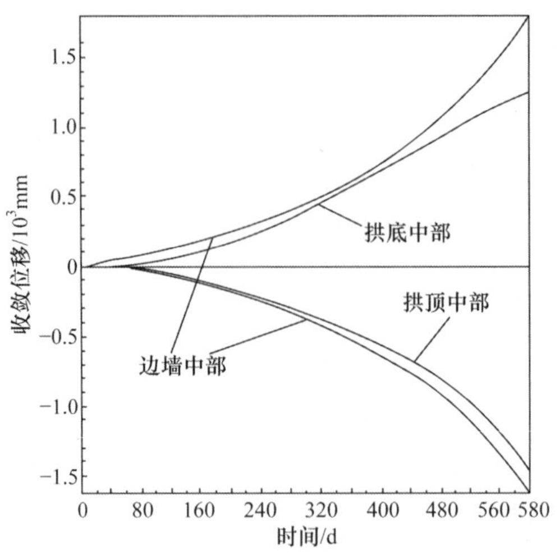

图 7.6.8　隧洞顶底部边墙中部位移变化图(支护前)

(2) 应力场分析。

隧洞开挖后,围岩在初始应力场的作用下向临空面方向移动,产生了不均衡的变形,同时该变形也改变了应力场的分布特征,局部发生了破坏现象。图 7.6.9 为最大主应力/最小主应力分布图,从图中可以看出,在隧洞周边出现一个椭圆形松动圈,这说明在隧洞周边形成一个屈服区,此时高应力只可能存在于屈服区以外的岩体一定深度处,由深部高围压来增加岩体强度和承担开挖以后出现的强烈应力集中,体现了一种力学平衡状态。岩体应力集中区被推向深部是因为开挖面周边岩体的屈服破坏。导致隧洞片帮或大面积垮落,这些形式的破坏更容易观测到。此外,岩体高应力屈服破坏以后的塑性变形对围岩变形深度的影响没有起主导作用,应力松弛仍然是影响岩体变形深度范围的主要因素,这种现象对应着围岩仍然处于一种相对稳定的状态。

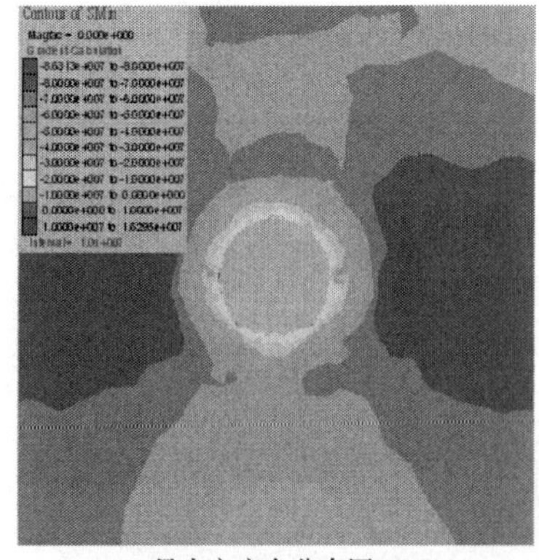

(a) 最大主应力分布图(40d)

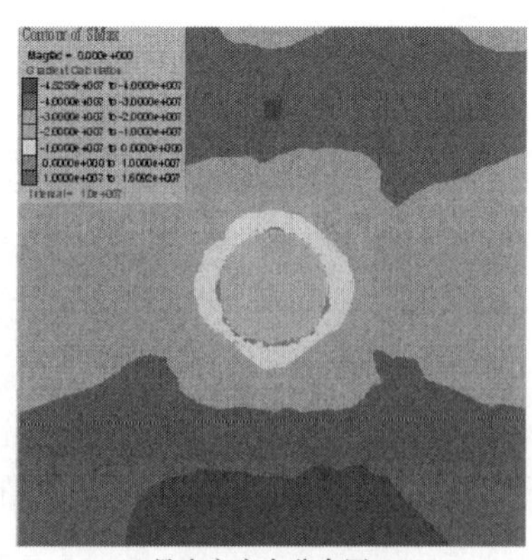

(b) 最小主应力分布图(40d)

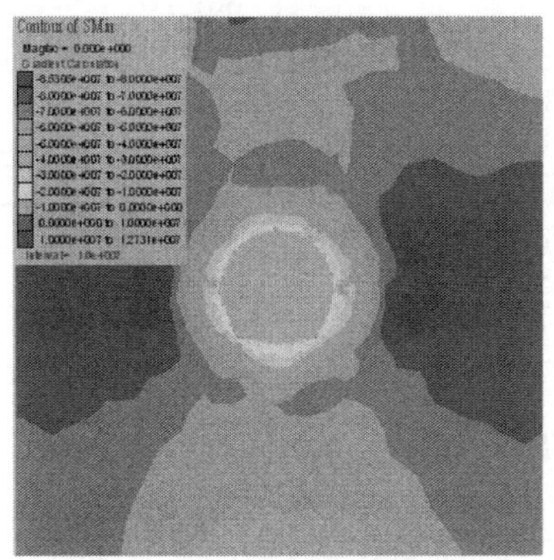

(c) 最大主应力分布图(80d)

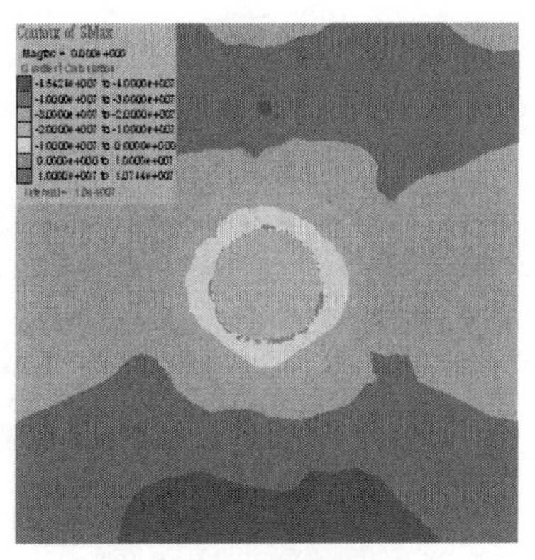

(d) 最小主应力分布图(80d)

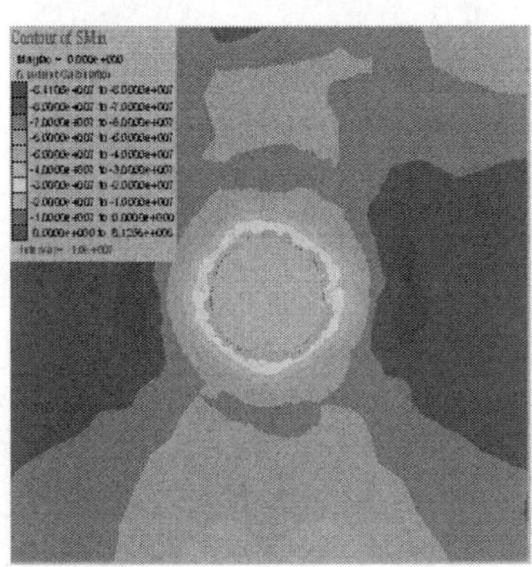

(e) 最大主应力分布图(120d)

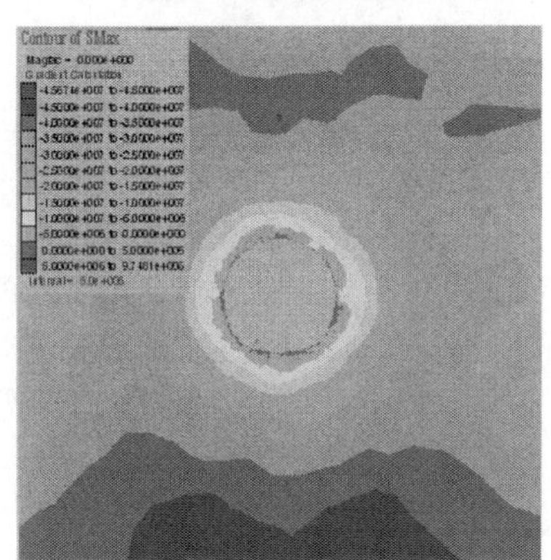

(f) 最小主应力分布图(120d)

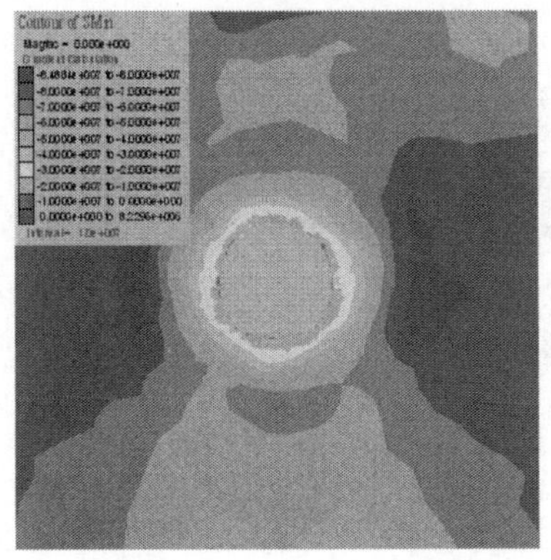

(g) 最大主应力分布图(160d)

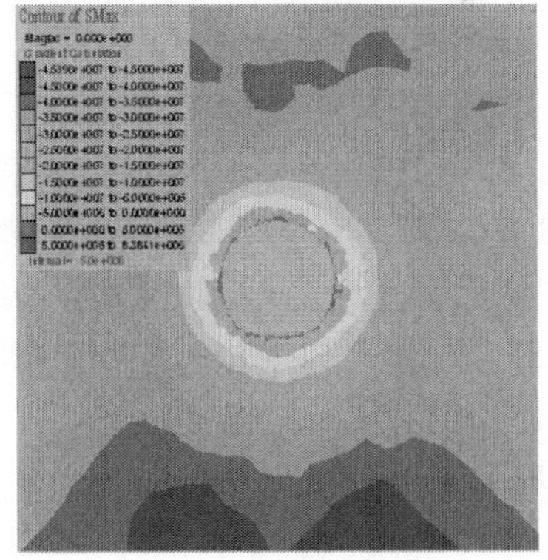

(h) 最小主应力分布图(160d)

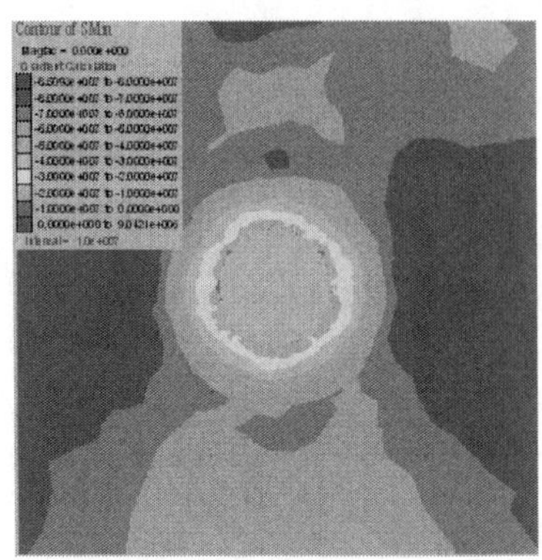

(i) 最大主应力分布图(320d)

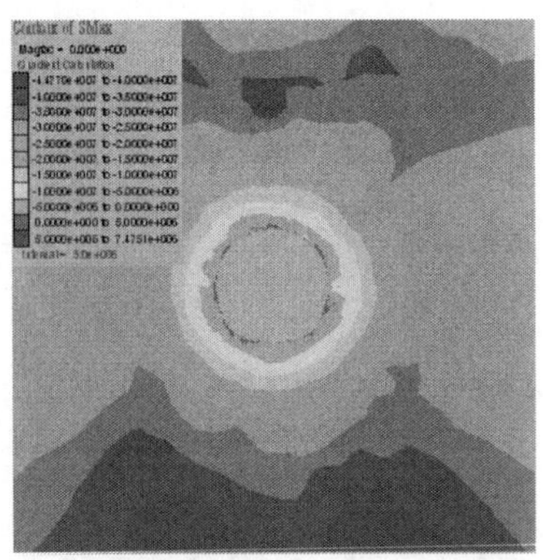

(j) 最小主应力分布图(320d)

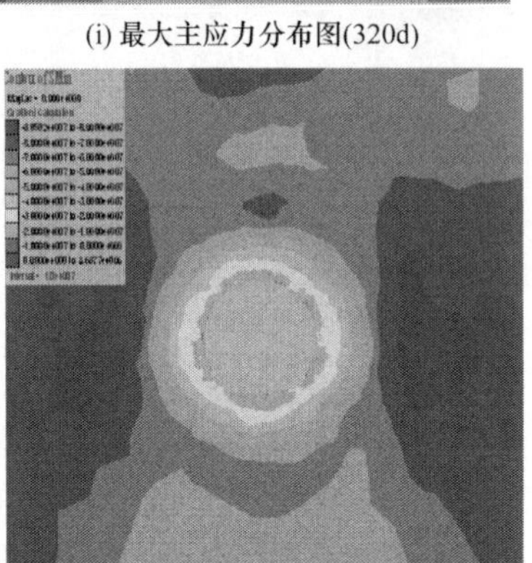

(k) 最大主应力分布图(580d)

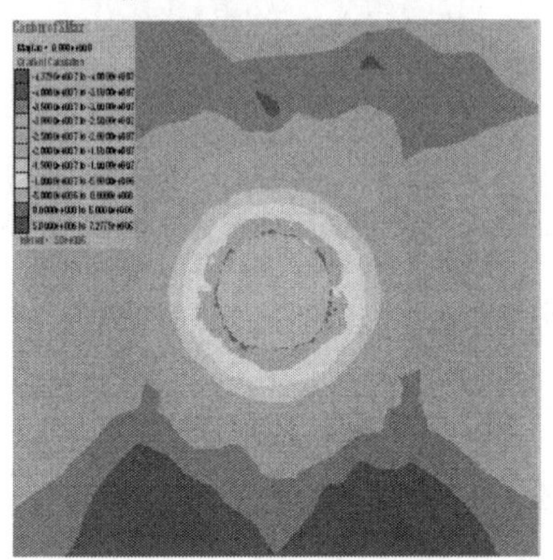

(l) 最小主应力分布图(580d)

图 7.6.9　最大主应力/最小主应力分布图

2）支护后

隧洞开挖后，尽快给围岩增加强有力的支护，甚至是超前支护措施，尽可能地维持围岩的强度和承载能力；增加永久性支护措施，保证施加的力具备足够的安全储备，抵抗围岩的长期变形效应。可以说，现实中是利用施工期的工程支护措施、保证一定的支护安全系数方法来解决围岩潜在的长期稳定问题，这是砂板岩洞段围岩支护设计中需要考虑的环节。本章采用锦屏施工方提供的支护参数，分析隧洞围岩流变规律。

(1) 位移场分析。

在开挖砂板岩洞段后，迅速支护，特别是边墙、底角变形严重的地方。支护效果如图 7.6.10 所示。隧洞支护体上方变形比较大，最大达 30mm，这是因为隧洞开挖瞬间，储存在岩石中的能量迅速释放，造成隧洞围岩变形量较大，再者由于支护体是在隧洞开挖后施加的，隧洞与支护体难免有空隙，这也造成隧洞围岩向这些空隙移动。由于采取及时支护，变形向其他部位转移。除底角及边墙中部支护结合处变形比较大，最大达 10mm，需采取加强支护，隧洞其他部位围岩变形不大。这说明围岩衬砌后位移变化很小，除衬砌结合处需加强支护，其他部位基本满足隧洞使用要求。

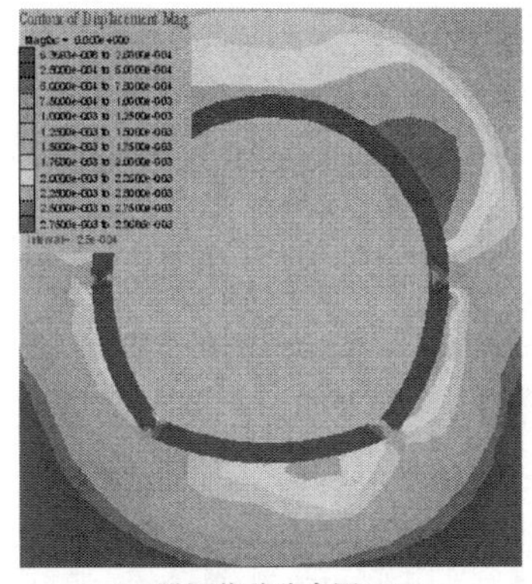

(a) 隧洞位移分布图(40d)

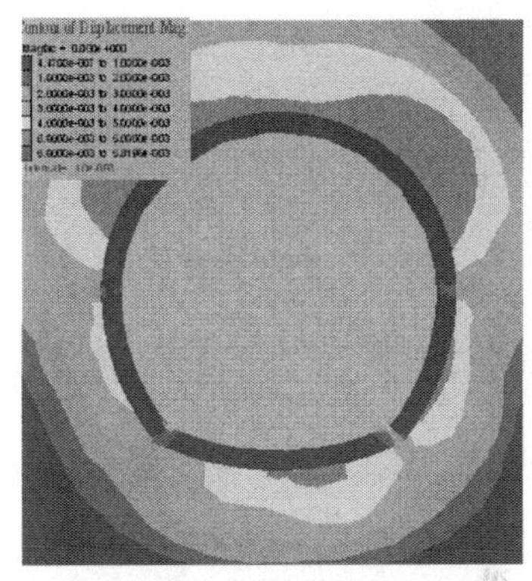

(b) 隧洞位移分布图(80d)

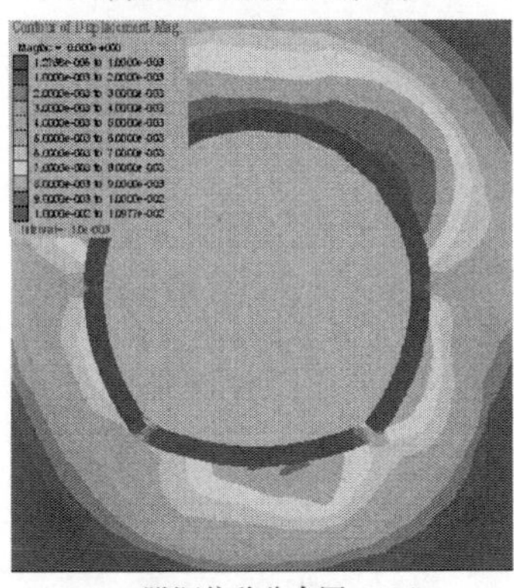

(c) 隧洞位移分布图(120d)

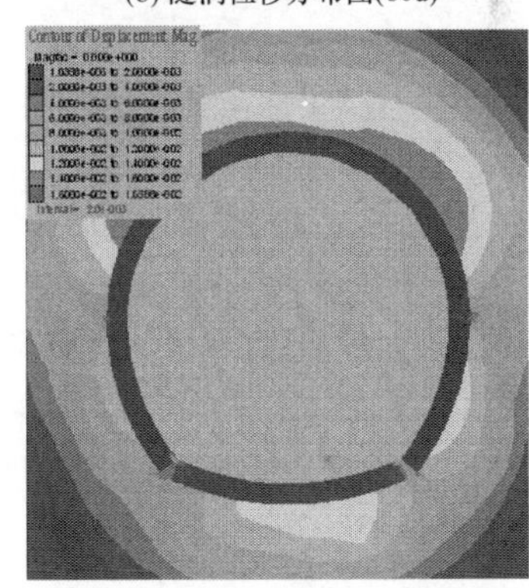

(d) 隧洞位移分布图(160d)

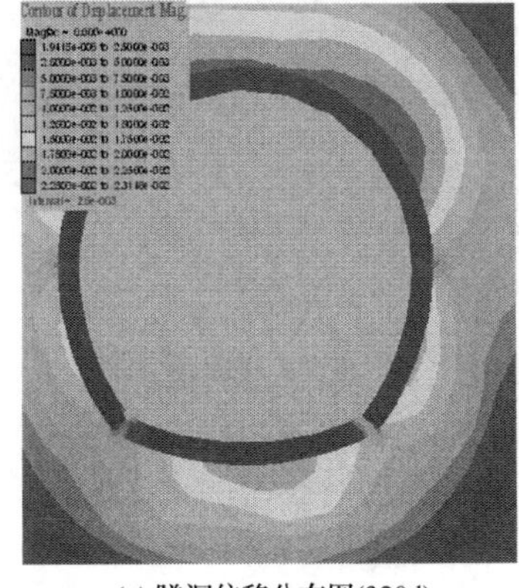

(e) 隧洞位移分布图(320d)

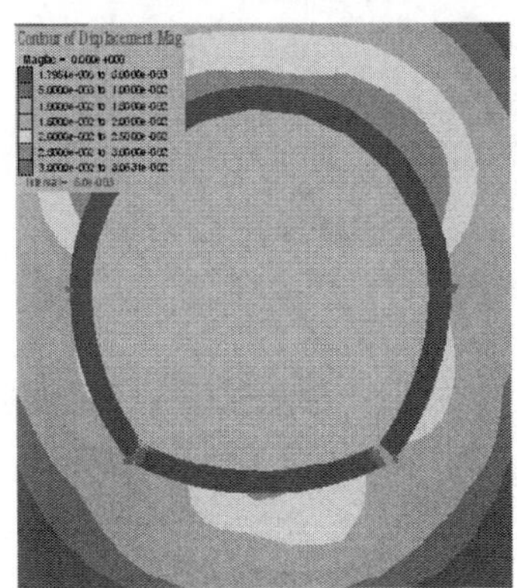

(f) 隧洞位移分布图(580d)

图 7.6.10　隧洞位移分布图

从图 7.6.11 可以看出，隧洞开挖后及时支护，580 天后，拱底收敛位移最大，达 0.7mm 左右，其他部位变形不大，这说明该支护能很好地限制围岩变形。

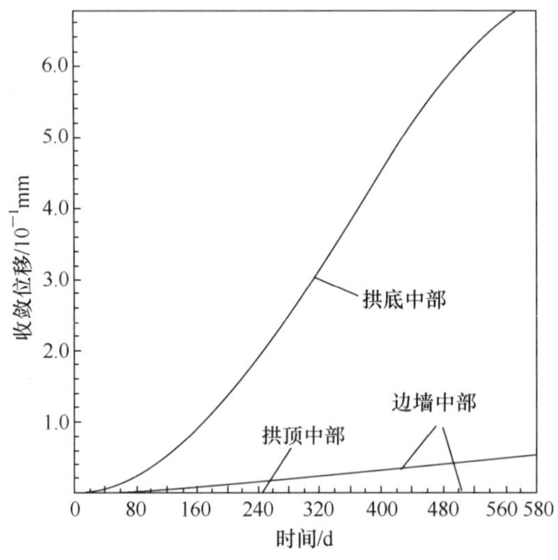

图 7.6.11　隧洞顶底部边墙中部位移变化图(支护后)

(2) 应力场分析。

隧洞开挖后，迅速采取上述支护措施，发挥隧洞围岩本身承载能力，阻止隧洞进一步变形。从图 7.6.12 可以看出，支护结构结合处、支护体与隧洞连接处出现压应力，说明隧洞的加固起到了控制围岩变形破坏的作用，另外，在隧洞支护体结合处出现应力集中区，边墙、底部特别明显。

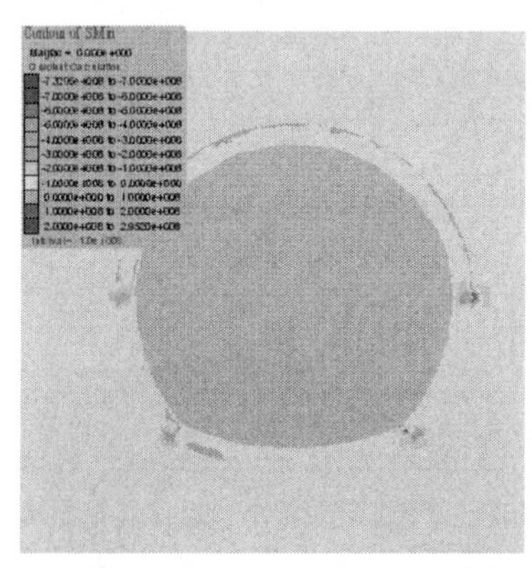

(a) 最大主应力分布图(40d)

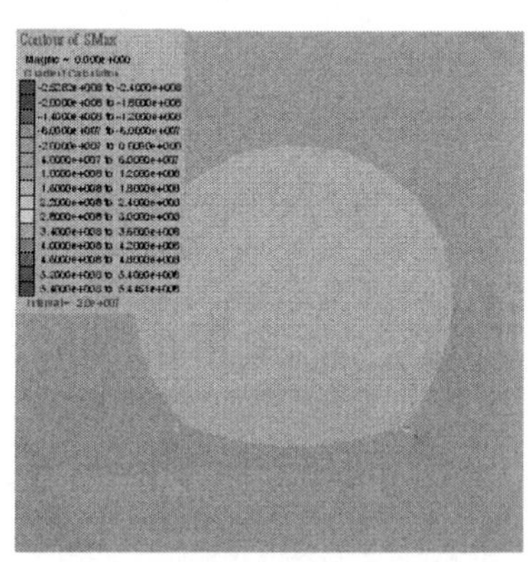

(b) 最小主应力分布图(40d)

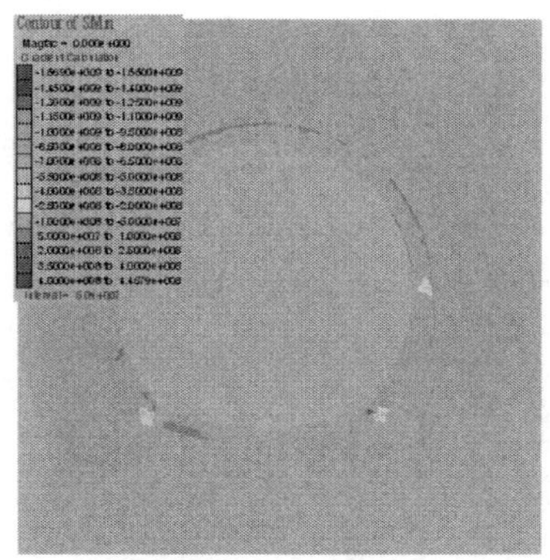

(c) 最大主应力分布图(80d)

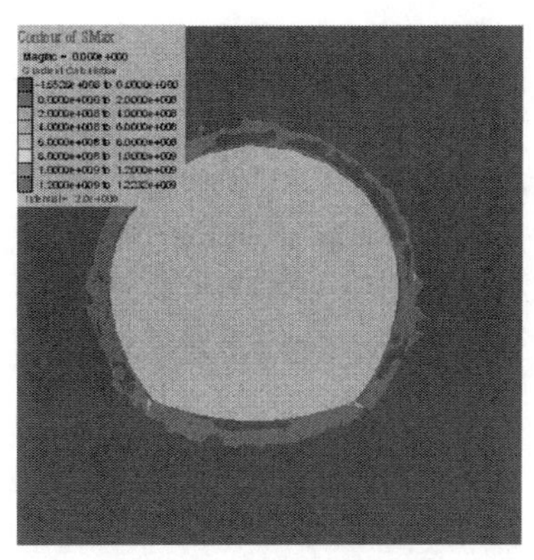

(d) 最小主应力分布图(80d)

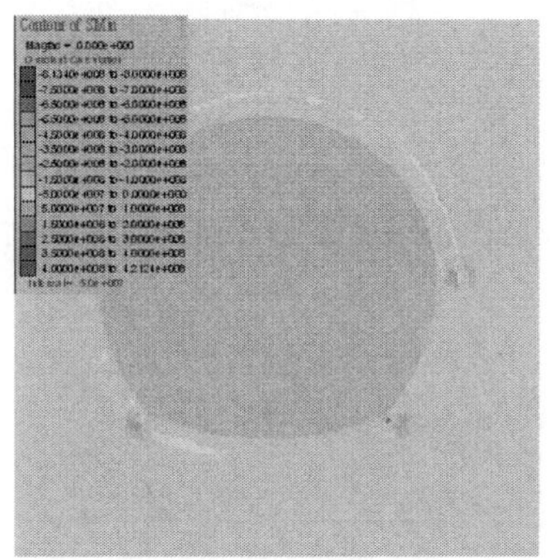

(e) 最大主应力分布图(120d)

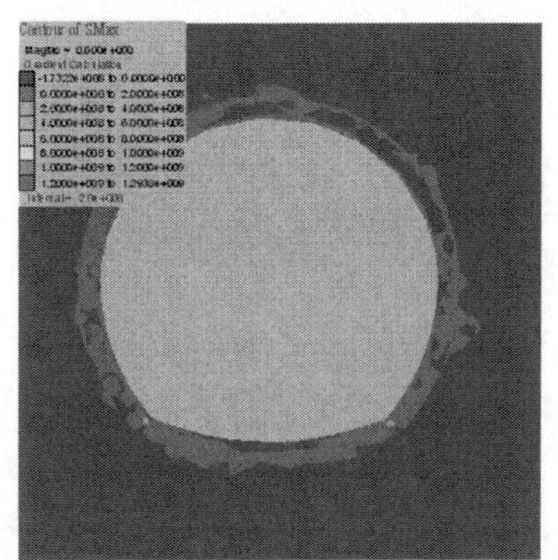

(f) 最小主应力分布图(120d)

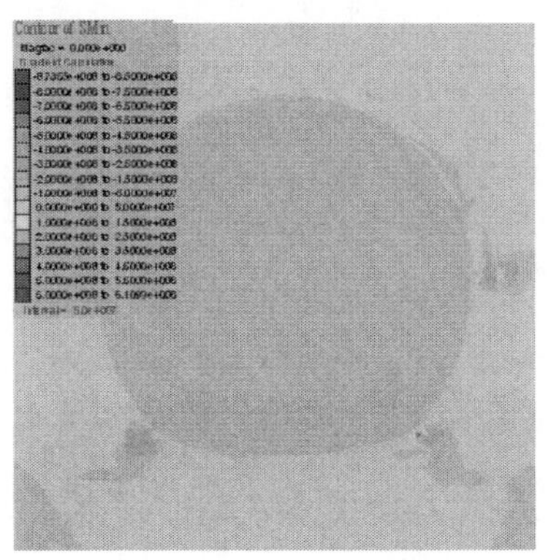

(g) 最大主应力分布图(160d)

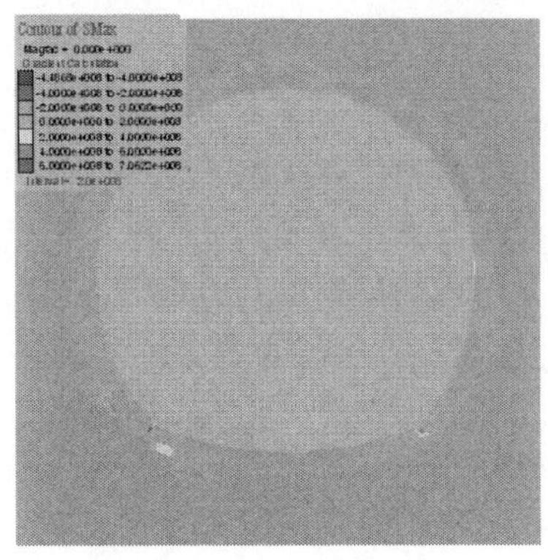

(h) 最小主应力分布图(160d)

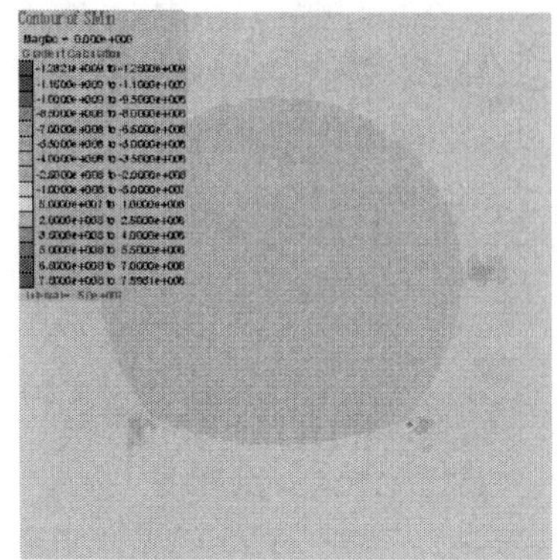

(i) 最大主应力分布图(320d)

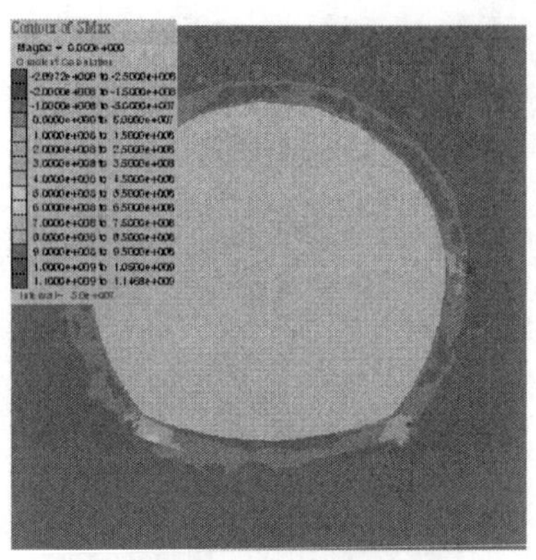

(j)最小主应力分布图(320d)

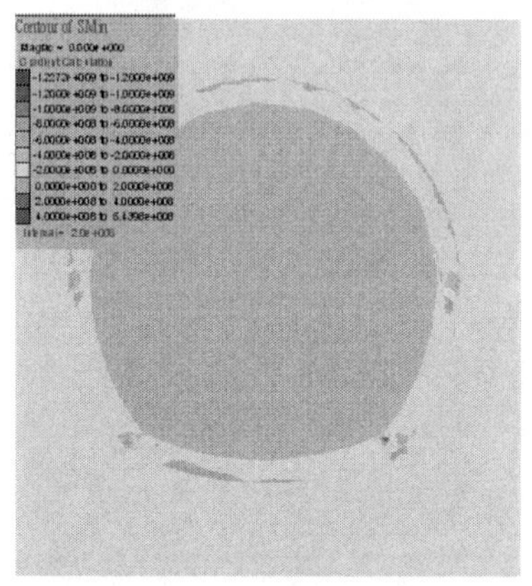

(k)最大主应力分布图(580d)

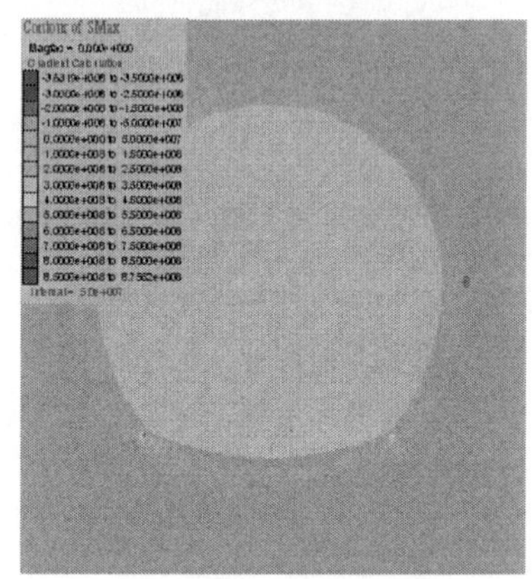

(l) 最小主应力分布图(580d)

图 7.6.12　最大主应力/最小主应力分布图

参 考 文 献

[1] 孙钧. 岩土材料流变及其工程应用[M]. 北京:中国建筑工业出版社,1999.

[2] 孙钧. 岩石流变力学及其工程应用研究的若干进展[J]. 岩石力学与工程学报,2007,26(6):1081-1106.

[3] 周维垣. 高等岩石力学[M]. 北京:水利电力出版社,1990.

[4] 金丰年. 岩石的非线性流变[M]. 南京:河海大学出版社,1998.

[5] 陈子荫. 围岩力学分析中的解析方法[M]. 北京:煤炭工业出版社,1994.

[6] 王思敬. 中国岩石力学与工程世纪成就[M]. 南京:河海大学出版社,2004.

[7] Okubo S, Nishimatsu Y, Fukui K. Complete creep curves under uniaxial compression[J]. International Journal of Rock Mechanics and Mining Sciences & Geomechanics Abstracts, 1991, 28(1): 77-82.

[8] Maranini E, Brignoli M. Creep behaviour of a weak rock: Experimental characterization[J]. International Journal of Rock Mechanics and Mining Sciences, 1999, 36(1): 127-138.

[9] Tsai L S, Hsieh Y M, Weng M C, et al. Time-dependent deformation behaviors of weak sandstones[J]. International Journal of Rock Mechanics and Mining Sciences, 2008, 45(2): 144-154.

[10] 许宏发. 软岩强度和弹模的时间效应研究[J]. 岩石力学与工程学报,1997,16(3):47-52.

[11] 张学忠,王龙,张代钧,等. 攀钢朱矿东山头边坡辉长岩流变特性试验研究[J]. 重庆大学学报:自然科学版,1999,22(5):99-103.

[12] 朱定华,陈国兴. 南京红层软岩流变特性试验研究[J]. 南京工业大学学报:自然科学版,2002,24(5):77-79.

[13] 范庆忠,高延法. 分级加载条件下岩石流变特性的试验研究[J]. 岩土工程学报,2005,27(11):38-41.

[14] 李化敏,李振华,苏承东. 大理岩蠕变特性试验研究[J]. 岩石力学与工程学报,2004,23(22):3745-3749.

[15] Fujii Y, Kiyama T, Ishijima Y, et al. Circumferential strain behavior during creep tests of brittle rocks[J]. International Journal of Rock Mechanics and Mining Sciences, 1999, 36(3): 323-337.

[16] 李晓. 岩石峰后力学特性及其损伤软化模型的研究与应用[D]. 徐州:中国矿业大学博士学位论文,1995.

[17] 陈渠,西田和范,岩本健,等. 沉积软岩的三轴蠕变实验研究及分析评价[J]. 岩石力学与工程学报,2003,22(6):905-912.

[18] 刘建忠,杨春和,李晓红,等. 万开高速公路穿越煤系地层的隧道围岩蠕变特性的试验研究[J]. 岩石力学与工程学报,2004,23(22):3794-3798.

[19] 徐卫亚,杨圣奇,杨松林,等. 绿片岩三轴流变力学特性的研究(Ⅰ):试验结果[J]. 岩土力学,2005,26(4):531-537.

[20] 冒海军,杨春和,刘江,等. 板岩蠕变特性试验研究与模拟分析[J]. 岩石力学与工程学报,

2006,25(6):1204-1209.

[21] 杨圣奇,徐卫亚,谢守益,等. 饱和状态下硬岩三轴流变变形与破裂机制研究[J]. 岩土工程学报,2006,28(8):962-969.

[22] 韩冰,王芝银,郝庆泽. 某地区花岗石三轴蠕变试验及其损伤分岔特性研究[J]. 岩石力学与工程学报,2007,26(S2):4123-4129.

[23] 朱杰兵,汪斌,杨火平,等. 页岩卸荷流变力学特性的试验研究[J]. 岩石力学与工程学报,2007,26(S2):4552-4556.

[24] 丁秀丽,刘建,刘雄贞. 三峡船闸区硬性结构面蠕变特性试验研究[J]. 长江科学院院报,2000,(4):30-33.

[25] 杨圣奇,徐卫亚,杨松林. 龙滩水电站泥板岩剪切流变力学特性研究[J]. 岩土力学,2007,28(5):895-902.

[26] 朱明礼,朱珍德,李志敬,等. 深埋长大隧洞围岩非定常剪切流变模型初探[J]. 岩石力学与工程学报,2008,27(7):1436-1441.

[27] 朱珍德,李志敬,朱明礼,等. 岩体结构面剪切流变试验及模型参数反演分析[J]. 岩土力学,2009,30(1):99-104.

[28] Ito H, Sasajima S. A ten year creep experiment on small rock specimens[J]. International Journal of Rock Mechanics and Mining Sciences & Geomechanics Abstracts,1987,24(2):113-121.

[29] 陈宗基,康文法,黄杰藩. 岩石的封闭应力、蠕变和扩容及本构方程[J]. 岩石力学与工程学报,1991,10(4):299-312.

[30] 韦立德,徐卫亚,杨松林,等. 考虑裂纹内水压的节理岩体蠕变柔量分析[J]. 河海大学学报:自然科学版,2003,5(5):564-568.

[31] 李铀,朱维申,白世伟,等. 风干与饱水状态下花岗岩单轴流变特性试验研究[J]. 岩石力学与工程学报,2003,22(10):1673-1677.

[32] 王泳嘉,王来贵. 岩体浸水后的流变失稳理论及应用[J]. 中国矿业,1994,3(1):36-40.

[33] 刘保国,张清,杨英杰. 混合片麻岩在一定温度下的蠕变试验研究[J]. 铁道学报,1999,21(4):78-80.

[34] Groshong R H. Low-temperature deformation mechanisms and their interpretation[J]. Geological Society of America Bulletin,1988,100(9):1329-1360.

[35] Lockner D. Room temperature creep in saturated granite[J]. Journal of Geophysical Research: Solid Earth(1978—2012),1993,98(B1):475-487.

[36] Ngwenya B T, Main I G, Elphick S C, et al. A constitutive law for low-temperature creep of water-saturated sandstones[J]. Journal of Geophysical Research: Solid Earth(1978—2012),2001,106(B10):21811-21826.

[37] Kranz R L. Crack growth and development during creep of Barre granite[J]. International Journal of Rock Mechanics and Mining Sciences & Geomechanics Abstracts,1979,16(1):23-35.

[38] Kranz R L. The effects of confining pressure and stress difference on static fatigue of granite

[J]. Journal of Geophysical Research:Solid Earth(1978—2012),1980,85(B4):1854-1866.

[39] Ohnaka M. Acoustic emission during creep of brittle rock[J]. International Journal of Rock Mechanics and Mining Sciences & Geomechanics Abstracts,1983,20(3):121-134.

[40] Wu F T,Thomsen L. Microfracturing and deformation of westerly granite under creep condition[J]. International Journal of Rock Mechanics and Mining Sciences & Geomechanics Abstracts,1975,12(5-6):167-173.

[41] 朱合华,叶斌. 饱水状态下隧道围岩蠕变力学性质的试验研究[J]. 岩石力学与工程学报,2002,21(12):1791-1796.

[42] 刘浪,王革民,陈建宏,等. 深部饱水岩石蠕变试验及其流变模型[J]. Transactions of Nonferrous Metals Society of China,2013,23(2):478-483.

[43] 范秋雁,阳克青,王渭明. 泥质软岩蠕变机制研究[J]. 岩石力学与工程学报,2010,29(8):1555-1561.

[44] 周火明,盛谦,邬爱清. 三峡工程永久船闸边坡岩体宏观力学参数的尺寸效应研究[J]. 岩石力学与工程学报,2001,20(5):661-664.

[45] 徐平,丁秀丽,全海,等. 溪洛渡水电站坝址区岩体蠕变特性试验研究[J]. 岩土力学,2003,24(S1):220-222.

[46] 贺如平,张强勇,王建洪,等. 大岗山水电站坝区辉绿岩脉压缩蠕变试验研究[J]. 岩石力学与工程学报,2007,26(12):2495-2503.

[47] 熊诗湖,周火明,钟作武. 岩体载荷蠕变试验方法研究[J]. 岩石力学与工程学报,2009,28(10):2121-2127.

[48] 张强勇,陈芳,杨文东,等. 大岗山坝区岩体现场剪切蠕变试验及参数反演[J]. 岩土力学,2011,32(9):2584-2590.

[49] 耶格 C J,库克 N G W. 岩石力学基础[M]. 北京:科学出版社,1981.

[50] Okubo S,Nishimatsu Y. Creep behaviour and constitutive equation of San Jose andesite and Kawazu tuff[J]. Journal of the Mining and Metallurgical Institute of Japan,1986,102(7):395-400.

[51] 金丰年. 考虑时间效应的围岩特征曲线[J]. 岩石力学与工程学报,1997,16(4):51-60.

[52] 吴立新,王金庄,孟顺利. 煤岩流变模型与地表二次沉陷研究[J]. 地质力学学报,1997,3(3):31-37.

[53] 芮勇勤,徐小荷,马新民,等. 露天煤矿边坡中软弱夹层的蠕动变形特性分析[J]. 东北大学学报:自然科学版,1999,20(6):612-614.

[54] Bazant Z P,Bhat P D. Endochronic theory of inelasticity and failure of concrete[J]. Journal of the Engineering Mechanics Division,1976,102(4):701-722.

[55] Aubertin M,Gill D E,Ladanyi B. An internal variable model for the creep of rocksalt[J]. Rock Mechanics and Rock Engineering,1991,24(2):81-97.

[56] Aubertin M,Sgaoula J,Gill D E,et al. A viscoplastic-damage model for soft rocks with low porosity [C]//8th International Society for Rock Mechanics Congress, Kokyo, 1995:283-289.

[57] 范镜泓. 内蕴时间塑性理论及其新进展[J]. 力学进展,1985,15(3):273-290.

[58] 陈沅江,潘长良,曹平,等. 基于内时理论的软岩流变本构模型[J]. 中国有色金属学报,2003,(3):735-742.

[59] 杨春和,陈锋,曾义金. 盐岩蠕变损伤关系研究[J]. 岩石力学与工程学报,2002,21(11):1602-1604.

[60] 谢和平. 岩石蠕变损伤非线性大变形分析及微观断裂的 FRACTAL 模型[D]. 北京:中国矿业大学硕士学位论文,1987.

[61] 陈智纯,缪协兴,茅献彪. 岩石流变损伤方程与损伤参量测定[J]. 煤炭科学技术,1994,22(8):34-36.

[62] 曹树刚,鲜学福. 煤岩蠕变损伤特性的实验研究[J]. 岩石力学与工程学报,2001,20(6):817-821.

[63] 肖洪天,强天弛,周维垣. 三峡船闸高边坡损伤流变研究及实测分析[J]. 岩石力学与工程学报,1999,18(5):512-515.

[64] 肖洪天,周维垣,杨若琼. 三峡永久船闸高边坡流变损伤稳定性分析[J]. 土木工程学报,2000,33(6):94-98.

[65] 凌建明. 岩体蠕变裂纹起裂与扩展的损伤力学分析方法[J]. 同济大学学报:自然科学版,1995,23(2):141-146.

[66] 凌建明,孙钧. 脆性岩石的细观裂纹损伤及其时效特征[J]. 岩石力学与工程学报,1993,12(4):304-312.

[67] Chan K S,Munson D E,Bodner S R. Creep deformation and fracture in rock salt[A]//Aliabadi M H. Fracture of Rock[M]. Boston:Southampton WIT Press,1999.

[68] Boukharov G N,Boukharov N G,Chanda M W. The three processes of brittle crystalline rock creep[J]. International Journal of Rock Mechanics and Mining Sciences & Geomechanics Abstracts,1995,32(4):325-335.

[69] 邓荣贵,周德培,张倬元,等. 一种新的岩石流变模型[J]. 岩石力学与工程学报,2001,20(6):780-784.

[70] 曹树刚,边金,李鹏. 岩石蠕变本构关系及改进的西原正夫模型[J]. 岩石力学与工程学报,2002,21(5):632-634.

[71] 韦立德,徐卫亚,朱珍德,等. 岩石黏弹塑性模型的研究[J]. 岩土力学,2002,23(5):583-586.

[72] 陈沅江. 岩石流变的本构模型及其智能辨识研究[D]. 长沙:中南大学博士学位论文,2003.

[73] 张向东,李永靖,张树光,等. 软岩蠕变理论及其工程应用[J]. 岩石力学与工程学报,2004,23(10):1635-1639.

[74] 王来贵,何峰,刘向峰,等. 岩石试件非线性蠕变模型及其稳定性分析[J]. 岩石力学与工程学报,2004,23(10):1640-1642.

[75] 徐卫亚,杨圣奇,褚卫江. 岩石非线性黏弹塑性流变模型(河海模型)及其应用[J]. 岩石力学与工程学报,2006,25(3):433-447.

[76] Jurina L,Maier G,Podolak K. On model identification problems in rock mechanics[A]//International Symposium on the Geotechnics of Structurally Complex Formations[C],Capri,

1977:287-295.

[77] 夏才初,孙钧.蠕变试验中流变模型辨识及参数确定[J].同济大学学报:自然科学版,1996,24(5):498-503.

[78] 朱元林,何平,张家懿,等.冻土在振动荷载作用下的三轴蠕变模型[J].自然科学进展,1998,8(1):62-64.

[79] 李青麒.软岩蠕变参数的曲线拟合计算方法[J].岩石力学与工程学报,1998,17(5):81-86.

[80] 王红伟,王希良,彭苏萍,等.软岩巷道围岩流变特性试验研究[J].地下空间,2001,21(5):361-364.

[81] 曹树刚,边金,李鹏.软岩蠕变试验与理论模型分析的对比[J].重庆大学学报:自然科学版,2002,25(7):96-98.

[82] 丁秀丽.岩体流变特性的试验研究及模型参数辨识[D].武汉:中国科学院武汉岩土力学研究所博士学位论文,2005.

[83] 陈炳瑞,冯夏庭,丁秀丽,等.基于模式搜索的岩石流变模型参数识别[J].岩石力学与工程学报,2005,24(2):207-211.

[84] 陈炳瑞,冯夏庭,丁秀丽,等.基于模式-遗传-神经网络的流变参数反演[J].岩石力学与工程学报,2005,24(4):553-558.

[85] 罗润林,阮怀宁,黄亚哲,等.岩体初始地应力场的粒子群优化反演及在FLAC3D中的实现[J].长江科学院院报,2008,25(4):73-76.

[86] 罗润林,阮怀宁,孙运强,等.一种非定常参数的岩石蠕变本构模型[J].桂林工学院学报,2007,27(2):200-203.

[87] 罗润林,阮怀宁,朱昌星.基于粒子群-最小二乘法的岩石流变模型参数反演[J].辽宁工程技术大学学报:自然科学版,2009,28(5):750-753.

[88] 胡斌,冯夏庭,王国峰,等.龙滩水电站左岸高边坡泥板岩体蠕变参数的智能反演[J].岩石力学与工程学报,2005,24(17):3064-3070.

[89] 长江水利委员会长江科学院.水利水电工程岩石试验规程(SL 264—2001)[S].北京:水利水电出版社,2001.

[90] 罗润林,阮怀宁,朱昌星.基于塑性强化和粘性弱化的岩石蠕变模型[J].西南交通大学学报,2008,43(3):346-351.

[91] 朱珍德,朱明礼,阮怀宁,等.深埋长大隧洞围岩非线性蠕变模型研究[J].岩土力学,2011,32(S2):27-35.

[92] 李良权,徐卫亚,王伟.基于西原模型的非线性黏弹塑性流变模型[J].力学学报,2009,41(5):671-680.

[93] 陈沅江,潘长良,曹平,等.一种软岩流变模型[J].中南工业大学学报:自然科学版,2003,34(1):16-20.

[94] 宋飞,赵法锁,卢全中.石膏角砾岩流变特性及流变模型研究[J].岩石力学与工程学报,2005,24(15):2659-2664.

[95] 徐卫亚,杨圣奇,谢守益,等.绿片岩三轴流变力学特性的研究(II):模型分析[J].岩土力学,2005,26(5):693-698.

[96] 陈沅江,潘长良,王文星. 软岩流变的一种新的试验研究方法[J]. 力学与实践,2002,24(4):42-45.

[97] 余启华. 岩石的流变破坏过程及有限元分析[J]. 水利学报,1985,(1):65-66.

[98] 陶振宇. 岩石流变试验与现场观测的比较分析[J]. 水利学报,1985,(10):48-54.

[99] 肖贤春. 两种积分变换及其应用[J]. 中国科技纵横,2010,(20):206-207.

[100] 张元林. 工程数学-积分变换[M]. 4 版. 北京:高等教育出版社,2003.

[101] 黄义,张引科. 张量及其在连续介质力学中的应用[M]. 北京:冶金工业出版社,2002.

[102] 张耀良,朱卫兵. 张量分析及其在连续介质力学中的应用[M]. 哈尔滨:哈尔滨工程大学出版社,2004.

[103] Grady D E,Kipp M E. Continuum modeling of explosive fracture in oil shale[J]. International Journal of Rock Mechanics and Mining Sciences,1980,17(3):147-157.

[104] Krajcinovic D,Basista M,Sumarac D. Micromechanically inspired phenomenological damage model[J]. Journal of Applied Mechanics,Transactions ASME,1991,58(2):305-310.

[105] Moelle K H R,Li G,Lewis J A. On fatigue crack development in some anisotropic sedimentary rocks[J]. Engineering Fracture Mechanics,1990,35(1-3):367-376.

[106] Shao J F,Duveau G,Hoteit N,et al. Time dependent continuous damage model for deformation and failure of brittle rock[J]. International Journal of Rock Mechanics and Mining Sciences,1997,34(3-4):281-285.

[107] Tzou D,Chen E P. Mesocrack damage induced by a macrocrack in heterogeneous materials [J]. Engineering Fracture Mechanics,1991,39(2):347-358.

[108] 凌建明. 节理岩体损伤力学及时效损伤特性的研究[D]. 上海:同济大学博士学位论文,1992.

[109] 凌建明. 压缩荷载条件下岩石细观损伤特征的研究[J]. 同济大学学报:自然科学版,1993,21(2):219-226.

[110] Challamel N,Lanos C,Casandjian C. Creep damage modelling for quasi-brittle materials [J]. European Journal of Mechanics-A/Solids,2005,24(4):593-613.

[111] Chan K S,Bodner S R,Fossum A F,et al. A damage mechanics treatment of creep failure in rock salt[J]. International Journal of Damage Mechanics,1997,6(1):121-152.

[112] Stead D,Szczepanik Z. Time dependent acoustic emission studies on potash[A]//Proceedings of the 32nd US Symposium on Rock Mechanics[C],Norman,1991:471.

[113] Yang C,Daemen J,Yin J H. Experimental investigation of creep behavior of salt rock[J]. International Journal of Rock Mechanics and Mining Sciences,1999,36(98):233-242.

[114] 金丰年,范华林,浦奎源. 岩石蠕变损伤模型研究[J]. 工程力学,2000,(A1):227-231.

[115] 李灏. 损伤力学基础[M]. 济南:山东科学技术出版社,1992.

[116] 李兆霞. 损伤力学及其应用[M]. 北京:科学出版社,2002.

[117] 任建喜. 单轴压缩岩石蠕变损伤扩展细观机理 CT 实时试验[J]. 水利学报,2002,(1):10-15.

[118] 范庆忠. 岩石蠕变及其扰动效应试验研究[D]. 青岛:山东科技大学博士学位论文,2006.
[119] 章根德,等. 岩石介质流变学[M]. 北京:科学出版社,1999.
[120] 杨圣奇. 岩石流变力学特性的研究及其工程应用[D]. 南京:河海大学博士学位论文,2006.
[121] 边金. 可描述加速蠕变的流变力学组合模型和煤岩的蠕变试验研究[D]. 重庆:重庆大学硕士学位论文,2002.
[122] 王贵君. 一种盐岩流变损伤模型[J]. 岩土力学,2003,(S):81-84.
[123] 范镜泓. 内蕴时间塑性理论及其新进展(续)[J]. 力学进展,1985,15(4):443-457.
[124] 潘长良,陈沅江,曹平,等. 岩石蠕变过程的不可逆热力学分析[J]. 中南工业大学学报:自然科学版,2002,33(5):441-444.
[125] 谢和平,彭瑞东,鞠杨. 岩石变形破坏过程中的能量耗散分析[J]. 岩石力学与工程学报,2004,23(21):3565-3570.
[126] 周翠英,张乐民. 岩石变形破坏的熵突变过程与破坏判据[J]. 岩土力学,2007,28(12):2506-2510.
[127] Ant Z P B, Oh B H. Microplane model for progressive fracture of concrete and rock[J]. American Society of Civil Engineers, 2014, 111(4): 559-582.
[128] Peng X, Balendra R. Application of a physically based constitutive model to metal forming analysis[J]. Journal of Materials Processing Technology, 2004, 145(2): 180-188.
[129] 杨挺青. 粘弹性力学[M]. 武汉:华中理工大学出版社,1990.
[130] Chaboche J L. Cyclic viscoplastic constitutive equations. Part I: Thermodynamically consistent formulations[J]. Journal of Applied Mechanics, 1993, 60: 813-821.
[131] Miller A. An inelastic constitutive model for monotonic, cyclic, and creep deformation: Part I—equations development and analytical procedures[J]. Journal of Engineering Materials and Technology, 1976, 98(2): 97-105.
[132] 范镜泓,张俊乾. 损伤材料本构关系的一种内蕴时间理论[J]. 中国科学 A 辑:数学,1988,(5):489-500.
[133] Peng X, Fan J. A numerical approach for nonclassical plasticity[J]. Computers & Structures, 1993, 47(2): 313-320.
[134] Xianghe F J A P. A Physically based constitutive description for nonproportional cyclic plasticity[J]. Journal of Engineering Materials and Technology, 1991, 113(2): 254-262.
[135] 万玲,彭向和,杨春和,等. 泥岩蠕变行为的实验研究及其描述[J]. 岩土力学,2005,26(6):924-928.
[136] 彭向和,曾祥国,孙镇华. 预蠕变-塑性的本构描述及其实验验证[J]. 重庆大学学报:自然科学版,1995,(4):1-8.
[137] 万玲. 岩石类材料粘弹塑性损伤本构模型及其应用[D]. 重庆:重庆大学博士学位论文,2004.
[138] 黄豪彩,黄宜坚,杨冠鲁. 基于 LM 算法的神经网络系统辨识[J]. 组合机床与自动化加工技术,2003,(2):6-8.

[139] 薛毅. 最优化原理与方法[M]. 北京:北京工业大学出版社,2001.

[140] 齐亚静,姜清辉,王志俭,等. 改进西原模型的三维蠕变本构方程及其参数辨识[J]. 岩石力学与工程学报,2012,31(2):347-355.

[141] 张治亮,徐卫亚,王如宾,等. 含弱面砂岩非线性黏弹塑性流变模型研究[J]. 岩石力学与工程学报,2011,30(S1):2634-2639.

[142] 陈云敏,魏新江,李育超. 边坡非圆弧临界滑动面的粒子群优化算法[J]. 岩石力学与工程学报,2006,25(7):1443-1449.

[143] 高玮. 基于粒子群优化的岩土工程反分析研究[J]. 岩土力学,2006,27(5):795-798.

[144] 田明俊,周晶. 岩土工程参数反演的一种新方法[J]. 岩石力学与工程学报,2005,24(9):1492-1496.

[145] 杨素珍,何容,万林海,等. 基于粒子群算法的深基坑岩土力学参数反分析[J]. 华北水利水电学院学报,2006,27(1):94-96.

[146] Feng X,Chen B,Yang C. Identification of visco-elastic models for rocks using genetic programming coupled with the modified particle swarm optimization algorithm[J]. International Journal of Rock Mechanics and Mining Sciences,2006,43(5):789-801.

[147] 苏国韶,冯夏庭. 基于粒子群优化算法的高地应力条件下硬岩本构模型的参数辨识[J]. 岩石力学与工程学报,2005,24(17):3029-3034.

[148] 汪定伟,王俊伟,王洪峰,等. 智能优化方法[M]. 北京:高等教育出版社,2007.

[149] 唐贤伦. 混沌粒子群优化算法理论及应用研究[D]. 重庆:重庆大学博士学位论文,2007.

[150] 高尚,杨静宇. 群智能算法及其应用[M]. 北京:中国水利水电出版社,2006.

[151] 张文. 基于粒子群优化算法的电力系统无功优化研究[D]. 青岛:山东大学博士学位论文,2006.

[152] 王小平,曹立明. 遗传算法:理论、应用与软件实现[M]. 西安:西安交通大学出版社,2002.

[153] 王士天,黄润秋,李渝生,等. 雅砻江锦屏水电站重大工程地质问题[M]. 成都:成都科技大学出版社,1998.

[154] 陈育民,徐鼎平. FLAC/FLAC3D 基础与工程实例[M]. 北京:水利水电出版社,2009.

[155] 彭文斌. FLAC 3D 实用教程[M]. 北京:机械工业出版社,2008.

[156] Itasca Consulting Group Inc. Fast Lagrangian Analysis of Continua in 3-Dimensions(Version 3. 0)[M]. Minneapolis,2000.

[157] 李仲奎,戴荣,姜逸明. $FLAC^{3D}$分析中的初始应力场生成及在大型地下洞室群计算中的应用[J]. 岩石力学与工程学报,2002,21(S2):2387-2392.